できる

Google Workspace
グーグル
ワークスペース

+Gemini
ジェミニ

パーフェクトブック
困った！&便利ワザ大全 最新版

平塚知子 & できるシリーズ編集部　監修：イーディーエル株式会社

インプレス

ご購入・ご利用の前に必ずお読みください

本書は、2024年8月現在の情報をもとに「Google Workspace」の各アプリの操作方法について解説しています。本書の発行後に「Google Workspace」の機能や操作方法、画面などが変更された場合、本書の掲載内容通りに操作できなくなる可能性があります。本書発行後の情報については、弊社のWebページ（https://book.impress.co.jp/）などで可能な限りお知らせいたしますが、すべての情報の即時掲載ならびに、確実な解決をお約束することはできかねます。また本書の運用により生じる、直接的、または間接的な損害について、著者ならびに弊社では一切の責任を負いかねます。あらかじめご理解、ご了承ください。

本書で紹介している内容のご質問につきましては、巻末をご参照のうえ、お問い合わせフォームかメールにてお問合せください。電話やFAX等でのご質問には対応しておりません。また、本書の発行後に発生した利用手順やサービスの変更に関しては、お答えしかねる場合があることをご了承ください。

動画について

操作を確認できる動画をYouTube動画で参照できます。画面の動きがそのまま見られるので、より理解が深まります。QRが読めるスマートフォンなどからはワザタイトル横にあるQRを読むことで直接動画を見ることができます。パソコンなどQRが読めない場合は、以下の動画一覧ページからご覧ください。

▼動画一覧ページ
https://dekiru.net/gwgmpb

●本書の特典のご利用について

　本書の特典はご購入者様向けのサービスとなります。図書館などの貸し出しサービスをご利用の場合は「購入者特典無料電子版」はご利用できません。なお、各ワザの練習用ファイル、フリー素材、YouTube動画はご利用いただくことができます。

●用語の使い方

　本文中で使用している用語は、基本的に実際の画面に表示される名称に則っています。

●本書の前提

　本書では、「Windows 11」に「Google Chrome」がインストールされているパソコンで、インターネットに常時接続されている環境を前提に画面を再現しています。お使いの環境と画面解像度が異なることもありますが、基本的に同じ要領で進めることができます。macOSでも読み進められますが、ショートカットキーや一部の画面などが異なる部分があります。

「できる」「できるシリーズ」は、株式会社インプレスの登録商標です。
Google、Google Workspace、および関連するマークとロゴは、Google LLCの商標です。その他すべての企業名および商品名は、関連各社の商標または登録商標です。
そのほか、本書に記載されている会社名、製品名、サービス名は、一般に各開発メーカーおよびサービス提供元の登録商標または商標です。なお、本文中には™および®マークは明記していません。

Copyright © 2024 Education Design Lab Inc. and Impress Corporation. All rights reserved.
本書の内容はすべて、著作権法によって保護されています。著者および発行者の許可を得ず、転載、複写、複製等の利用はできません。

まえがき

あなたは、この驚きの「事実」をご存知で、すでに対策されていらっしゃるでしょうか？日本の教育現場は、2021年に大きな転換点を通過しました。国家プロジェクト「GIGAスクール構想」の実現によって、一人1台の端末と高速Wi-Fiが全国の教室で提供され、今では全国約6割の児童生徒が毎日 Google Workspace を活用するようになっています。教育のデジタル化が机上の空論ではなく、現実のものとなったのです。そして、この変革は、教育現場にとどまらず、今まさに日本社会全体に波及しつつあります。

本書は、まさにこの現在進行形の社会変革に対応するために執筆されました。

Google Cloud Partner Specialization Education として、私たちイーディーエル株式会社は全国津々浦々の教育機関や企業を訪れ、Google のツールを「みんなで組み合わせて活用する」ことで、生産性を10倍に向上できることを実証してきました。その経験と専門知識を注ぎ込み、本書では既に起こっている変革に即座に対応し、さらにその先を見据えた活用方法を詳細に解説しています。

本書の目標は、既に押し寄せている変革の波に乗り遅れることなく、むしろその先頭に立つための知識と技術を提供することです。Google Workspace と 生成AI、Gemini を使いこなすことで、従来の10倍の生産性を実現し、デジタルネイティブ世代の能力を最大限に引き出す環境を、今すぐに整えることができるのです。

「変革」は既に始まっています。教育現場でもビジネス環境でも、Google Workspace と Gemini は、今この瞬間にも驚くべき可能性を開花させています。本書を通じて、皆様がこの大きな変革の波を捉え、新しい時代をリードする存在になれることを確信しています。

ぜひ本書を活用して、未来を切り開いていきましょう！

執筆者を代表して　2024年9月
イーディーエル株式会社　代表取締役社長　平塚　知真子

本書の読み方

中項目
各章は、内容に応じて複数の中項目に分かれています。あるテーマについて詳しく知りたいときは、同じ中項目のワザを通して読むと効果的です。

ワザ
各ワザは目的や知りたいことからQ&A形式で探せます。

解説
「困った!」への対処方法を回答付きで解説しています。

イチオシ①
ワザはQ&A形式で紹介しているため、A（回答）で大まかな答えを、本文では詳細な解説で理解が深まります。

イチオシ②
操作手順を丁寧かつ簡潔な説明で紹介！パソコン操作をしながらでも、ささっと効率的に読み進められます。

第10章 表計算はこれだけでOK! スプレッドシートの便利ワザ

スプレッドシートの基本

スプレッドシートは無料で使える表計算アプリですが、グラフ、関数、ピボットテーブルなど非常に強力な機能を備えています。ここでは基本的な操作方法から紹介します。

---

305 お役立ち度 ★★★

Q Google スプレッドシートの基本を知りたい！

A リアルタイムで共同編集できる表計算アプリです

Google スプレッドシートはデータ整理・分析、リアルタイム共同編集を目的に使用されます。プロジェクト進捗、財務報告、出席者リストなど多岐にわたる用途があり、チームでの情報共有にも適しています。また、表・関数・グラフ・ピボットテーブルなどの基本機能に加え、他の Google Workspace アプリとの連携も便利です。

| 関連 321 | 二軸グラフを作成したい！ | ▶ P.222 |
| 関連 334 | ピボットテーブルを作成するには？ | ▶ P.229 |

---

306 お役立ち度 ★★

Q スプレッドシートの画面構成を確認したい

A それぞれの役割を確認しましょう

Google スプレッドシートの画面構成を理解すると、必要な機能を素早く使うことができます。すべての機能は画面上部の［メニューバー］にあり、よく使う機能は［ツールバー］にあります。また、画面右上から［最終編集］（変更履歴）や［すべてのコメントを表示］にアクセスできます。画面下部にあるシート名をクリックすると表示シートを変更できます。

❶ファイル名 ❷メニューバー ❸ツールバー

❶ファイル名
ファイル名はここに表示される
❷メニューバー
各メニューがカテゴリごとにまとめられている
❸ツールバー
よく使うツールがまとめられている

関連ワザ参照
紹介しているワザに関連する機能や、併せて知っておくと便利なワザを紹介しています。

有料版
有料版のアカウントに限定されるワザを表しています。

解説動画
ワザで解説している操作を動画で見られます。QRをスマホで読み取るか、Webブラウザーで「できるネット」の動画一覧ページにアクセスしてください。動画一覧ページは2ページで紹介しています。

サンプル
練習用ファイルを使って手順を試すことができます。詳しくは24ページを参照してください。

お役立ち度
各ワザの役立つ度合いを★で表しています。

左右のつめ
カテゴリーでワザを探せます。ほかの章もすぐに開けます。

手順
操作説明
「○○をクリック」など、それぞれの手順での実際の操作です。番号順に操作してください。

解説
操作の前提や意味、操作結果について解説しています。

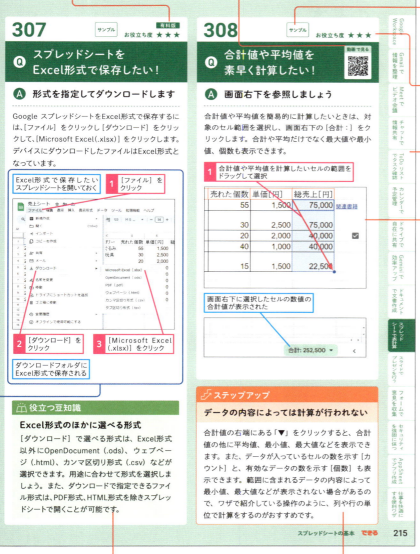

役立つ豆知識
ワザに関連した情報や別の操作方法など、豆知識を掲載しています。

ステップアップ
一歩進んだ活用方法や、Excelをさらに便利に使うためのお役立ち情報を掲載しています。

※ここに掲載している紙面はイメージです。実際のページとは異なります。

目次

	まえがき	3
	本書の読み方	4
	目次	6
	練習用ファイルの使い方	24
	Google Chromeを使うには	26

第1章 Google Workspace を使うには

Google Workspace の基本　32

001	Google Workspace とは？	32
002	Google Workspace でどんなことができるの？	32
003	コミュニケーションに使うアプリは何？	33
004	書類などを作るアプリを教えて！	33
005	どのWebブラウザに対応しているの？	34
006	Google Workspace はスマートフォンでも使えるの？	34
007	Google Workspace を使用できる環境を教えて！	35
008	Google Workspace にはどんな種類があるの？	35
009	有料版のメリットを教えて！	36
010	有料版はアプリの機能も変わるの？	36
011	利用を開始する方法を教えて！	37

第2章 情報を素早く整理する Gmail の便利ワザ

Gmail の基本　38

012	Gmail の基本を知りたい	38
013	Gmail を利用するには	38
014	Gmail の画面構成を確認したい	39
015	メールを読みたい	40
016	メールをタブごとに分類したい	40
017	それぞれのメールをウィンドウで開いて確認したい	41
018	メールヘッダーについて教えて！	41
019	既読と未読について知りたい	42
020	やりとりがまとまっているとわかりにくい	43
021	迷惑メールから受信トレイに戻すには	43

Gmailで情報を整理する

022	ブロックしたいメールを迷惑メールとして報告したい！	44
023	メールが受信トレイに見当たらない	44
024	メールを検索したい	45
025	差出人を指定してメールを検索したい	46
026	メールを作成するには	47
027	メールの作成を中断したいときは	48
028	下書きのメールを破棄したい	48
029	複数の宛先をまとめて指定したい	49
030	HTML形式とテキスト形式について知りたい！	49
031	メールの本文にメリハリを付けたい！	50
032	テキスト形式に戻したい	50
033	メールの装飾を取り消したい！	51
034	メールに返信したい	51
035	メールを転送したい	52
036	リンクを送信したい	52
037	送信したいファイルのサイズが大きくて送れない	53
038	メールに写真を埋め込みたい	54
ステップアップ	表示する大きさを変更できる	54
039	受信した添付ファイルを保存するには	55
ステップアップ	画像ファイルは［フォト］にも保存できる	55
040	メールが届いてるかどうかすぐに確認したい！	55
041	署名を作成するには	56
042	複数の署名を使い分けるには	57
043	「送信者名」を変更したい	57
044	休暇時にメッセージを自動返信したい	58
045	メールへのアクションが提案された	58

連絡先を活用しよう　　　　　　　　59

046	連絡先に登録したい！	59
047	連絡先の画面構成を教えて！	60
048	メールから連絡先に追加したい！	60
049	連絡先を編集するには	61
050	連絡先を削除するには？	61
051	連絡先を検索するには	62
052	連絡先からメールを送信したい！	62
053	連絡先をまとめたい	63

054	グループにメールを一斉送信したい！	64
055	グループ名を編集したい	64
056	連絡先をインポートしたい	65
057	別のグループにメンバーを追加したい！	65

Gmailの便利機能　　66

058	メールを印刷したい	66
059	メールをアーカイブするには	66
060	アーカイブされたメールはどこにある？	67
061	メールを完全に削除したい！	67
062	メールを間違えて削除してしまった！	68
063	重要なメールにスターを付けたい！	68
064	複数のスターを使い分けたい！	69
065	メールに重要マークを付けたい	69
066	受信メールをフィルタで振り分けたい！	70
067	重要なメールを優先的に表示するには	71
068	ラベルに色を付けたい！	71
069	受信トレイを確認しながらメールも読みたい	72
070	検索を素早く行いたい	72
071	未読メールを検索してすべて既読にしたい！	73
072	メールの表示件数を変えるには？	74
073	英語のメールが届いた！	74
074	他のアドレスに自動転送したい	75
075	特定のメールだけ自動転送したい	75
076	送信者アドレスを使い分けたい！	76
077	ほかのメールアドレスのメールを受信したい	76
078	Gmail以外のメールソフトでもメールを受け取りたい！	77
079	メールの送信を取り消したい！	77
080	ツールバーの表示を変えたい！	78
081	Gmailでショートカットキーを活用したい！	78
082	テンプレートを使ってメールを送信したい！	79
083	カレンダーの予定を素早く確認したい	80
084	メールに対してメモを残したい	80
085	メールを忘れないようにタスクとして追加したい	81
086	アドオンって何？	81
087	重要なメッセージを見逃したくない！	82

088	日時を設定して予約送信したい	82
089	送信予定時間を変更したい！	83
090	機密情報を送信したい	83
091	会議の時間を設定できるの？	84
092	メールのスペルチェックをしたい！	84
093	特定のアドレスをブロックするには	85
094	Gmailの画面のままチャットを表示したい！	85

第3章 抜け・漏れ・伝達ミスを減らすGoogle Meetの便利ワザ

Google Meetの基本　86

095	Google Meetの基本を知りたい	86
096	Google Meetを利用するには	86
097	ビデオ会議を開きたい	87
098	マイクやスピーカーの設定を変えたい	88
099	マイクやスピーカーの状態を確認したい	88
100	会議に入る前に設定を確認したい	89
101	カメラを変えたい	89
102	録画機能を使ってカメラとマイクをテストしたい	90
103	会議中にユーザーを追加するには	91
104	招待メールから参加したい	91
105	資料を画面で共有したい	92
106	挙手の機能を使ってみたい	93
107	会議中に他の参加者を確認したい	93
108	グループを分けて話し合うには	94
109	会議の途中でアンケートをとりたい	95
110	セルフビューの位置を変えたい	96
111	メインの画面を大きいままにしたい！	96
112	ビデオ会議は録画できるの？	97

Google Meetの便利機能　98

113	他の作業をしながらビデオ会議をしたい	98
114	雑音を取り除きたい	98
115	スマートフォンでビデオ会議に参加したい	99

116	Google カレンダーからビデオ会議の予定を入れたい	100
117	ビデオ会議に字幕を表示したい	101
118	Q＆A機能で効率的に回答を集めたい	102
119	背景をぼかしたい	103
120	背景を画像にしたい	104
121	アバターを使って会議に参加したい	105
122	会議中にチャット機能を活用したい！	105
123	ビデオ会議の内容を文字に起こして残したい	106
124	品質管理を確認したい	107
125	ハイブリッド会議でもストレスなく参加したい	107
126	会議中の発言にリアクションしたい	108
127	共有中の資料に手書きで書き込みたい	108
128	会議の共同主催者を追加したい	109
129	主催者用管理機能を使いたい	109

第4章 素早く手軽にやり取りする Google チャットの便利ワザ

Google チャットの基本操作を確認しよう　110

130	Google チャットと「スペース」とは？	110
131	スペースを作成するには	110
132	スペースを開始するには	111
133	スレッド機能を使って返信するには	112
134	メッセージを引用して返信するには	112
135	メッセージに絵文字でリアクションするには	113
136	ファイルを添付して投稿するには	113
137	Google ドライブのファイルをスペースで共有するには	114
138	スペース上で新しい書類を作成するには	115
139	スペースでビデオ会議をすぐに開催するには	116
140	スペースで予定を作成したい！	117
141	スペースで共有しているファイルを表示するには	118
142	特定の投稿を素早く確認できるようにしたい！	118

スペースの便利機能　119

| 143 | 参加できるスペースを確認するには | 119 |

144	通知をオフにしたい！	119
145	メンバーにタスクを割り当てるには	120
146	スペースの参加メンバーを確認するには	120
147	スペースにユーザーを追加するには	121
148	スペースの名前を変更するには	121
149	スペースを削除するには	122
ステップアップ	削除できない場合は	122
150	特定のスペースを退出するには	122
151	メッセージを一覧表示するには	123
152	自分へのメッセージを確認するには	123
153	Googleドライブをスペースで活用するには	124
154	メッセージにスターを付けたい！	125
155	スター付きのメッセージを表示するには	125
156	未読のメッセージのみを表示するには	126
157	履歴をオフにするには	126
ステップアップ	メッセージを固定するには	126
158	ステータスを変更するには	127
159	ステータスを追加するには	127

第5章 やるべきことを見える化するToDoリストの便利ワザ

ToDoリストの基本　128

160	ToDoリストとは？	128
161	ToDoリストを作るには	128
162	タスクを追加するには	129
163	タスクを編集したい	130
164	重要なタスクにスターを付けるには	130
165	タスクを並べ替えるには	131
166	完了したタスクを確認して削除したい！	131
167	タスクにメモを追加するには	132
168	タスクを定期的に繰り返したい	132
169	サブタスクを追加するには	133
170	タスクをカレンダーで確認するには	133

ToDo リストの便利機能　134

- 171 メールからタスクを作るには　134
- 172 カレンダーをクリックしてタスクを作成するには　134
- 173 便利なショートカットキーを教えて！　135
- 174 カレンダーと同時に表示するには　135

第6章 予定を多角的に管理する Google カレンダー の便利ワザ

Google カレンダーの基本　136

- 175 Google カレンダーの基本を知りたい　136
- 176 Google カレンダーを使うには　136
- 177 Google カレンダーの画面構成を確認したい　137
- 178 カレンダーの表示形式を変更するには　137
- 179 日本の祝日を表示するには？　138
- 180 予定を正確に登録するには　138
- 181 予定に詳細なメモを追加したい　139
- 182 中長期の予定を登録したい　139
- 183 繰り返し行われる予定を登録するには　140
- 184 登録した予定を変更するには　140
- 185 登録した予定を直感的に変更したい　141
- 186 不要になった予定を取り消したい　141
- 187 繰り返し行われる予定を変更するには　142
- 188 予定の通知時間を変更するには　142
- 189 予定を Gmail から登録したい　143
- 190 予定の通知が表示されない　144
- 191 通知を削除するには　145
- 192 特定の予定を検索したい　145
- 193 予定ごとに色を変えてわかりやすくしたい　146
- 194 他のユーザーと予定を共有したい　146
- 195 仕事とプライベートでカレンダーを分けるには？　147
- 196 会議の議案書や議事録を共同編集したい　148
- 197 不定期に繰り返す予定を効率よく登録したい　149
- 198 ゲストからの連絡事項を予定で確認・共有したい　149

Google カレンダーの便利機能　　150

- **199** カレンダーの見た目をカスタマイズしたい　　150
- **200** カレンダーの表示・非表示を使い分けたい　　150
- **201** カレンダーを削除するには　　151
- **202** カレンダー名を変更するには　　151
- **203** 週開始の曜日を変更したい　　152
- **204** カレンダーの週末を非表示にするには　　152
- **205** 海外の時間を同時に表示したい　　153
- **206** カレンダーに世界時間を表示するには？　　153
- **207** カレンダーを印刷するには　　154
- **208** 勤務地を曜日ごとに表示したい　　154
- **209** スケジュールの空き時間を共有したい　　155
- **210** ToDo リストをカレンダーで表示したい　　156
- **211** 出欠連絡をしていないゲストにメールを送るには　　157
- **212** Google マップでイベントの場所を知らせたい　　157

Google カレンダーの共有設定　　158

- **213** 特定のカレンダーを他のユーザーと共有したい　　158
- **214** カレンダーの共有と権限について知りたい　　159
- **215** 空き時間を確認した上で予定を登録したい　　160
- **216** 検索して他の人の予定を表示したい　　160
- **217** 既存のカレンダーツールから予定を移すには　　161

第7章　ファイルを自在に共有する Google ドライブの便利ワザ

Google ドライブの基本　　162

- **218** Google ドライブの基本を知りたい！　　162
- **219** Google ドライブを使うには　　162
- **220** Google ドライブの画面構成を確認したい　　163
- **221** ファイルをドライブにアップロードしたい！　　164
- **222** ファイルをパソコンにダウンロードしたい　　165
- **223** ファイルを新規作成するには　　165
- **224** パソコン版のアプリをインストールしたい！　　166
- **225** エクスプローラーからファイルにアクセスしたい！　　167

226	ファイル名を変更するには	168
227	フォルダを作成するには	168
228	画像ファイルの文字を抽出したい！	169
229	OfficeファイルをGoogle形式に変換するには	170
230	Google形式のファイルをOfficeファイルに変換するには	170

Google ドライブの便利機能　171

231	ファイルの内容をプレビューしたい	171
232	お気に入りのファイルに目印を付けたい！	171
233	ファイルの変更履歴を確認するには	172
234	ファイルを検索するには	172
235	Gmailの添付ファイルをドライブに保存したい！	173
236	ダークモードに設定したい！	173
237	ファイルを共有するには	174
238	共有されたファイルを編集するには	175
239	オーナー権限を変えるには	175
240	ファイルのダウンロード、印刷、コピーを禁止したい！	176
241	オフラインでもファイルを確認したい	176
242	不要なファイルをゴミ箱に入れたい	177
243	ゴミ箱からファイルを復活させたい！	177

第8章　仕事の効率をアップするGeminiの便利ワザ

Gemini の基本　178

244	Geminiって何？	178
245	Geminiの操作画面を確認したい	178
246	画像を生成したい！	179
247	画像生成の結果を改良したい	179
248	プログラミングコードを生成したい	180
249	いろいろなアイデアを出してほしい！	180
250	プロンプトを編集したい	181
251	音声入力をしたい	181
252	Google Workspaceと連携したい！	182
253	@を利用して他のツールと連携したい！	183

254	文章を要約してほしい	183
255	文章を校正してほしい	184
256	質問形式の対話で回答を表示したい！	184
257	回答の共有やエクスポートについて知りたい	185
258	履歴を確認したい	185

第9章 文書の作成・編集を即座にできるGoogleドキュメントの便利ワザ

Googleドキュメントの基本　186

259	Googleドキュメントの基本を知りたい	186
260	Googleドキュメントの画面構成を確認したい	186
261	Googleドキュメントで文書を作成するには？	187
262	文書のファイル名を変更するには	187
263	フォントや文字サイズを変更するには	188
264	文字の配置を変えたい	188
265	行間を調整するには	189
266	箇条書きにしたい！	189
267	文書に画像を挿入するには	190
268	文書に表を挿入するには	191
269	文書にグラフを挿入するには	192
270	特定の書式を他のテキストにも適用したい	193
271	段落の開始位置を調整したい！	193
272	書式をリセットしたい！	194
273	ドキュメントにリンクを埋め込むには	194

ドキュメントの便利機能　195

274	Wordファイルを編集するには	195
275	ドキュメントをWord形式で保存したい！	196
276	PDFにして保存したい	196
277	画像からテキストを抽出できるの？	197
278	音声入力したい！	198
279	「透かし」を入れたい	198
280	ページ番号を表示したい	199
281	全てのページにヘッダーを入れたい	199

282	文書を他言語に翻訳したい	200
283	文字数を確認するには	200
284	修正前後のドキュメントの差分を知りたい	201
285	ドキュメントに脚注を入れたい	202
286	修正したドキュメントを校正したい！	202
287	ドキュメントに図表を入れたい	203
288	変更前の内容に戻せる？	204
289	テンプレート化して社内で共有したい！	204
290	見出し機能を利用して作業を効率化したい	205
291	見出しの書式を解除するには	205
292	特殊文字を表示したい！	206
293	段落を変えずに改行したい！	206
294	文章の構造を確認したい	207
295	目次を挿入したい	207

ドキュメントの共有機能　208

296	ドキュメントを共有するには	208
297	リンクを使って一斉に共有したい！	209
298	共有したドキュメントの閲覧者を確認したい	209
299	共有している文章にコメントを入れたい！	210
300	コメントを相手に通知したい	211
301	編集の提案を確認したい	211
302	カレンダーへアクセスして予定を添付したい	212
303	過去を含めすべてのコメントを確認したい！	212
304	ドキュメントをオンラインで画面共有したい	213

第10章　表計算はこれだけでOK! スプレッドシートの便利ワザ

スプレッドシートの基本　214

305	Googleスプレッドシートの基本を知りたい！	214
306	スプレッドシートの画面構成を確認したい	214
307	スプレッドシートにデータを入力したい	215
308	ファイル名を変更するには	215
309	フォントや文字サイズを変更するには	216

310	セル内の文字揃えを変更したい		216
311	セル内でテキストを折り返したい！		217
312	セル内の文章を改行するには？		217
313	セルの幅を変更したい		218
314	表に枠線を引きたい		218
315	シートに画像を配置したい！		219
316	セルを結合したい		220
317	日付の表示形式を変更したい！		220
318	セルにリンクを挿入するには		221
319	チェックボックスを追加したい！		221
320	グラフを作成したい		222
321	二軸グラフを作成したい！		222
322	フィルタを使って数字を並べ替えたい！		223
323	セル単位で更新履歴を確認するには		223

スプレッドシートの便利機能　　224

324	Excelファイルをそのまま編集したい！		224
325	Excelファイルをスプレッドシートに変換したい		224
326	スプレッドシートをExcel形式で保存したい！		225
327	スプレッドシートをPDFにしたい		225
328	合計値や平均値を素早く計算したい！		226
329	テキストを縦書きにできる？		226
330	区切り文字のあるテキストを分割したい		227
331	重複しているデータを削除したい！		227
332	空白文字を削除したい！		228
333	データの統計情報を確認したい		228
334	ピボットテーブルを作成するには？		229
335	表のデータを整えて入力・更新を効率化したい		230
336	テーブルのデータをグループ化したい		230
337	スライサーを設定したい！		231
338	シートのタブの色を変更したい！		232
339	シートを非表示にするには		232
340	シートを保護するには		233
341	すべてのシートを一覧で表示したい！		234
342	セルの背景色を交互に変えたい		234
343	条件によってセルの背景色を変えたい！		235

344	関数一覧を確認したい	236
345	他のファイルデータを抽出して表示したい	236
346	関数で他言語に翻訳したい！	237
347	シート内の計算を自動更新したい	237
348	ガントチャートを作成するには？	238
349	Looker Studio でデータからレポートを作成したい！	238
350	AppSheet でデータからアプリを作成したい！	239

第11章 見栄えのするプレゼンが作れる Google スライドの便利ワザ

Google スライドの基本 240

351	Google スライドの基本を知りたい	240
352	Google スライドの画面構成を確認したい	240
353	プレゼンテーションを作成したい	241
354	新しいスライドを追加したい	241
355	テキストを追加したい！	242
356	フォントの種類を変更するには	242
357	フォントの大きさを変更するには	243
358	行間を調整したい	243
359	箇条書きを設定したい	244
360	スライドに画像を挿入したい！	244
361	スライドにリンクを挿入したい	245
362	スライドに図形を挿入したい！	245
363	音声ファイルを挿入したい	246
364	動画を挿入するには	246
365	YouTube 動画を挿入するには	247
366	表を追加したい	247
367	グラフを追加したい	248
368	スプレッドシートからグラフを追加したい	249
369	フローチャートを作るには？	249
370	レイアウトを変更したい！	250
ステップアップ	レイアウトとテーマの違い	250

Google スライドの便利機能 251

- **371** PowerPointファイルを編集するには … 251
- **372** PowerPoint形式で保存するには … 251
- **373** PDF化したい … 252
- **374** スライドに番号を追加したい！ … 252
- **375** ガイドを使ってきれいに整えたい … 253
- **376** スライドの背景を変えたい！ … 253
- **377** スライドテーマの詳細を確認したい … 254
- **378** 切り替え効果を追加したい … 254
- **379** プレゼンの際に動きを付けたい … 255
- **380** スピーカーノートを音声で入力したい！ … 255
- **381** スライドをテンプレートにしたい！ … 256
- **382** プレゼンテーションを開始するには … 257
- **383** 発表者用の画面を表示したい … 257
- **384** プレゼンテーションを録画したい！ … 258
- **385** 作成した一部のスライドをスキップさせたい … 259
- **386** レーザーポインタを活用したい！ … 259
- **387** プレゼンをしながら質問を受け付けたい … 260
- **388** 発表者を目立たせたい！ … 261

第12章 回答しやすいアンケートを作るフォームの便利ワザ

Google フォームの基本 262

- **389** Google フォームの基本を知りたい … 262
- **390** Google フォームの画面構成を確認したい … 262
- **391** アンケートを作成したい！ … 263
- **392** テンプレートを使いたい … 264
- **393** プルダウン形式の質問を追加したい！ … 264
- **394** 複数選択できる質問の回答形式に変更したい！ … 265
- **395** 質問に補足の説明文を追加したい … 265
- **396** 質問に画像を入れたい … 266
- **397** 質問に動画を入れたい！ … 266

フォームの便利機能　267

398	質問にサイトやファイルへのリンクを含めたい	267
399	回答を数字に限定したい	267
400	回答文字数を制限したい！	268
401	メールアドレスを回収したい	268
402	テキスト内容によってエラーを表示したい	269
403	回答者がファイルを提出できるようにするには	269
404	アンケートフォームにセクションを追加したい	270
405	回答に応じて異なる質問を表示させたい！	270
406	回答後のメッセージを編集できるようにしたい	271
407	フォームの受付を停止したい	271
408	フォームに回答期限を設けたい！	272
409	フォームのテーマを変えたい	273
410	フォームのヘッダーに画像を追加するには	273
411	よく使うフォームをテンプレート化したい	274
412	キーボードショートカットで作業効率を上げたい！	274
413	フォームの結果をドキュメントに貼り付けたい！	275
414	過去に作成した質問を流用して時短したい	275

Googleフォームを共有しよう　276

415	フォームを共同編集するには	276
416	フォームを送信するときに短縮URLを使用したい	276
417	メールでフォームへの回答を依頼したい	277
418	フォームをWebサイトに埋め込むには	277

Googleフォームの回答を設定しよう　278

419	リアルタイムで集計したい！	278
420	回答をスプレッドシートに転送したい	278
421	スプレッドシートのリンクを解除したい	279
422	アンケートに回答されたらメールを受信したい	279
423	回答の際にGoogleへのログインを必須にしたい	280
424	回答者に回答内容を送信したい	280
425	2回以上回答できないようにしたい！	281
426	回答結果を共有したい	281
427	回答の進行状況を表示するには	282
428	質問の順序をシャッフルするには	282

| 429 | 回答提出後も修正できるようにしたい | 283 |
| 430 | 集計を削除したい | 283 |

Google フォームをテストにする　　284

431	テスト問題を作成したい！	284
432	テストの配点と得点を表示したい	285
433	回答に対するフィードバックを設定したい	285

第13章 情報を強固に守るセキュリティの便利ワザ

セキュリティ強化・認証の基本　　286

434	セキュリティ情報を確認するには	286
435	セキュリティチェックリストを確認したい	287
436	Cookieをリセットして不正アクセスを防ぎたい！	287
437	第三者によるドメインメールのなりすましを防ぐには？	288
438	組織外アカウントからのサービス利用を制限するには	289
439	パスワードの長さを設定したい	290
440	パスワードに有効期限を設けたい！	290
441	2段階認証を利用するには	291
442	バックアップコードを取得したい	292

セキュリティ強化・認証の便利機能　　293

443	Gmail の添付ファイルからの被害を防ぎたい	293
444	ユーザーのパスワードの安全度を監視したい！	294
445	Gmail の外部リンクや画像によるメールフィッシングを防ぎたい！	294
446	Google Meet への参加に制限をかけたい	295
447	外部へのメッセージに制限をかけたい	295
448	GDPR対応を確認したい！	296
449	セキュリティとプライバシーの保護について確認したい	296
450	ユーザーのデバイスを管理するには	297
451	モバイルからのアクセスを管理するには	297
452	Google ドライブユーザーの共有権限を設定するには	298
453	Google Workspace の安全基準を確認したい！	298
454	削除したユーザーのデータを保管しておくには	299
455	Gmail を情報保護モードで使いたい	299

第14章 ノーコードでアプリを作成するAppSheetのワザ

AppSheetの基本　　　300

456	AppSheetとは	300
457	AppSheetを始めるには	300
458	AppSheetの操作画面を確認したい	301
459	アプリを作成するためのデータを用意するには	301
460	データソースからアプリ開発を始めるには	302
461	入力するデータに合わせて形式を変更するには	303
462	画面に表示するものを選択するには	303
463	画面に表示しない項目を指定するには	304
464	項目の自動入力を設定するには	305
465	データを仕分けるにはどうすればいいの？	305
466	Sliceを追加したい	306
467	Sliceに合わせてデータを抽出するには	306
468	条件を満たさないデータを抽出するには	307
469	Sliceが変更されないようにするには	307
470	View（画面）を追加したい！	308
471	Viewの種類とアイコンを設定するには	309
472	タスク一覧の画面を追加したい	309
473	メイン画面に表示しないViewを設定するには	310
474	Viewに表示するデータの参照元を設定するには	311
475	Viewの表示形式を選択するには	311
476	1個のViewに複数のViewを表示させるには	312
477	特定の処理を実行するボタンを作るには	313
478	ボタンが画面上に表示されないようにするには	314
479	アプリを検証する画面を表示したい！	314
480	作成したアプリの挙動を試してみたい	315

第15章 さらに仕事を快適にするアプリの便利ワザ

Google Keepの基本　　　316

481	Google Keepを使いたい！	316
482	リストを使ってタスク管理を効率化したい！	316

483	手描きの図形で視覚的に情報を整理したい	317
484	ラベルを使って情報に優先順位を付けたい	317
485	メモに色を付けて視覚的に整理したい！	318
486	重要なメモを固定表示したい	318
487	不要なメモをアーカイブしたい	319
488	リマインダーを設定したい！	319
489	メモをリアルタイムで共同編集したい	320
490	撮影した写真にメモを追加したい！	320
491	音声で素早く入力したい	321
492	画像内のテキストを抽出したい！	321
493	Google ドキュメントに転記したい	322
494	メモをグループ化して一括操作したい！	322

Google サイトの基本　　323

495	Google Workspace でWebサイトを作ってみたい！	323
496	サイトに文字を追加したい	324
497	サイトにスライドを配置したい！	325
498	サイトのセクションを複製したい	326
499	サイトにスプレッドシートを埋め込みたい！	327
500	サイトにカレンダーを追加したい！	328
501	サイトのカレンダーの設定を変更したい	329
502	サイトにページを追加したい	330
503	ナビゲーションメニューの位置や色を変えたい！	331
504	テーマを変更したい！	332
505	サイト名を入力したい	333
506	コンテンツブロックを利用したい	333
507	ロゴやファビコンを設定したい！	334
508	社内で情報共有用のサイトとして活用したい	335
509	完成したサイトを公開したい	335

付録　ショートカットキー一覧	336
用語集	339
索引	346
本書を読み終えた方へ	350

練習用ファイルの使い方

本書の第9章〜第12章では操作を試すための練習用ファイルを用意しています。（ワザに「サンプル」アイコンを表示）。練習用ファイルは下記の手順でコピーして使ってください。練習用ファイルは章ごとにファイルが格納されています。手順実行後のファイルは収録できるもののみ入っています。

●練習用ファイルをコピーする

以下のURLを表示しておく

▼できる Google Workspace + Gemini パーフェクトブック困った！&便利技大全　練習用ファイル
https://sites.google.com/edl.co.jp/gwgpb

トップページが表示された

1 アプリのアイコンをクリック

2 操作したいワザの「実行前」をクリック

「実行後」をクリックすると操作を実行した後のファイルを自分のGoogle ドライブにコピーできる

他のページに移動する場合は画面上部のナビゲーションメニューをクリックする

3 ［コピーを作成］をクリック

●操作を試す

練習用がドライブにコピーされ、対応するアプリで開いた

本文を参考に操作を試す

操作が終了したらここをクリックしてウィンドウを閉じる

●ファイルの履歴を表示する

1 [ドキュメントホーム] をクリック

アプリごとに名称が異なる

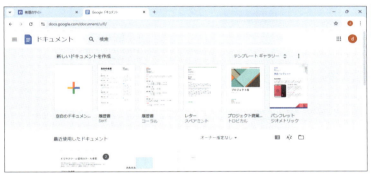

使用したファイルの履歴が表示された

●ドライブ内のファイルの一覧を表示する

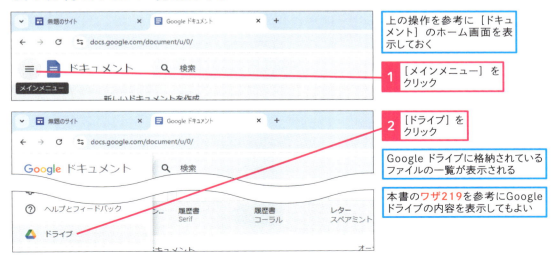

上の操作を参考に[ドキュメント]のホーム画面を表示しておく

1 [メインメニュー] をクリック

2 [ドライブ] をクリック

Googleドライブに格納されているファイルの一覧が表示される

本書のワザ219を参考にGoogleドライブの内容を表示してもよい

Google Chrome を使うには

本書はWindows 11で Google Chrome を使用している場合の操作方法を紹介しています。Google Chrome のインストールや、Google アカウントを作成する方法は以下をご参照ください。

●Google Chromeをインストールする

●Google Chromeにログインする

●Google Chromeの初期設定を行う

● Google アカウントを追加する

Google Chromeに別のGoogleアカウントを追加してログインできる

1 [Google アカウント] をクリック

2 [アカウントを追加] をクリック

3 メールアドレスまたは電話番号を入力

4 [次へ] をクリック

パスワードなどを入力して別のアカウントでログインする

新しいアカウントを作成する場合は[アカウントを作成]をクリックし、27ページからの手順を参考にアカウントを作成する

● Google Chromeにプロファイルを追加する

Google Chromeのプロファイルに別のGoogle アカウントを追加できる

1 ここをクリック

2 [追加] をクリック

3 [ログイン] をクリック

パスワードなどを入力して別のアカウントにログインする

新しいChrome プロファイルを追加するとChromeの設定をプロファイルごとに設定できる

第1章 Google Workspace を使うには

Google Workspace の基本

Google Workspace は無料で使うことができ、ファイル共有や共同編集など、クラウドサービスならではの強みを活かすことができるツール群です。ここでは概要を紹介します。

001　お役立ち度 ★★☆

Q Google Workspace とは？

A 現代の働き方に対応した強力なクラウドツールです

Google Workspace は、現代の働き方、コラボレーションに対応した強力なツールです。インターネットに接続すれば様々なデバイスでアクセス可能なため、場所や時間にとらわれず柔軟な働き方を実現します。リアルタイムでの共同作業も可能で、関係者全員が最新情報を共有しながら一つのファイルで同時に作業を進められます。また、高度なセキュリティ対策がサービスに盛り込まれており、適切に設定することで情報漏洩を防ぎます。12種類以上あるアプリケーションの特性を理解し、組み合わせて活用すると生産性が高まります。

Google Workspace のアプリは随所にAIが搭載されている

002　お役立ち度 ★★★

Q Google Workspace でどんなことができるの？

A クラウド上での情報の一元化管理、共同作業で生産性が向上します

Google Workspace を使うと、顧客対応に必須のメール管理、会議やプロジェクトの進行管理、企画書やプレゼンテーション用資料の作成、情報を可視化して意思決定をサポートするデータ分析など、直感的な操作で業務を進めることができます。またオンライン会議は、リモートでのコミュニケーションを円滑にします。さらに、Google Workspace の特徴であるファイル共有は、スピーディーかつセキュアな共同作業を実現します。権限管理を徹底し、目的に応じた権限の付与を徹底することで、情報の安全性を確保できます。

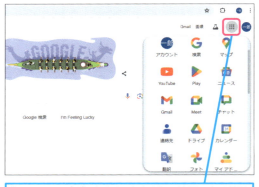

［Googleアプリ］をクリックすると、使用できる機能が一覧で表示される

003 お役立ち度 ★★★

Q コミュニケーションに使うアプリは何？

A Gmail、カレンダーなど4つのアプリを使います

Google Workspaceには、用途に応じたコミュニケーションアプリがあります。これらにより、生産性を飛躍的に高めるコミュニケーションが実現できます。Gmailは、強力な検索機能とスパムフィルタを備えたメールサービスとして、日々の業務連絡や顧客対応に便利です。Googleカレンダーは、スケジュール管理ツールとして予定の共有やリマインダー設定に役立ちます。Google Meetは、高品質の音声・映像でオンライン会議を実施できるため、リモートワークや遠隔学習に最適です。Googleチャットは、チャットルームやダイレクトメッセージを通じて円滑な情報共有を可能にします。これらはすべて、基本的に無料で利用可能です。

● コミュニケーションアプリの種類

アプリ名	機能
Gmail	強力な検索機能とスパムフィルタを備えたメールサービス
Googleカレンダー	予定の共有やリマインダー設定が可能なスケジュール管理ツール
Google Meet	高品質の音声・映像でオンライン会議を実施できるビデオ会議ツール
Googleチャット	チャットルームやダイレクトメッセージで情報共有がスムーズなコミュニケーションツール

関連 013 Gmailを利用するには ▶ P.38

004 お役立ち度 ★★★

Q 書類などを作るアプリを教えて！

A ドキュメント、スプレッドシートなど5つのアプリを使います

Google Workspaceには、業務支援アプリが各種揃っています。これらのアプリを活用することで、シームレスな共同作業が可能となり、生産性が大幅に向上します。Googleドキュメントは、議事録作成や共同編集が必要な文書作成に役立ちます。Googleスプレッドシートは、データ集計や分析、予算管理に使用できる表計算アプリです。Googleスライドは、プレゼンテーション資料の作成と共同編集に適しています。Googleフォームは、アンケート調査やフィードバック収集に便利です。ファイルやフォルダを共有する際には権限設定に注意し、共同で編集するときには変更履歴を確認しながら作業を進めると効率的です。

また、Googleサイトは、ノーコードでチーム協働型の動的なWebサイトを迅速に構築できます。

● 書類作成に役立つアプリの種類

アプリ名	機能
Googleドキュメント	リアルタイム共同編集が可能な文書作成アプリ。変更履歴も自動保存できる
Googleスプレッドシート	表計算アプリ。共同編集やデータ分析、他のアプリとデータ連携させることが可能
Googleスライド	テンプレートが豊富で、共同編集可能なプレゼンテーションアプリ
Googleフォーム	アンケートやフォームの作成ツール。即時、データの自動集計・分析が可能
Googleサイト	一般公開または社内限定公開のWebサイトを専門知識不要で構築できるツール

005

Q どのWebブラウザに対応しているの？ お役立ち度 ★★☆

A 以下の4つのブラウザに対応しています

Google Workspace は、Google Chrome、Mozilla Firefox、Microsoft Edge、Apple Safariなどのブラウザで利用可能です。ブラウザにはそれぞれ特徴がありますが、Google Workspaceを使用する上での主な機能は変わりません。これらのブラウザの中では Google Chrome が特に親和性が高く、Chrome にログインしているアカウントをそのまま使用でき、シームレスな操作が可能です。拡張機能も豊富で、必要な機能を追加することで、生産性を最大限に引き出すことができます。異なるOSやデバイスでも統一された業務運用が可能であり、チーム全体の効率が向上します。

● 対応しているWebブラウザ

ブラウザ名	備考
Google Chrome	Google 開発のブラウザで、拡張機能が豊富
Mozilla Firefox	セキュリティ重視のブラウザで、Workspace全機能利用可能
Microsoft Edge	Chromiumベースの新EdgeはWorkspaceに対応している。最新版推奨
Apple Safari	Mac向けブラウザで、最新版では問題なく動作する

006

Q Google Workspace はスマートフォンでも使えるの？ お役立ち度 ★★★

A アプリをインストールして使えます

Google Workspace は、スマートフォンでも利用可能です。いつでもどこでも作業ができるため、柔軟な働き方を実現します。スマートフォンでアプリをダウンロードしてインストールすれば、メールの確認やスケジュール管理、文書の編集、オンライン会議など、他の端末と同様の作業が行えます。これにより、外出先や移動中でも業務を進めることができます。

スマートフォンアプリ「Google Chrome」でも複数のタブを使用した閲覧やブックマーク機能などを利用できる

スマートフォンでもアプリを使用することで、保存した重要な書類などを出先からでも気軽に確認できる

007 お役立ち度 ★★

Q Google Workspaceを使用できる環境を教えて！

A 少し古いOSでも動作します

Google WorkspaceはブラウザをインストールすることでどのოSでも使用可能な状態になります。タブレットやスマホ向けの専用アプリも用意されており、インターネットにつながっていれば、外出先や移動中でも快適に作業ができるため、リモートワークに最適です。

Google Workspaceを利用する際は、ブラウザは常に最新バージョンを使用することが推奨されます。また、OSはスマートフォンがAndroid 5.0以上、iOS 12以上、パソコンの場合はWindows 10以上、macOS 10.14以上が推奨環境とされています。

使用環境を整えることで、最適なパフォーマンスとセキュリティが確保され安心して使用することができます。各デバイスの設定を適切に行い、データの同期や通知の管理を徹底することで、効率的にGoogle Workspaceを利用しましょう。

●推奨環境

デバイス	対応OS
Windowsパソコン	Windows 10以上
Mac	macOS 10.14以上
Androidスマートフォン	Android 5.0以上
iPhone	iOS 12以上

関連005 どのWebブラウザに対応しているの？ ▶ P.34
関連006 Google Workspaceはスマートフォンでも使えるの？ ▶ P.34
関連115 スマートフォンでビデオ会議に参加したい ▶ P.99

008 お役立ち度 ★★

Q Google Workspaceにはどんな種類があるの？

A 主に3つのエディションがあります

Google Workspaceにはビジネスニーズに応じて選べる複数のエディションがあります。例えば「Business Standard」ではビデオ会議の録画機能、「Business Starter」ではカスタムメールのドメインが追加されるなど、使える機能が異なります。また「Enterprise」では無制限のストレージが提供されるなど、ストレージ容量もプランによって変わってきます。

エディションの選択に際しては、ビジネスの規模や必要な機能に応じて最適なプランを選びましょう。

●主なエディション

種類	内容
Business Starter	30GBストレージ、カスタムメール、基本的なセキュリティ機能を提供
Business Standard	2TBストレージ、拡張セキュリティ、ビデオ会議録画機能が利用可
Business Plus	5TBストレージ、詳細な監査ログ、コンプライアンス機能を追加

「Business Standard」にはトライアル期間が設けられている

009 　有料版

Q 有料版のメリットを教えて！

A ドメインやストレージが追加されます

有料版には、ビジネスにおける生産性とセキュリティを向上させるためのさまざまなメリットがあります。無料版とは異なり、独自ドメインを使用した専用のメールアドレスが利用可能です。また、大容量ストレージにより、ファイルの保存・共有がさらに容易になります。ほか、詳細なアクセス権限設定や監査ログ機能を備えた強力なセキュリティ機能が提供されます。これに加え、24時間利用可能なサポートで、迅速な対応と管理者向けツールで効率的な管理が可能です。

組織内で有料版のメリットを最大限に活用するためには、各機能の設定を適切に行うことが重要です。特にセキュリティ設定やアクセス権限の管理を徹底し、情報の安全性を確保しましょう。

Google Meetで会議の録画や出欠確認を行える

ユーザーやサービスのすべての管理を行える

010

Q 有料版はアプリの機能も変わるの？

A 機能とセキュリティが強化されます

Google Workspaceの主要なアプリや機能の多くは無料で利用できますが、有料版ではさらに強化されます。また、これとは別に「Essential Starterプラン」が無料で提供されており、セキュリティ機能、管理ツール、カスタマーサポートなどの環境が提供されています。現在使っている仕事用メールアドレスでサービスを利用したいユーザーや、共同作業を行うユーザー向けに構築されたサービスです。

● 有料版に追加される機能

アプリ名	内容
Gmail	カスタムドメインのメールアドレスが利用可能となり、無料版よりも大容量のメールボックスが提供されます。またGmailに表示される広告が除去されます。
Googleドライブ	無制限ストレージを含む30GB以上の容量が利用可能です。またファイルの監査ログによって、誰がいつファイルにアクセスしたのかを確認することができます。
Googleドキュメント	ドキュメントの編集履歴やアクセス履歴を詳細に確認することができます。また、組織専用のカスタムテンプレートを作成して共有することが可能になります。
Googleスプレッドシート	より大きなデータセットをインポートできるようになります。またBigQueryとのシームレスな統合により、データの可視化と分析が強化されます。
Googleスライド	Business Standardではプレゼンテーションの録画機能を利用できます。スピーカースポットライト機能でプレゼンターを表示することもできます。

011

有料版　お役立ち度 ★★★

Q 利用を開始する方法を教えて！

A 公式サイトで必要事項を入力します

公式サイトにアクセスし、無料試用を開始します。次の手順に沿って情報を登録していきましょう。なお試用期間は14日間です。

1 Google Workspace（https://workspace.google.com/）にアクセス

2 ［無料試用を開始］をクリック

3 ［会社名］［従業員の数］［地域］を入力

4 ［次へ］をクリック

管理者情報を入力する画面が表示される

5 ［姓］［名］［現在のメールアドレス］を入力

6 ［次へ］をクリック

7 ［ドメインを購入］をクリック

すでにドメインを持っている場合は［使用できるドメインがある］をクリックしてドメインを登録する

8 希望ドメイン名を入力

すでに同じドメイン名が存在している場合はエラー表示となり登録できない

9 ［次へ］をクリック

10 ［郵便番号］［都道府県］［番地］［会社の電話番号］を入力

11 ［次へ］をクリック

12 ［ユーザー名］［パスワード］を入力、設定

［同意して続行］をクリックすると管理コンソールにログインする画面が表示され、利用が開始できる

第2章 情報を素早く整理する Gmail の便利ワザ

Gmail の基本

Gmailは世界中で利用されているメールサービスです。Google ならではの強力な検索機能を備え、カレンダーやドライブと統合されています。ここでは基本的な操作を紹介します。

012　お役立ち度 ★★★

Q Gmail の基本を知りたい

A 無料ストレージ、検索機能などが特徴です

Gmail は、メールの送受信、管理、検索を効率的に行うためのツールです。15GBの無料ストレージを備え、大量のメールを保存・管理できます。また、高度な検索機能で必要なメールを手軽に見つけることができ、スレッド表示やスパムフィルタ機能も備えています。ビジネスでもプライベートでも便利に使うことができるうえ、Google カレンダーや Google ドライブとシームレスに統合されています。2024年時点での利用者数は18億人を超えており、世界最大のメールサービスです。

基本的なメッセージ作成機能はもちろん、各種Googleサービスとシームレスに統合されており、メッセージの内容をあらゆる総合的に管理できる

013　お役立ち度 ★★★

Q Gmail を利用するには

A アプリの一覧から起動します

Gmail を利用するには、Google アプリの一覧から選択して起動します。最初に表示される画面は受信トレイで、初期状態ではすべてのメールが日付の新しい順に表示されます。Google アカウントにログインする方法については、26ページを参考にしてください。

1　[Googleアプリ]をクリック
2　[Gmail]をクリック

Gmailが表示された

014

お役立ち度 ★★☆

Q Gmailの画面構成を確認したい

A 右側のメニューで画面を切り替えます

Gmailの画面構成を理解すると、メールの整理や検索が効率的になり、ビジネスでの作業効率が向上します。右側のメニューを利用して各項目にアクセスできますが、メールの内容によっては意図しない場所に保存されることがあります。ツールバーの検索機能を使って、特定のメールを素早く見つけて時短につなげましょう。

●全体

❶ メニュー　❷ 検索　❹ タブ

❸ 受信トレイ

●個別のメール

❺ ツールバー　❻ ボタングループ

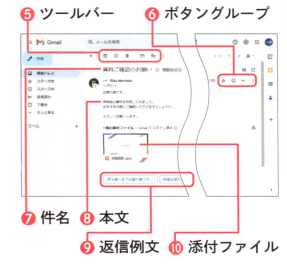

❼ 件名　❽ 本文
❾ 返信例文　❿ 添付ファイル

❶ メニュー
メールを整理するために用意されているメニュー。［受信トレイ］［スター付き］［スヌーズ中］［送信済み］［下書き］のほか、［もっと見る］をクリックすると、［迷惑メール］や［ゴミ箱］も表示される

❷ 検索
文字を入力してメールの検索ができる。受信期間や添付ファイルの有無などにより詳細な検索条件を設定できる検索のオプションも用意されている

❸ 受信トレイ
受信したメールが一覧表示される。クリックすると個別にメールを確認できる

❹ タブ
受信メールをカテゴリごとに分類する。［メイン］［プロモーション］［ソーシャル］［新着］［フォーラム］が用意されている

❺ ツールバー
フォルダへの移動や削除などの操作が行える

❻ ボタングループ
［返信］などの基本的な操作はここで行う

❼ 件名
メールのタイトルが表示される

❽ 本文
メールの本文が表示される

❾ 返信例文
本文の内容に沿った一言返信の例文が表示される。クリックすると返信メールの本文に入力される

❿ 添付ファイル
プレビューで表示される

015

お役立ち度 ★★★

Q メールを読みたい

A それぞれのタブから選びましょう

Gmailにアクセスし、受信トレイから閲覧したいメールをクリックで確認できます。Gmailは受信したメールをカテゴリに応じて自動的に振り分けます。[メイン]は重要なメール、[プロモーション]は1日一度確認すればよい営業メール、[ソーシャル]は社内の身内メールと捉えて活用しましょう。

1 読みたいメールをクリック

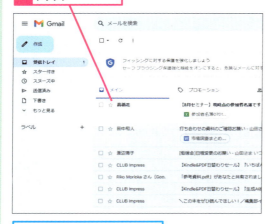

メールが開いて個別のメールが表示される

[受信トレイに戻る]をクリックすると受信トレイに戻る

[返信]をクリックして返信する（ワザ034参照）

添付ファイルがある場合は[ダウンロード]をクリックしてダウンロードする（ワザ039参照）

016

お役立ち度 ★★★

Q メールをタブごとに分類したい

A [新着][フォーラム]などに変更できます

初期状態の3つのタブ以外にも[新着]と[フォーラム]というタブがあり、必要に応じて表示できます。ただし、誤って分類されることがあるため、それぞれのタブを定期的にチェックしましょう。なお、メールはドラッグ&ドロップで別のタブに移動できます。確認画面が表示されるので[はい]をクリックすると、以降は同じ差出人からのメールは、指定したタブに振り分けられます。

1 [設定]をクリック

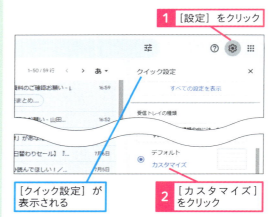

[クイック設定]が表示される

2 [カスタマイズ]をクリック

3 表示したいタブをクリックしてチェックする

4 [保存]をクリック

017

お役立ち度 ★★★

Q それぞれのメールをウィンドウで開いて確認したい

A ［新しいウィンドウで開く］をクリックします

メールを新しいウィンドウで表示するには、表示したいメールを選択し［新しいウィンドウで開く］をクリックします。これにより、複数のメールを同時に閲覧しながら作業を進められます。過去のメールを見ながら返信を書きたいときや、他の作業と並行してメールを参照する際に便利です。

ワザ015を参考にメールを開いておく

1 ［新しいウィンドウで開く］をクリック

新しいウィンドウが開いた

新しいウィンドウにメッセージが表示された

ウィンドウは複数開くことができる

018

お役立ち度 ★★

Q メールヘッダーについて教えて！

A 送受信の情報を確認できます

メールヘッダーには送受信情報が含まれ、トラブルシューティングに役立ちます。送信者、受信者、送信日時、経路、サーバー情報などが記載されています。技術的なトラブルの解決やスパムメールの発信元の特定に便利です。なお、ヘッダーの下にはメッセージのソースが表示されます。こちらもトラブルシューティングに使用します。

ワザ015を参考にメールを開いておく

1 ［その他］をクリック

2 ［メッセージのソースを表示］をクリック

ブラウザの新しいウィンドウが開いた

表示されている情報を確認する

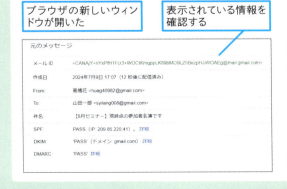

019

お役立ち度 ★★★

Q 既読と未読について知りたい

A 未読メールは太字で表示されます

既読と未読の管理は、重要なメールを見逃さずに整理するために重要です。未読メールは差出人と件名が太字で表示され、既読メールは通常のフォントで表示されます。未読と既読の管理は、受信トレイの整理や重要なメールの見逃し防止に役立ちます。特に大量のメールを扱うビジネスシーンで有用です。複数のメールをまとめて既読にする場合は、誤って重要なメールも既読にしないよう注意しましょう。

● 未読メールを既読にする

未読メールは太字で表示される　　未読メール数はラベルの横に表示される

1 未読メールをクリック

メールが開いた　　既読になった

● メールを開かずに既読にする

未読メールにマウスカーソルを合わせる

1 [既読にする] をクリック　　既読になった

● 複数の未読メールをまとめて既読にする

未読メールが散在している

1 [選択してください] をクリック

2 [未読] をクリック

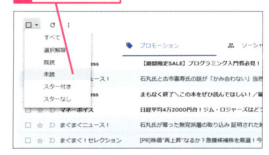

未読メールのみが選択された　　3 [既読にする] をクリック

選択したメールがすべて既読になった

020

お役立ち度 ★★★

Q やりとりがまとまっているとわかりにくい

動画で見る

A スレッド表示を切り替えましょう

Gmailでは、同一の件名のメッセージを1つのスレッドとしてまとめて表示する「スレッドビュー」が標準の表示形式です。1つの話題が視覚化され、まとめて読む際に非常に効果的です。スレッド化された未読メールに気づかず、見落としてしまう場合はスレッド表示を無効にしましょう。

初期設定ではやりとりが1つの件名でまとめて表示される（スレッド表示）

1 ［設定］をクリック

2 ［スレッド表示］をクリックしてチェックを外す

3 ［再読み込み］をクリック

スレッド表示が解除されメールは送信日時ごとに表示されるようになる

021

お役立ち度 ★★

Q 迷惑メールから受信トレイに戻すには

A ［迷惑メール］から受信トレイに戻しましょう

メールが迷惑メールとして分類されることが稀にあります。［迷惑メール］のメールは、30日後に自動的に削除されます。そのため、定期的に［迷惑メール］を確認して、迷惑メールではないメールを受信トレイに戻しましょう。

1 ［もっと見る］をクリック

2 ［迷惑メール］をクリック

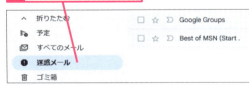

［迷惑メールフォルダ］の中身が表示される

3 ［受信トレイ］に表示したいメールをクリック

4 ［迷惑メールでないことを報告］をクリック

以後このメールは［受信トレイ］に表示される

022

お役立ち度 ★★★

Q ブロックしたいメールを迷惑メールとして報告したい！

A 手動で迷惑メールに設定しましょう

Gmailは迷惑メールを自動で振り分けますが、それ以外のメールを迷惑メールに指定したい場合は［迷惑メールを報告］をクリックしてGoogleに報告しましょう。迷惑メールとして報告されたメールは［ゴミ箱］に移動します。また、同時に送信者のブロックを設定することも可能です。送信者をブロックすると、同じ送信者からのメールは届かなくなります。

ワザ015を参考に迷惑メールとして報告したいメールを開いておく

1 ［迷惑メールを報告］をクリック

メールが迷惑メールとして報告された

2 ［ブロックする］をクリック

関連 021 迷惑メールから受信トレイに戻すには　P.43

023

お役立ち度 ★★★

Q メールが受信トレイに見当たらない

A ［すべてのメール］から探しましょう

目的のメールが見つからない場合は、［すべてのメール］を表示して、一覧から探してみましょう。また、フィルタ設定でメールが誤って振り分けられることが稀にあるため、設定の確認や［迷惑メール］［ゴミ箱］のチェックも必要です。それでも見つからない場合は、ワザ024の検索方法を試してみましょう。

1 ［もっと見る］をクリック

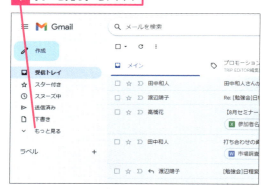

2 ［すべてのメール］をクリック

受信したすべてのメールが表示された

見つからない場合は［迷惑メール］や［ゴミ箱］の中身を確認する

検索して探すこともできる

024

お役立ち度 ★★★

Q メールを検索したい

A ［メールを検索］にキーワードを入力します

Gmailの検索機能で特定のメールを迅速かつ正確に見つけられます。件名や内容など、メールが特定できそうなキーワードを使って効率よく検索しましょう。詳細検索オプションやフィルタ機能を利用するとより正確な結果が得られます。

● 単語だけで検索する

1 ［メールを検索］をクリック

2 検索したい言葉を入力

入力途中でも検索候補が表示される

3 Enter キーを押す

検索結果が表示された

入力した単語が強調表示されている

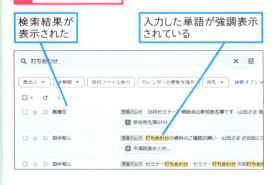

● ［検索オプション］を利用する

1 ［検索オプションを表示］をクリック

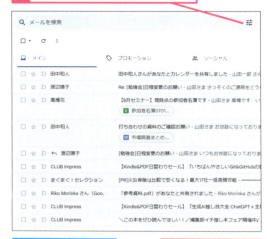

［検索オプション］の画面が開いた

2 検索したい言葉を入力

3 追加の検索条件を設定

4 ［検索］をクリック

［検索オプション］で指定した検索結果が表示された

025

Q 差出人を指定してメールを検索したい

お役立ち度 ★★★

A メールアドレスを入力してから検索します

Gmailの検索オプションで特定の差出人のメールを素早く見つけられます。差出人のメールアドレスを検索バーに入力し、キーワードを加えて絞り込むことができ、ビジネスシーンで特定のやりとりを確認するのに便利です。また、登録されているアドレスの一覧から差出人を選ぶこともできます。

●アドレスを入力して検索する

ワザ024を参考に［検索オプション］を表示する

1 表示したい差出人のメールアドレスを入力

2 検索したい言葉を入力　3 ［検索］をクリック

入力したメールアドレスで絞り込まれた検索結果が表示された

●登録されているアドレスから検索する

ワザ024を参考に検索結果を表示する　　1 ［差出人］をクリック

以前にやりとりした相手の一覧が表示される　　2 表示したい差出人をクリック

指定した差出人で絞り込まれた検索結果が表示された

●特定の差出人からのメールのみを表示する

右クリックして表示されるメニューから差出人を特定したメールだけを一覧表示することもできる

1 差出人の名前を右クリック　　2 ［〜さんからのメールを検索する］をクリック

026

お役立ち度 ★★★

Q メールを作成するには

A ［作成］で新規メッセージ画面を表示します

Gmailの［作成］をクリックして、新しいメールを作成できます。相手のメールアドレスは、入力時に過去のメールのやり取りなどから候補が表示されます。また、メールアドレスではなく、差出人の名前でも候補が表示されます。ほか、件名や本文に［添付］などの言葉が含まれていると、ファイルを添付し忘れたときにアラートが表示されます。

ここでは複数人に画像を添付したメールを送信する

1 ［作成］をクリック

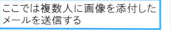

メッセージを作成する画面が表示された

2 メールアドレスを入力

自動で下書きに保存される

宛先が複数の場合は「,」で区切って入力する

3 件名を入力

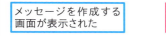

4 本文を入力

5 ［ファイルを添付］をクリック

6 ファイルを選択

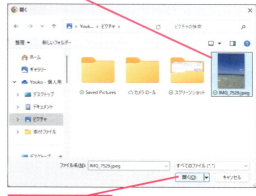

7 ［開く］をクリック

ファイルが添付された

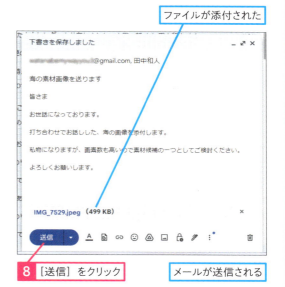

8 ［送信］をクリック

メールが送信される

📖 役立つ豆知識

メールの作成画面を拡大するには

［新規メッセージ］画面は画面の右下に固定されて表示されます。より大きい画面でメールを作成したい場合は、画面右上の［全画面表示］をクリックしましょう。なおこの場合の全画面表示は、パソコンの全画面ではなくGmailの画面に余白を付けた形で表示されます。

027 お役立ち度 ★★★

Q メールの作成を中断したい ときは

A 画面を閉じると下書きに 保存されます

Gmailは作成中のメールを自動的に下書きとして保存します。これにより、作業を中断してもメールの内容を失いません。特に長文や重要なメール作成時に便利です。[保存して閉じる]をクリックして中断し、再開するには[下書き]の中から選択します。

●作業を中断する

1 ［保存して中断する］をクリック

メールの作成画面が閉じた

●作業を再開する

1 ［下書き］をクリック

作成中のメールが保存されている

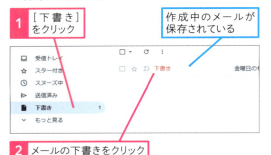

2 メールの下書きをクリック

メールの作成を再開する

028 お役立ち度 ★★★

Q 下書きのメールを破棄したい

A ［下書きを破棄］でゴミ箱に 移動します

Gmailで下書きのメールを破棄するには、以下の手順で削除します。なお、誤って削除した場合はゴミ箱から復元できます。

ワザ027を参考に［下書き］を表示する

1 ［下書きを破棄］をクリック

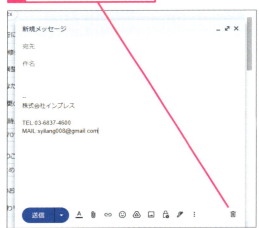

破棄された下書きは［ゴミ箱］に移動する

下書きのメールが破棄された

［下書き］一覧の画面でメールを選択して［下書きを破棄］をクリックしても削除できる

029

お役立ち度 ★★★

Q 複数の宛先をまとめて指定したい

A CCやBCCを使いましょう

複数の宛先に同時にメールを送りたい場合は、[CC]に宛先を入力して送信する方法が一般的です。また、[BCC]に宛先を入力すると、差出人以外のメールアドレスは非表示になります。なお、[宛先]に複数のメールアドレスをカンマで区切って入力する方法もあります。

メールの宛先を入力しておく

1 [CC]をクリック

2 CCとして送信したいアドレスを入力

3 [BCC]をクリック

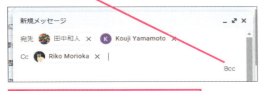

4 BCCとして送信したいアドレスを入力

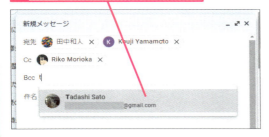

030

お役立ち度 ★★

Q HTML形式とテキスト形式について知りたい！

A それぞれにメリットがあります

メール作成にはHTML形式とテキスト形式があります。HTML形式はリッチテキストで視覚的に魅力的なメールを作成でき、テキスト形式はシンプルで互換性が高く、メールの容量も節約できます。用途に応じて使い分けましょう。

● HTML形式

リッチテキストを使用するので文字装飾が行える。画像なども配置でき視覚的に魅力的なメールが作成できる

● テキスト形式

プレーンテキストを使用するので軽量ですべてのデバイスに対応したメールが作成できる

031 お役立ち度 ★★★

Q メールの本文にメリハリを付けたい！

A 文字の装飾機能を使いましょう

Gmailの装飾機能を使い、メールを装飾できます。太字や斜体、色の変更などの書式設定が可能です。ビジネスシーンで重要な情報を強調する際に便利ですが、装飾が多すぎると読みづらくなるのでバランスを意識しましょう。

メールの本文を作成しておく

1 ［書式設定オプション］をクリック

書式設定メニューが表示される

● 書式設定メニュー

表示	名称	用途
Sans Serif	フォント	文字の種類を変える
tT	文字サイズ	文字の大きさを変える
B	太字	文字を太字にする
I	斜体	文字を斜体にする
U	下線	文字に下線を引く
A	テキストの色	文字の色を変える
≡	配置	左揃え・中央揃え・右揃えにする
≔	番号付きリスト	番号付きの箇条書きにする

032 お役立ち度 ★★★

Q テキスト形式に戻したい

A プレーンテキストに変更します

Gmailで［プレーンテキストモード］を有効にすると、シンプルなテキスト形式でメールを作成できます。プレーンテキスト形式はすべてのデバイスでほぼ同一に表示され、ビジネスシーンでレイアウトの崩れを避けたい場合に便利です。

1 ［その他のオプション］をクリック

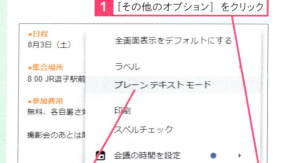

2 ［プレーンテキストモード］をクリック

装飾が取り消された　「書式なしのテキスト」と表示されている

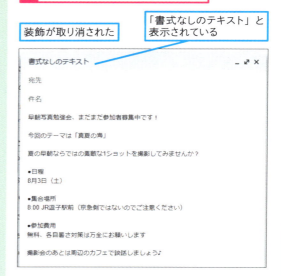

033 お役立ち度 ★★★

Q メールの装飾を取り消したい！

A ［書式をクリア］で解除します

Gmailの［書式をクリア］機能を使うと、選択した部分の装飾を取り消し、シンプルなテキストに戻せます。ビジネスシーンで飾り気のない形式が求められる場合に便利です。必要な部分だけを選択してクリアしましょう。

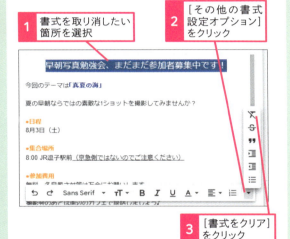

1 書式を取り消したい箇所を選択
2 ［その他の書式設定オプション］をクリック
3 ［書式をクリア］をクリック

書式が取り消された

●その他の書式設定オプションメニュー

アイコン	名称	アイコン	名称
書式をクリア	書式をクリア	インデント増	インデント増
取り消し線	取り消し線	インデント減	インデント減
引用	引用	箇条書き	箇条書き

034 お役立ち度 ★★★

Q メールに返信したい

A ［返信］で入力するほか、例文も表示されます

Gmailの［返信］機能を使い、受信したメールの返信を作成できます。また、相手のメールの文面から返信内容の例文が提案されます。それをクリックしても作成できます。

ワザ015を参考に返信したいメールを表示しておく

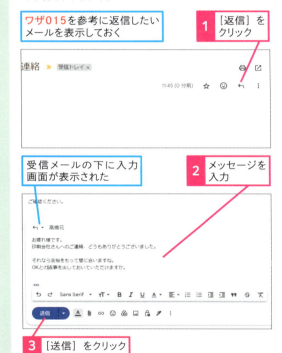

1 ［返信］をクリック
受信メールの下に入力画面が表示された
2 メッセージを入力
3 ［送信］をクリック

📖 役立つ豆知識

いくつかのパターンで例文が表示される

返信用の例文をクリックすると、そのまま返信メールに入力されます。これはAIが自動生成したもので、受信したメールの内容によってビジネス用のものからカジュアルなものまで表示されます。文面を作成するきっかけとして使いましょう。

035 お役立ち度 ★★★

Q メールを転送したい

A ［転送］で宛先を選んで送信します

Gmailの［転送］機能を使い、受信メールを他の人に転送できます。転送先のアドレスを入力し、文面を作成しましょう。なお、元のメールの送信者にも返信したい場合は、［転送］ではなく［返信］を使って、CCなどに転送したいアドレスを含めるとよいでしょう。

ワザ015を参考に転送したいメールを表示しておく

1 ［その他］をクリック

2 ［転送］をクリック

受信メールの下に入力フィールドが表示された

3 転送先のアドレスを入力

4 必要であればメッセージを入力

5 ［送信］をクリック

---

036 お役立ち度 ★★★

Q リンクを送信したい

A ［リンクを挿入］で設定します

メール本文にリンクを挿入するには、［挿入］メニューから［リンク］を選択し、リンク先のURLを入力します。これにより、受信者がリンクをクリックして、指定のウェブページにアクセスできるようになります。関連資料やウェブサイトへのアクセスをメールで共有したいときや、参考リンクを提供したいときに便利です。特にビジネスシーンでは、プロジェクト関連のリンクや資料へのアクセスを簡単に提供できます。リンクのURLを間違えると、受信者が意図しないページにアクセスする可能性があるため、正確に入力するように注意しましょう。

［新規メッセージ］画面を表示しておく

1 ［リンクを挿入］をクリック

2 表示したいテキストを入力

3 URLを入力

4 ［OK］をクリック

リンクが挿入された

文字にマウスカーソルを合わせると編集が可能になる

037

お役立ち度 ★★★

Q 送信したいファイルの
サイズが大きくて送れない

A Google ドライブを経由しましょう

共有したいファイルのサイズが大きい場合は、Google ドライブにアップしておき、Gmail でリンクを共有します。添付ファイルの制限を超えるサイズのファイルも送信できます。ビジネスシーンでプレゼン資料やプロジェクトファイルの共有に便利です。

ワザ221を参考にGoogleドライブにファイルをアップロードしておく

メールの本文を作成しておく

1 ［ドライブを使用してファイルを挿入］をクリック

2 送信したいファイルを選択

3 ［挿入］をクリック

ファイルサイズが25MB以上の場合はドライブへのリンクが挿入される

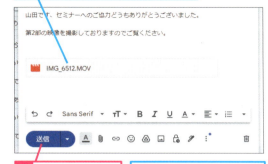

4 ［送信］をクリック

ファイルのアクセス権限を確認する画面が表示される

5 権限を確認　　**6** ［送信］をクリック

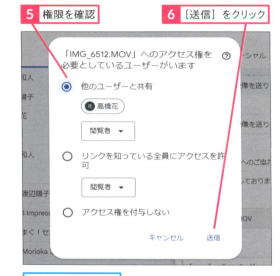

メールが送信された

メールの受信者はリンクをクリックするとファイルにアクセスできる

038

お役立ち度 ★★★

Q メールに写真を埋め込みたい

A [写真を挿入]で本文に埋め込みます

Gmailでメール本文に画像を埋め込むことで、メールを受け取った人がファイルを開く手間を省くことができます。プロジェクトの進行状況を画面キャプチャーで知らせたり、製品の写真を共有したりする際に便利です。画像ファイルのサイズを調整し、過剰なデータ量を避けましょう。

メールの本文を作成しておく

1 [写真を挿入]をクリック

[写真を挿入]画面が表示された

ここではパソコンに保存されている写真を埋め込む

2 [アップロード]をクリック

3 [アップロードする写真を選択]をクリック

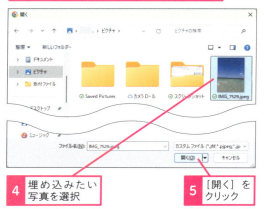

4 埋め込みたい写真を選択

5 [開く]をクリック

メッセージに写真が埋め込まれた

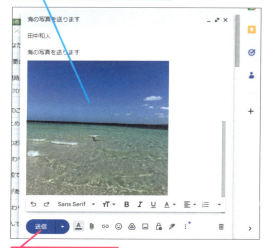

6 [送信]をクリック

メールの受信者はメッセージを読むだけで写真を確認できる

🎵 ステップアップ

表示する大きさを変更できる

メール本文に画像を埋め込む操作は、[新規メッセージ]画面に画像ファイルをドラッグ＆ドロップしたり、コピー＆ペーストしたりすることでも行えます。また、画像をクリックしてからドラッグすることで任意の大きさに変更できます。画像を削除する場合は、文字と同様に[Back space]キーを押すか、クリックして表示されるメニューの[削除]をクリックしましょう。

039 お役立ち度 ★★★

Q 受信した添付ファイルを保存するには

A [ダウンロード]で規定の場所に保存されます

Gmailで受信した添付ファイルを保存するには、ファイルにマウスカーソルを合わせて[ダウンロード]をクリックします。重要な書類や画像を保存して後で確認したり共有したりする際に便利です。ファイルの種類によって[ダウンロード]が表示される位置は異なります。

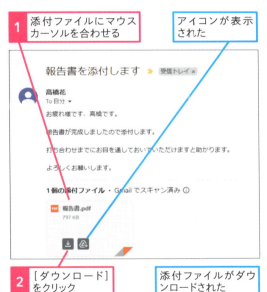

1 添付ファイルにマウスカーソルを合わせる
アイコンが表示された
2 [ダウンロード]をクリック
添付ファイルがダウンロードされた

🎵 ステップアップ

画像ファイルは[フォト]にも保存できる

添付ファイルが画像ファイルの場合は、[ダウンロード]のほかに[フォトに保存]が表示されます。これをクリックすると[フォト]に画像ファイルを保存できます。また、本文に埋め込まれた画像についても、添付されたファイルと同様にダウンロードして保存できます。

040 お役立ち度 ★★

Q メールが届いてるかどうかすぐに確認したい!

A [更新]をクリックします

メールが届いているかを確認するには、受信トレイを更新して新着メールを確認します。ブラウザの[更新]やショートカットキーなどを使ってGmailのページを更新しましょう。

1 [更新]をクリック
受信トレイが再読み込みされる

新着メールを確認できた

[Ctrl]+[R]キーでも同様に再読み込みできる

041

お役立ち度 ★★★

Q 署名を作成するには

A [設定]で署名を登録します

Gmailで署名を作成しておくと、送信するメールに自動的に挿入されるため、ビジネスメールや公式な連絡において一貫した連絡先情報を提供できます。さらに、署名に企業のロゴやウェブサイトへのリンクを追加することで、ブランド認知度の向上にも繋がります。複数の署名を登録し、用途に応じて使い分けることも可能です。

1 [設定]をクリック

[設定]画面が表示された

2 [すべての設定を表示]をクリック

3 画面をスクロール

4 [新規作成]をクリック

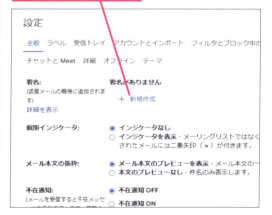

5 署名の名前を入力

6 [作成]をクリック

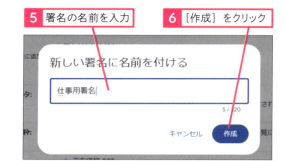

7 署名の内容を入力

8 作成した署名を選択

9 [署名なし]を選択

10 [変更を保存]をクリック

[変更を保存][キャンセル]は画面の最下部に表示されている

署名が作成された

同じ手順で複数の署名を作成できる

新規メッセージ作成画面に署名が反映されている

| 関連 042 | 複数の署名を使い分けるには | ▶ P.57 |

042

お役立ち度 ★★★

Q 複数の署名を使い分けるには

A 登録して送信時に選択できます

複数の署名を設定しておくと、受信者に応じて適切な署名を選択できます。例えば、ビジネス用と個人用といったように、状況に合わせた署名を使い分けることが可能です。署名に連絡先や肩書などの情報を含めている場合は、記載内容が古くなっていないか定期的に確認するようにしましょう。

●デフォルトの署名を変更する

ワザ041を参考に別の署名を作成しておく

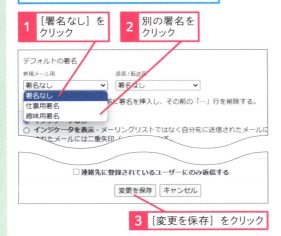

1 ［署名なし］をクリック
2 別の署名をクリック
3 ［変更を保存］をクリック

●署名を変更する

［新規メッセージ］画面を表示しておく

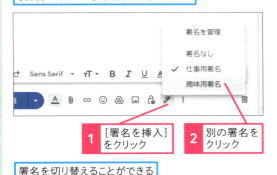

1 ［署名を挿入］をクリック
2 別の署名をクリック

署名を切り替えることができる

043

お役立ち度 ★★

Q ［送信者名］を変更したい

A ［情報を編集］で設定します

Gmailでは送信者名を変更し、ビジネスやプライベートなどに応じた名前を使用できます。用途に応じてメールアドレスを使い分ける際に便利です。また、返信先アドレスも設定できます。

ワザ041を参考に［設定］画面を表示しておく

1 ［アカウントとインポート］をクリック

2 ［情報を編集］をクリック

3 返信用の名前を入力

返信用のアドレスを別のものに指定することもできる

4 ［変更を保存］をクリック

関連 041 署名を作成するには　▶ P.56

044

お役立ち度 ★★★

Q 休暇時にメッセージを自動返信したい

A ［不在通知ON］をクリックして設定しましょう

Gmailで自動返信メッセージを設定し、送信者に不在を知らせることができます。長期休暇や出張などでメールにすぐ返信できない場合に便利です。不在理由と復帰予定日を記載し、緊急連絡先も含めましょう。

ワザ041を参考に［設定］画面を表示しておく

1 ［全般］をクリック
2 ［不在通知 ON］をクリック

3 ［開始日］を設定
4 ［終了日］を設定

5 ［件名］を入力
6 ［メッセージ］を入力
7 ［変更を保存］をクリック

設定した期間メールが自動返信されるようになった

045

お役立ち度 ★★

Q メールへのアクションが提案された

A 念のため内容を確認しましょう

Gmailのフォローアップ提案機能により、返信などを行っていないメールにメッセージが表示されることがあります。返信が必要なメールを見逃さずに対応でき、特にビジネスシーンで有用です。

返信などフォローアップを促すメッセージが表示されることがある

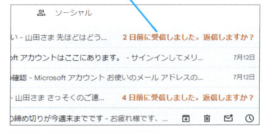

1 メールにマウスカーソルを合わせる

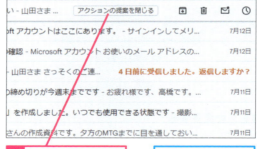

2 ［アクションの提案を閉じる］をクリック

メッセージが非表示になった

役立つ豆知識

自動リマインダーも活用しよう

Gmailは、特定のメールに対して返信がなかった場合、自動的にフォローアップのリマインダーを表示する機能があります。これにより、重要なメールのやりとり漏れを防ぐことができます。

連絡先を活用しよう

Googleの[連絡先]アプリはその名の通り、連絡先をまとめて管理できます。ここでは基本的な操作と、Gmailと組み合わせた活用方法を紹介します。

046

お役立ち度 ★★★

Q 連絡先に登録したい！

A 手動で連絡先に登録できます

Gmailの[連絡先]機能で、頻繁に連絡を取る相手の情報を管理できます。仕事やプライベートのコミュニケーションが円滑になります。Android OSのスマートフォンと同じアカウントを使っている場合、自動で同期されることも確認しましょう。

●新規連絡先を登録する

1 [Googleアプリ]をクリック

2 [連絡先]をクリック

[連絡先]が表示された

3 [連絡先を作成]をクリック

4 [連絡先を作成]をクリック

連絡先の作成画面が表示された

5 情報を入力

6 [保存]をクリック

連絡先が登録された

●よく使う連絡先から登録する

やり取りしたことのあるユーザーの場合は[よく使う連絡先]から登録できる

1 [よく使う連絡先]をクリック

2 登録したいユーザーにマウスカーソルを合わせる

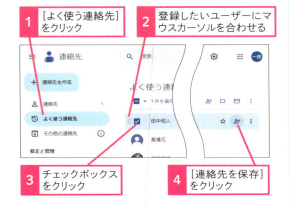

3 チェックボックスをクリック

4 [連絡先を保存]をクリック

連絡先を活用しよう　59

047

Q 連絡先の画面構成を教えて！

A ［よく使う連絡先］が便利です

Google 連絡先の画面構成を理解すると、連絡先の管理が効率化されます。また、頻繁に連絡を取る相手の情報を素早く確認できます。強力な検索機能も付いているので、必要に応じて検索し、情報を絞り込みましょう。

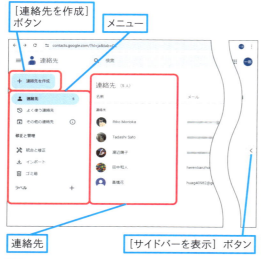

［サイドバーを表示］ボタンをクリックすると、サイドバーによく交流するユーザーに基づいて候補が表示される

●メニューの内容

よく使う連絡先	よくやりとりするユーザーの連絡先が表示される
その他の連絡先	Google サービスでやり取りしたことのあるユーザーと、リストで非表示にした連絡先が表示される
統合と修正	重複した連絡先はここで統合できる
インポート	CSVファイルかvCardファイルにまとめた連絡先をインポートして統合できる
ゴミ箱	削除した連絡先が表示される
ラベル	ユーザーにラベルを付けて分類できる

048

Q メールから連絡先に追加したい！

A ワンクリックで連絡先に登録できます

Gmail の情報を新しい連絡先を手軽に登録できます。メールの送信者の名前にマウスカーソルを合わせ、表示されるメニューから追加します。また、電話番号や住所、誕生日などを後から追加することもできます。詳しくはワザ049を参考にしてください。

1 受信メールの名前欄にマウスカーソルを合わせる

送信者の情報が表示された

2 ［連絡先に追加］をクリック　　連絡先に追加された

メールを開いた状態でも同様の操作で連絡先に追加できる

049

お役立ち度 ★★★

Q 連絡先を編集するには

A 入力用の画面を表示して編集します

Google 連絡先で該当の連絡先を選び、編集モードで情報を更新します。電話番号、メールアドレスなどの情報が最新の状態に保てるほか、住所なども追加できます。編集後に［保存］をクリックすることを忘れないようにしましょう。

ワザ046を参考に連絡先一覧を表示しておく

1 登録したいユーザーにマウスカーソルを合わせる
2 ［連絡先を編集］をクリック

3 内容を編集
4 ［保存］をクリック

5 ［戻る］をクリック　編集内容が保存された

050

お役立ち度 ★★★

Q 連絡先を削除するには？

A 一覧から削除します

不要な連絡先を削除して連絡先リストを整理します。古い連絡先や無効な連絡先を削除し、作業効率を向上させましょう。なお、削除して30日経過すると元に戻せなくなるため、誤って削除しないよう注意しましょう。

ワザ046を参考に連絡先一覧を表示しておく

1 登録したいユーザーにマウスカーソルを合わせる
2 ［その他の操作］をクリック

3 ［削除］をクリック

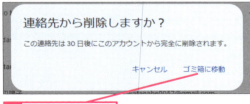

4 ［ゴミ箱に移動］をクリック

連絡先がゴミ箱に移動した

連絡先を活用しよう

051 お役立ち度 ★★★

Q 連絡先を検索するには

A ［検索］にキーワードを入力します

Google 連絡先の検索バーに情報を入力すると、特定の連絡先を素早く見つけることができます。顧客や同僚の連絡先を迅速に確認できて便利です。名前やメールアドレスを正確に入力し、余分な情報が表示されないようにしましょう。

ワザ046を参考に連絡先一覧を表示しておく

1 ［検索］をクリック

2 検索したい言葉を入力

検索結果の候補が表示される

3 Enter キーを押す

検索結果が表示された

---

052 お役立ち度 ★★★

Q 連絡先からメールを送信したい！

A メールアドレスをクリックして瞬時に新規メールを作成できます

連絡先から登録済みのメールアドレスに素早くメールを送信できます。連絡先を選択すると、メールの送信画面が表示され、宛先に自動入力されます。件名や文面を作成し、そのまま送信することが可能です。

ワザ046を参考に連絡先一覧を表示しておく

1 メールアドレスをクリック

メールを作成する画面が開いた

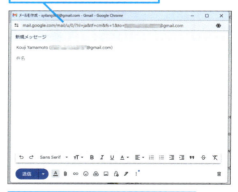

個別の連絡先から［メール］をクリックしてもメールを作成できる

053

お役立ち度 ★★☆

Q 連絡先をまとめたい

A ラベルを作成してグループ化できます

連絡先をグループ化し、特定のグループにまとめてメールを送信できます。ビジネスシーンでのプロジェクトチームへの情報共有や家族への連絡などに便利です。なお同じ連絡先を複数のラベルに割り当てることも可能です。適宜管理しましょう。

ワザ046を参考に連絡先一覧を表示しておく

1 連絡先にマウスカーソルを合わせる

チェックボックスが表示された

2 ここをクリック

3 グループにまとめたい連絡先をクリック

4 ［ラベルを管理］をクリック

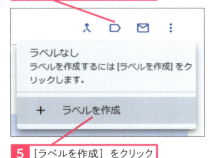

5 ［ラベルを作成］をクリック

［ラベルを作成］画面が表示された

6 ラベルの名前を入力

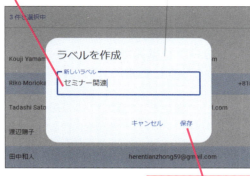

7 ［保存］をクリック

ラベル［セミナー関連］が作成されてメニューに表示された

グループの人数が表示されている

8 ［セミナー関連］をクリック

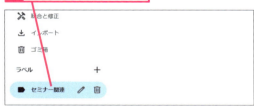

グループに属している連絡先の一覧が表示された

連絡先を活用しよう　できる　63

054　お役立ち度 ★★★

Q グループにメールを一斉送信したい！

A グループを選んで［メールを送信］をクリックします

グループ化した連絡先に一斉にメールを送信できます。特定のグループに対して情報を同時に伝える際に便利です。グループメンバーを確認し、正しく送信しましょう。なおメールの下書きは［宛先］にメンバーのメールアドレスが入った形で作られます。

ワザ053を参考にグループの連絡先一覧を表示しておく

1 ［選択の操作］をクリック

2 ［すべて］をクリック

すべての連絡先が選択された

3 ［メールを送信］をクリック

メールを作成する画面が開いた　　宛先にグループのメンバー全員が指定されている

055　お役立ち度 ★★★

Q グループ名を編集したい

A ラベル名などを変更できます

連絡先のグループ名を編集し、わかりやすい名称に変更できます。ラベルが多くなってきたら、適宜名前を変更して整理しましょう。なおラベルを削除しても連絡先自体は削除されませんが、削除したラベルは復旧できないことに注意しましょう。

●グループ名の変更

1 ［ラベル名を変更］をクリック

2 新しいラベル名を入力　　**3** ［保存］をクリック

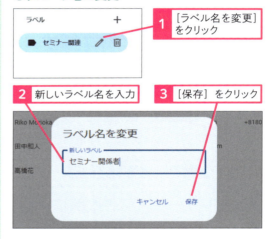

●グループの削除

1 ［ラベルを削除］をクリック

2 連絡先を残すかどうか選択　　**3** ［削除］をクリック

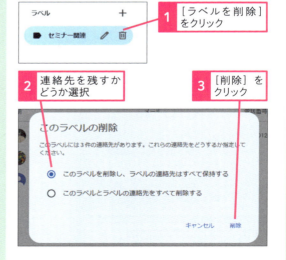

056 お役立ち度 ★★

Q 連絡先をインポートしたい

A CSVファイルなどを取り込めます

他のメールサービスやCSVファイルから連絡先をインポートできます。複数の連絡先を一元管理する際に活用しましょう。CSVファイルで一括で登録する場合は、手動で氏名や住所などの項目を割り当てられるほか、連絡先のフォーマットに合わせたものであれば自動でインポートできます。

1 [インポート]をクリック

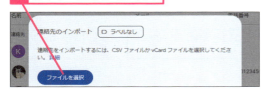

2 [ファイルを選択]をクリック

3 インポートしたいファイルを選択

4 [開く]をクリック

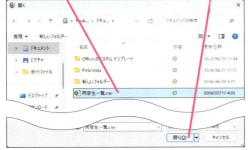

5 [インポート]をクリック

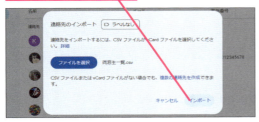

---

057 お役立ち度 ★★★

Q 別のグループにメンバーを追加したい！

A ラベルを作成してからメンバーを追加できます

メンバーを選択してからラベルを作成する以外に、あらかじめ作成したラベルにメンバーを追加することもできます。なお複数のメンバーを選択した場合は[申請]をクリックして追加しますが、ラベルの作成者やメンバーにメールなどが送信されることはありません。

1 [ラベルを作成]をクリック

2 ラベル名を入力

3 [保存]をクリック

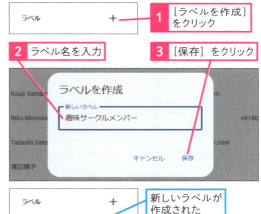

新しいラベルが作成された

4 ワザ053を参考に追加したいメンバーを選択

5 [ラベルを管理]をクリック

6 [趣味サークルメンバー]をクリック

7 [申請]をクリック

Gmail の便利機能

Gmail には［アーカイブ］や［スター］などメールを分類するための多彩な機能が搭載されています。ここでは、Gmail をカスタマイズしてより活用する方法を紹介します。

058　お役立ち度 ★★★

Q　メールを印刷したい

A　［すべて印刷］をクリックします

Gmail には専用の印刷機能があり、メニューなどを非表示にして縦長の用紙に必要な情報が収まるように印刷できます。メールを開き、［すべて印刷］をクリックします。契約書や重要な連絡事項などを紙に出力する場合や、PDFとして保管する場合に活用しましょう。

ワザ015を参考に印刷したいメールを開いておく

1　［すべて印刷］をクリック

2　印刷の設定を確認

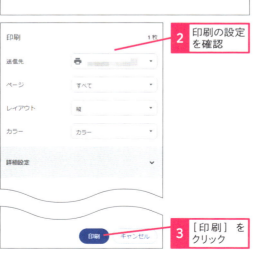

3　［印刷］をクリック

059　お役立ち度 ★★★

Q　メールをアーカイブするには

A　［アーカイブ］をクリックします

Gmail の［アーカイブ］機能を使うと受信トレイを整理できます。アーカイブしたメールは［すべてのメール］に保存され、受信トレイでは非表示になります。アクセスしていない古いメールをアーカイブすることで、受信トレイ上をすっきりと管理でき、必要なときには迅速に検索・参照することができます。

ワザ015を参考にアーカイブしたいメールを開いておく

1　［アーカイブ］をクリック

メールがアーカイブされ［受信トレイ］に表示されなくなる

メールの件名で［アーカイブ］をクリックしても同様に保存できる

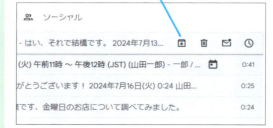

060　お役立ち度 ★★★

Q アーカイブされたメールはどこにある?

A ［すべてのメール］で表示できます

アーカイブされたメールは［すべてのメール］に保存されます。特定のラベルなどは割り当てられないため、検索バーを使用してキーワードなどで検索し、特定のメールを探しましょう。必要に応じて受信トレイに戻すことも可能です。

● アーカイブされたメールを探す

1 ［もっと見る］をクリック
2 ［すべてのメール］をクリック

アーカイブされたメールが表示された

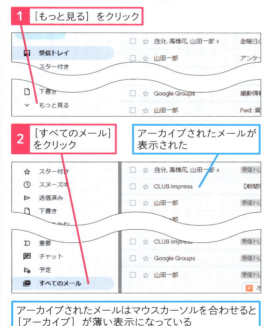

アーカイブされたメールはマウスカーソルを合わせると［アーカイブ］が薄い表示になっている

● アーカイブされたメールを戻す

アーカイブしたメールを表示しておく

1 ［受信トレイに移動］をクリック

061　お役立ち度 ★★★

Q メールを完全に削除したい!

A ［ゴミ箱］を開いて操作しましょう

不要なメールを削除し、受信トレイを整理します。削除したメールは［ゴミ箱］に移動し、30日後に自動的に削除されます。容量が大きいメールなどをすぐに完全に削除したい場合は［ゴミ箱］を開いて［完全に削除］をクリックしましょう。

1 ［削除］をクリック

メールが［ゴミ箱］に移動した

2 ［もっと見る］をクリック

3 ［ゴミ箱］をクリック

削除したメールが表示された

4 ［選択］をクリック
5 ［完全に削除］をクリック

062

Q メールを間違えて削除してしまった！

A ［ゴミ箱］から復元できます

間違って削除したメールは［ゴミ箱］から復元できます。削除してから30日以内であれば復元が可能です。復旧したいメールが見つかったら、［移動］をクリックして［ソーシャル］などのタブを選択するか、［受信トレイ］などに戻しましょう。

ワザ061を参考に［ゴミ箱］の中身を表示しておく

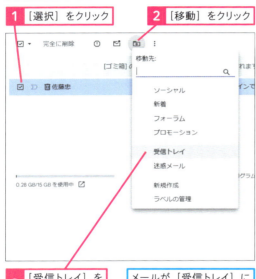

1 ［選択］をクリック
2 ［移動］をクリック
3 ［受信トレイ］をクリック

メールが［受信トレイ］に戻った

●移動先メニューの内容

ソーシャル・新着・フォーラム・プロモーション	それぞれのタブの受信トレイに移動
受信トレイ	メインの受信トレイに移動
迷惑メール	迷惑メールに移動
新規作成	ラベルの新規作成画面が開く
ラベルの管理	［設定］の［ラベル］が表示される

063

Q 重要なメールにスターを付けたい！

A メールの「☆」をクリックします

重要なメールにスターを付けると、素早く見つけられます。スターを付けるとメールの一覧からも絞り込めるほか、［スター付き］でまとめて確認が可能です。スターを付ける基準は定期的に見直しましょう。

●スターを付ける

1 ［スターなし］をクリック

スターが付いた

受信メールの［スターなし］をクリックしても同様にスターが付く

●スターを付けたメールのみ表示する

1 ［選択してください］をクリック

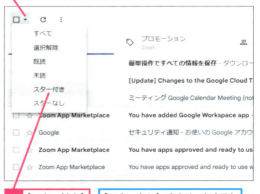

2 ［スター付き］をクリック

［スターなし］をクリックするとスター付きを非表示にできる

064 複数のスターを使い分けたい！

お役立ち度 ★★☆

A 最大12個を使用できます

複数のスターを設定すると、メールの重要度や種類を区別できます。Gmailの設定画面でスターの種類を選ぶことで、メールを視覚的に区別できるため、プロジェクト別や緊急度別に使い分けると便利です。多く設定しすぎると見分けにくくなるので、スターの数は少なめにしましょう。

ワザ041を参考に［設定］画面を表示しておく

1 ［全般］をクリック

2 ［スター］の［未使用］にあるスターを上にドラッグ

［使用中］に移動した

3 ［設定を保存］をクリック

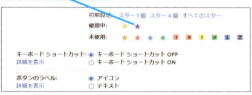

複数のスターを使用できるようになった

クリックするたびに色が切り替わる

関連 041 署名を作成するには ▶ P.56

---

065 メールに重要マークを付けたい

お役立ち度 ★★★

A メールの一覧などから手動で設定します

重要なメールに［重要マーク］を付けることで、優先度を明確にできます。メールの一覧や個別の表示の際に［重要マーク］をクリックし、他のメールと区別します。［重要マーク］を設定したメールは、［スター］と同様に［重要］でまとめて表示できます。特に重要なメールや緊急対応が必要なメールを管理する際に便利です。

1 ［重要マーク］をクリック

重要マークが付いた

受信メールの［重要マーク］をクリックしても同様に重要マークが付く

🏠 役立つ豆知識

メールの文面で自動的にマークが付けられる

［重要マーク］は手動で設定するほかにも、Gmailがメールの内容や差出人から判断して、自動的にマークを付ける場合があります。意図しないメールに［重要マーク］が付いていた場合は、マークをクリックしてオフにしましょう。

066

お役立ち度 ★★★

Q 受信メールをフィルタで振り分けたい！

A ［フィルタを作成］で条件を設定します

受信メールを自動で振り分け、重要なメールを見逃さず管理します。特定の条件でフィルタリングし、ラベルを付けたり、特定のフォルダに移動させたりします。なお、ラベルを作成してからフィルタを設定することもできますが、ラベルとフィルタを組み合わせないとメールの振り分けができないため、フィルタの設定時にラベルを作成し、同時に該当するメールを振り分けるのが効率的です。

ここでは「セミナー」という言葉が入っているメールに［セミナー関連］というラベルを設定する

ワザ024を参考に検索のオプションを表示しておく

1 メールの検索条件を入力

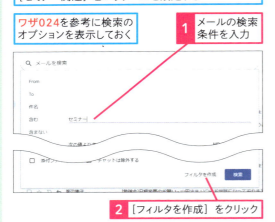

2 ［フィルタを作成］をクリック

メールが検索条件と一致する場合の行動を選択する

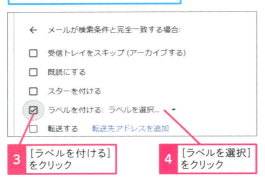

3 ［ラベルを付ける］をクリック

4 ［ラベルを選択］をクリック

5 ［新しいラベル］をクリック

新しいラベル名を入力する画面が表示された

6 ラベル名を入力

7 ［作成］をクリック

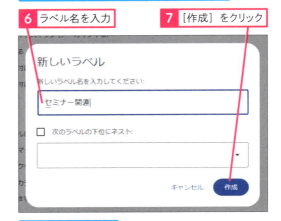

ラベルが設定された

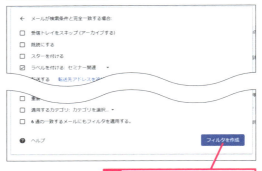

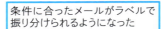

8 ［フィルタを作成］をクリック

条件に合ったメールがラベルで振り分けられるようになった

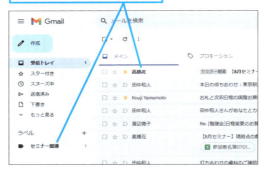

067

お役立ち度 ★★★

Q 重要なメールを優先的に表示するには

A ［クイック設定］で表示を変更できます

ワザ065で紹介した［重要マーク］を手動で設定する以外に、Gmailは文面などを基準に重要なメールを判定して［重要マーク］を設定します。［受信トレイ］で重要なメールを先頭に表示することで、ビジネスメールや重要事項を迅速に確認できます。

ワザ016を参考に［クイック設定］を表示しておく

1 ［重要なメールを先頭］をクリック

2 ［閉じる］をクリック

重要なメールが先頭に表示された

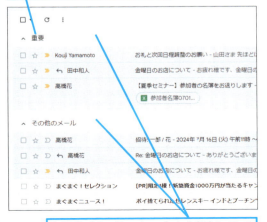

［重要］［その他のメール］と分類されている

068

お役立ち度 ★★★

Q ラベルに色を付けたい！

A 文字色と背景色を選べます

ラベルの文字や背景に色を付け、メールの種類や重要度を識別しやすくします。メインメニューなどでラベルを表示した際に、プロジェクト別に分類したり、重要メールを強調したいときに便利です。色が多すぎると混乱するため、選び方に注意しましょう。

1 ラベルのここをクリック

2 ［ラベルの色］をクリック

3 付けたい色をクリック

ラベルに色が付いた

069

お役立ち度 ★★★

Q 受信トレイを確認しながらメールも読みたい

A メールの内容を右側に表示できます

Gmailで受信トレイを確認しつつ、特定のメールを読むには[閲覧ウィンドウ]の機能を使うと便利です。複数のメールを同時に確認でき、効率よく処理が可能です。使用しているデバイスで見やすい設定を選び、この機能を活用しましょう。

ワザ016を参考にクイック設定を表示しておく

1 [受信トレイの右]をクリック
2 Gmailを再読み込みする

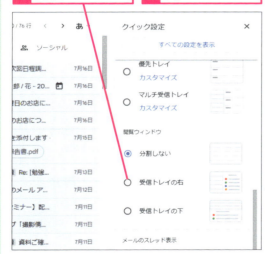

3 読みたいメールをクリック

ウィンドウが分割された

メールの内容が右画面に表示される

070

お役立ち度 ★★★

Q 検索を素早く行いたい

A 検索演算子を使いましょう

特定のメールを見つけるには、Gmailの検索バーで検索演算子を使用します。これにより、送信者や日付、キーワードで精密に検索できます。大量のメールから特定のメッセージを素早く見つけたいときや、ビジネスシーンで過去の重要なメールを効率よく検索する際に便利です。演算子の入力ミスに注意し、複数の演算子を組み合わせて詳細な検索を行いましょう。

1 [メールを検索]をクリック

2 「is:unread」と入力

未読メールのみが表示された

3 Enterキーを押す

未読のメールが候補として表示された

表示を元に戻す場合は[検索をクリア]をクリックする

●主な検索演算子

送信者を指定	from:
既読のメール	is:read
すべてのメール	in:anywhere
添付ファイルのあるメール	has:attachment
件名に含まれる単語を指定	subject:
～以前に送信	before:
～以降に送信	after:

071

お役立ち度 ★★★

Q 未読メールを検索してすべて既読にしたい！

A [検索オプション]でまとめて表示しましょう

未読メールがたまっている場合は、検索オプションで未読メールを選択し、すべて既読にして受信トレイを整理します。検索条件を正確に設定し、必要なメールを見逃さないようにしましょう。

ワザ024を参考に検索のオプションを表示しておく

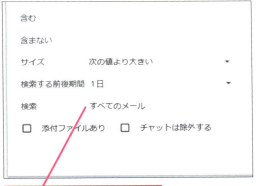

1 [すべてのメール] をクリック

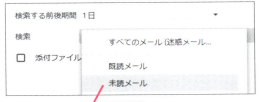

2 [未読メール] をクリック

3 [検索] をクリック

すべてのメールの中から未読メールが検索された

4 [選択してください] をクリック

表示されているメールのすべてが選択された

5 [既読にする] をクリック

選択されたメールが既読になった

📖 役立つ豆知識

ページ外のスレッドも選択できる

検索結果が1ページに表示できる件数を超えている場合は、表示しきれなかったメールも含め、すべてのメールを選択するかどうかのメッセージが表示されます。その際にすべてのメールを選択すると、条件に該当する全メールを一括して変更できます。メールの件数が多い場合は処理に時間がかかりますので注意しましょう。

072

お役立ち度 ★★★

Q メールの表示件数を変えるには？

A 10〜100件から選べます

メール一覧の1ページの表示件数を変更すると、メール管理を効率化できます。表示件数を増やすと一覧性が上がり、大量のメールを管理する際に便利です。デバイスの画面に合わせて最適な表示件数を設定しましょう。

ワザ041を参考に［設定］画面を表示しておく

1 ［全般］をクリック

2 ［50］をクリック

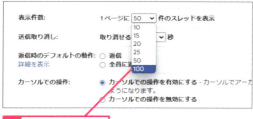

3 ［100］をクリック

表示件数が100件に変更された

4 ［変更を保存］をクリック

073

お役立ち度 ★★

Q 英語のメールが届いた！

A 日本語に翻訳しましょう

Gmailにはメールの内容を多言語に翻訳する機能があります。英文を和訳したい場合は、メールを表示し、［日本語に翻訳］をクリックします。翻訳されたメールを元に戻すには、［原文を表示］をクリックします。日本語のメールを他の言語に翻訳し、転送することも可能です。

ワザ015を参考に英語で届いたメールを開いておく

1 ［日本語に翻訳］をクリック

日本語に翻訳された

クリックすると翻訳言語を選択できる画面が表示される

［原文を表示］をクリックすると元の英文が表示される

074

お役立ち度 ★★★

Q 他のアドレスに自動転送したい

A ［転送］で設定します

Gmailで受信したメールを他のアドレスに自動転送することができます。設定画面で転送先アドレスを追加し、確認コードを入力します。複数のメールアカウントを管理する際に便利です。確認コードの入力を忘れないようにしましょう。

ワザ041を参考に［設定］画面を表示しておく

1. ［メール転送とPOP/IMAP］をクリック

2. ［転送先アドレスを追加］をクリック

3. 転送先のメールアドレスを入力

4. ［次へ］をクリック

5. それぞれのメールアドレスで認証手続きを行う

6. 転送後の動作を設定

7. ［変更を保存］をクリック

075

お役立ち度 ★★★

Q 特定のメールだけ自動転送したい

A フィルタ機能で設定できます

Gmailのフィルタ機能を活用して特定条件に合うメールのみを自動転送できます。重要なメールを別のアドレスに転送する際に便利です。フィルタ条件を正確に設定し、意図しないメールが転送されないようにしましょう。

ワザ074を参考に［設定］の［メール転送とPOP/IMAP］をクリックし［転送］を表示しておく

1. ［フィルタを作成］をクリック

検索のオプション画面が表示された

ここでは「セミナー」という言葉を含むメールだけ転送する

2. ［含む］に「セミナー」と入力

3. ［フィルタを作成］をクリック

4. ［次のアドレスに転送する］に転送先アドレスを設定

5. ［フィルタを作成］をクリック

認証設定を行うとフィルタが作成される

076

お役立ち度 ★★

Q 送信者アドレスを使い分けたい！

A ［他のメールアドレスを追加］で設定しましょう

Gmailでは他のサービスのメールアドレスから送信することもできます。設定で［他のメールアドレスを追加］します。仕事やプライベートで異なるアドレスを使い分けたいときに便利です。確認コードを正確に入力しましょう。

ワザ041を参考に［設定］画面を表示しておく

1 ［アカウントとインポート］をクリック

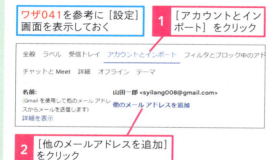

2 ［他のメールアドレスを追加］をクリック

メールアドレスを追加する画面が表示された

3 名前を入力　　4 メールアドレスを入力

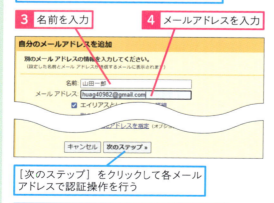

［次のステップ］をクリックして各メールアドレスで認証操作を行う

［差出人］のアドレスを選択できるようになった

077

お役立ち度 ★★★

Q 他のメールアドレスのメールを受信したい

A メールアカウントを追加しましょう

Gmailで他のアドレスのメールを受信するには、［メールアカウントを追加する］を利用します。それぞれのアカウントで受信したメールは同一の受信トレイに表示されるため、複数のアカウントを一元管理する際に便利です。

ワザ043を参考に［設定］の［アカウントとインポート］を表示しておく

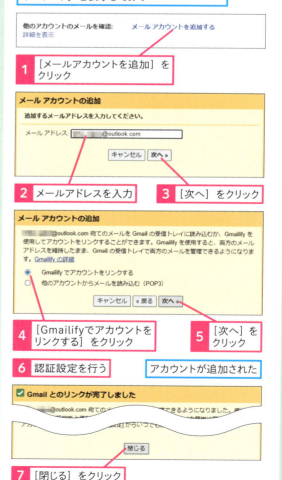

1 ［メールアカウントを追加］をクリック

2 メールアドレスを入力　　3 ［次へ］をクリック

4 ［Gmailifyでアカウントをリンクする］をクリック

5 ［次へ］をクリック

6 認証設定を行う　　アカウントが追加された

7 ［閉じる］をクリック

078

お役立ち度 ★★★

Q Gmail以外のメールソフトでもメールを受け取りたい！

A IMAPを有効にします

Gmailの[IMAPを有効にする]設定を行い、外部メールクライアントで管理できます。異なるメールソフトでもGmailに届いたメールを確認したいときに便利です。Gmailのヘルプを確認し、正確に設定しましょう。

ワザ041を参考に[設定]画面を表示しておく

1 [メール転送とPOP/IMAP]をクリック

2 [IMAPを有効にする]をクリック

3 [変更を保存]をクリック

4 [設定手順]をクリック

Gmailヘルプが表示されるのでメールクライアント側の設定を確認する

079

お役立ち度 ★★★

Q メールの送信を取り消したい！

A 送信直後にできるように設定します

送信したメールを取り消すには、[取り消せる時間]を設定します。送信の取り消しは、メールの送信直後に行うことができます。取り消しのオプションを見逃さないようにしましょう。

ワザ041を参考に[設定]画面を表示しておく

1 [全般]をクリック

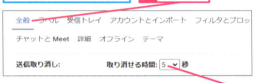

2 ここをクリック

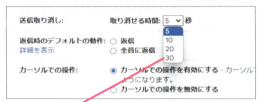

3 [30]をクリック

30秒に設定された

4 [変更を保存]をクリック

30秒の間は[メッセージを表示]をクリックして送信を取り消せる

Gmailの便利機能　できる　77

080 お役立ち度 ★★☆

Q ツールバーの表示を変えたい！

A テキスト表示に変更できます

Gmailのツールバーアイコンをテキスト表示に変更し、機能を文字で確認できるようにするには、設定で[ボタンのラベル]を[テキスト]にします。画面が左右に広がるため、レイアウトに注意しましょう。

初期設定ではメール上部のツールバーはアイコン画像になっている

ワザ041を参考に[設定]画面を表示しておく

1 [全般]をクリック

2 [テキスト]をクリック

3 [変更を保存]をクリック

ツールバーがテキスト表示になった

081 お役立ち度 ★★★

Q Gmailでショートカットキーを活用したい！

A [設定]で有効にしましょう

Gmailのショートカットキーを有効にし、頻繁に使う機能を素早く操作します。作業を効率よく進めたいときに便利です。ヘルプを参考によく使うショートカットキーを覚え、普段から使ってみましょう。

ワザ041を参考に[設定]画面を表示しておく

1 [全般]をクリック

2 [キーボードショートカット ON]をクリック

3 [変更を保存]をクリック

キーボードショートカットが有効になった

4 [詳細を表示]をクリック

Gmailヘルプが表示されるので使用できるショートカットキーを確認する

082

お役立ち度 ★★★

Q テンプレートを使ってメールを送信したい！

A 自分用に文面を登録できます

Gmailのテンプレート機能を有効にすると、メールの下書きをひな型として保存できます。頻繁に送信する同じ内容のメールを効率的に管理できます。メールの送信、返信など複数の設定を保存する場合は、適切な名前を付けて区別しましょう。

ワザ041を参考に［設定］画面を表示しておく

1 ［詳細］をクリック

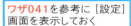

2 ［有効にする］をクリック

3 ［変更を保存］をクリック

テンプレートが有効になった

テンプレートを作成する

4 メール作成画面でテンプレートにしたい内容を入力

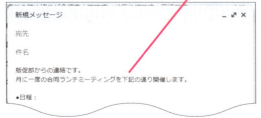

5 ［その他の操作］をクリック

6 ［テンプレート］をクリック

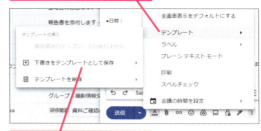

7 ［下書きをテンプレートとして保存］をクリック

8 ［新しいテンプレートとして保存］をクリック

9 テンプレート名を入力

ここで入力した内容がテンプレートを使用したメッセージの件名となる

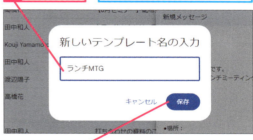

10 ［保存］をクリック

テンプレートが作成された

● テンプレートを使用する

1 ［その他の操作］をクリック

2 ［テンプレート］をクリック

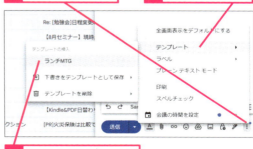

3 作成したテンプレートをクリック

テンプレートが挿入された

Gmailの便利機能　できる　79

083 お役立ち度 ★★★

Q カレンダーの予定を素早く確認したい

A Gmail と同時に表示できます

Gmail の画面右側の [カレンダー] をクリックし、スケジュールを確認できます。メールの内容に基づいてスケジュールを確認したいときに便利です。

1 [カレンダー] をクリック

表示されていない場合は右下の [サイドパネルを表示] をクリック

カレンダーが表示された

Googleカレンダー（第6章参照）に入力した予定が反映されている

カレンダーの予定を確認しながら届いたメールの予定と調整ができる

084 お役立ち度 ★★★

Q メールに対してメモを残したい

A Keepのメモとリンクできます

Gmail の画面右側の [Keep] をクリックすると、メールをソースにしたメモを作成できます。メールへのリンクがメモに記載されるため、メールに関連する重要な情報やタスクを合わせてメモとして残したいときや素早くメールを確認したいときに便利です。

1 [Keep] をクリック

メモが表示された

2 [メモを入力] をクリック

3 タイトルを入力　　4 内容を入力

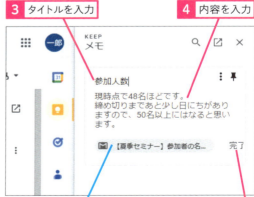

ここをクリックするとソースのメールが表示される

5 [完了] をクリック

085 お役立ち度 ★★★

Q メールを忘れないように
タスクとして追加したい

A タスクリストに追加できます

メールを開いた状態で［その他の設定］をクリックし、［ToDoリストに追加］をクリックすると、メールを元にしたタスクリストを作成できます。メールをそのままタスクとして整理したいときに便利です。

ワザ015を参考にタスクとして追加したいメールを開いておく

1 ［その他の設定］をクリック

2 ［ToDoリストに追加］をクリック

タスクリストが表示された

タスクが追加され件名がタイトルになっている

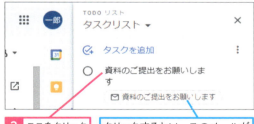

3 ここをクリック

クリックするとソースのメールが表示される

4 タスクのタイトルを修正
5 内容を入力

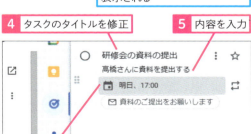

6 日時を設定

タスクのメールをすぐ開けるようになった

086 お役立ち度 ★★

Q アドオンって何？

A アプリに追加できる拡張機能のことです

Googleの各アプリには「アドオン」という拡張機能があり、インストールして新たな機能を追加できます。Gmailの画面右側の［アドオンを追加］をクリックすると、Google Workspace Marketplaceが開き、アドオンを選ぶことができます。特定の業務ニーズに応じてGmailの機能を追加しましょう。

1 ［アドオンを取得］をクリック

Gmailと連携できるアドオンが一覧で表示された

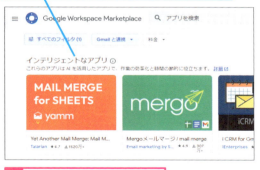

2 ［すべてのフィルタ］をクリック

アプリに適したアドオンを検索できる

087 ★★☆ 重要なメッセージを見逃したくない！

A スヌーズして再表示しましょう

Gmail でメールを［スヌーズ］すると、一時的に受信トレイから非表示となります。指定した日時になるとメールが受信トレイの最上部にもう一度表示されます。重要なメールを後で確認したいときに便利です。再通知時間は適切に設定しましょう。スヌーズしたメールは、メニューの［スヌーズ中］で確認できます。

1　［スヌーズ］をクリック

2　再通知したい日時を選択

メールがスヌーズされ［スヌーズ中］に移動する

メールを開いて［その他］をクリックしても設定できる

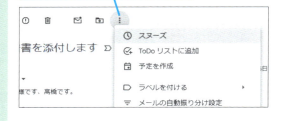

088 ★★★ 日時を設定して予約送信したい

A メールの送信日時を設定できます

Gmail で送信日時を設定しておくと、メールの作成後に予約送信できます。送信相手の業務時間に合わせた計画的なメール送信が可能です。設定日時を確認し、送信スケジュールを管理しましょう。

メールを作成しておく

1　［その他の送信オプション］をクリック

2　［送信日時を設定］をクリック

送信日時の候補が表示された

3　［日付と時刻を選択］をクリック

4　日付を選択

5　時間を選択

6　［選択日時を設定］をクリック

メールに送信日時が設定され［予定］に移動する

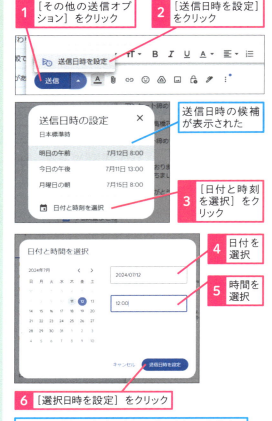

089

お役立ち度 ★★★

Q 送信予定時間を変更したい！

A ［予定］に入れたメールを一度下書きに戻します

送信予定のメールの内容や日時を変更し、再スケジュールすることができます。翌日が休日の場合や、送信のタイミングを調整したいときに便利です。編集するメールを下書きの状態に戻して、送信日時を再設定しましょう。

1 ［予定］をクリック
送信日時を設定したメールが表示される

2 送信予定時間を変更したいメールをクリック

3 ［送信をキャンセル］をクリック

4 ［下書きを開く］をクリック

ワザ088を参考にもう一度送信日時を設定する

090

お役立ち度 ★★★

Q 機密情報を送信したい

A ［情報保護モード］を使いましょう

Gmailで［情報保護モード］を設定し、メール内容の安全を確保することが可能です。機密情報の送信に便利です。パスコードと有効期限を設定し、期限終了後はメール内容が表示されないようにもできます。

メールを作成しておく

1 ［情報保護モードを切り替え］をクリック

2 ［有効期限を設定してください］をクリックして有効期限を選択

3 SMSパスコードの使用を選択

4 ［保存］をクリック

メールの有効期限が表示された

5 ［送信］をクリック

091 お役立ち度 ★★☆

Q 会議の時間を設定できるの？

A カレンダーから空き時間を抽出できます

Gmailのメール作成画面から［会議の時間を設定］オプションを選ぶと、空いている時間を提示し、効率的に会議のスケジュールを調整できます。ビジネスシーンでチーム会議の設定に便利です。予定が決まっている場合は［予定を作成］を利用して確認漏れを防ぎます。

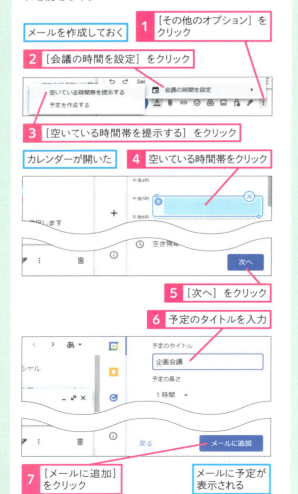

メールを作成しておく

1 ［その他のオプション］をクリック

2 ［会議の時間を設定］をクリック

3 ［空いている時間帯を提示する］をクリック

カレンダーが開いた

4 空いている時間帯をクリック

5 ［次へ］をクリック

6 予定のタイトルを入力

7 ［メールに追加］をクリック

メールに予定が表示される

092 お役立ち度 ★★★

Q メールのスペルチェックをしたい！

A 英文の文法やスペルを校正できます

Gmailの［スペルチェック］機能を使うと英文メールについて、文法やスペルの誤りを自動修正できます。メール送信前にミスを確認し、未然に防ぐことが可能です。スペルチェック後、修正内容を確認し、手動での確認も行いましょう。特定の専門用語や略語が正しく認識されない場合もあるので注意が必要です。

メールを作成しておく

1 ［その他のオプション］をクリック

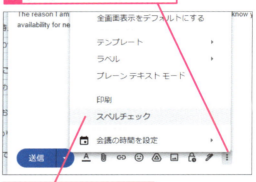

2 ［スペルチェック］をクリック

メール文章がチェックされた　間違いには印が付く

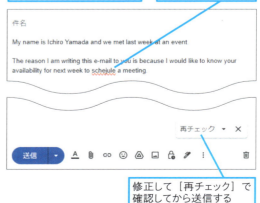

修正して［再チェック］で確認してから送信する

093 お役立ち度 ★★★

Q 特定のアドレスを
ブロックするには

A メールを表示して[その他の設定]
から設定します

Gmailで特定のアドレスをブロックすると、そのアドレスからのメールが[迷惑メール]に移動します。ブロック設定は慎重に行い、必要なメールが[迷惑メール]に入っていないか定期的に確認しましょう。受信トレイをクリーンに保ち、仕事の効率を向上できます。

| ワザ015を参考にブロックしたいメールを開いておく | **1** [その他の設定]をクリック |

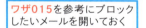

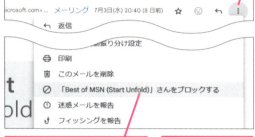

| **2** [(メールアドレス)さんをブロックする]をクリック | **3** [ブロック]をクリック |

メールがブロックされ[迷惑メール]に移動する

094 お役立ち度 ★★★

Q Gmailの画面のまま
チャットを表示したい！

A [カスタマイズ]で設定できます

Gmail内で[チャット]をクリックして未読メッセージを確認できます。リアルタイムでのコミュニケーションが可能になり、即時対応が求められる場面やチーム内での連絡に便利です。なお[チャット]を表示できるようにすると、チャットの通知もGmailの画面に表示されます。

| ワザ016を参考に[クイック設定]を表示しておく | **1** [ChatとMeet]の[カスタマイズ]をクリック |

Gmailで使用するアプリを確認する画面が表示される

| **2** [Google Chat]をクリック | **3** [完了]をクリック |

4 Gmailを再読み込みする

| Chatが追加された | クリックするとスペース（第3章参照）のホーム画面が表示される |

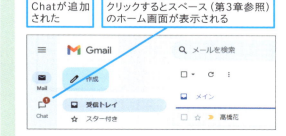

第3章 抜け・漏れ・伝達ミスを減らす Google Meet の便利ワザ

Google Meet の基本

Google Meet は端末を問わず使えて多機能なビデオ会議アプリです。リモートワークやオンライン研修の場面で活用でき、他の Google アプリとも統合して業務を快適に進められます。

095　お役立ち度 ★★★

Q Google Meet の基本を知りたい

A 安全対策が施された多機能なビデオ会議アプリです

Google Meet は多機能なビデオ会議アプリで、スマートフォンやタブレットからも参加できます。データはデフォルトで暗号化されており、高度な暗号化、不正使用対策、プライバシー管理などのさまざまな安全対策が施されています。また、リアルタイム字幕機能により、発言内容を文字で表示することもできます。

ビデオ会議中に資料やWeb画面を共有できる

アンケートを作成してその場で回答してもらうことも可能

096　お役立ち度 ★★★

Q Google Meet を利用するには

A アプリの一覧から起動します

Google Meet は、他のアプリと同様に [Google アプリ] の一覧から起動します。ビデオ会議に参加するには、カメラを内蔵したノートパソコンなどが必要です。また、外部カメラやヘッドセットなどを使用するとよりスムーズに会議を進められます。次のワザ097を参考に、会議の前に準備しましょう。

1 [Googleアプリ] をクリック
2 [Meet] をクリック

Google Meetが表示された

097

お役立ち度 ★★★

Q ビデオ会議を開きたい

A Meet ですぐに開くか、カレンダーに予定を入れます

会議を今すぐ開始する場合、参加者を追加したり、リンクを共有する手順を忘れないようにしましょう。特に大人数の会議では、参加者全員が適切にリンクを受け取るように確認することが重要です。また、Google カレンダーを使って会議をスケジュールすることもできます。適切な日時と時間帯を設定し、参加者に通知が行き渡るように気をつけましょう。

●会議を今すぐ開始

ワザ096を参考にGoogle Meetを開いておく

1 ［新しい会議を作成］をクリック

2 ［会議を今すぐ開始］をクリック

マイクとカメラの使用を確認されたら許可しておく

3 ［ユーザーの追加］をクリック

4 招待したいユーザーをクリック

5 ［メールを送信］をクリック

●次回以降の会議を作成

操作2で［次回以降の会議を作成］をクリックしておく

●Google カレンダーでスケジュールを設定

手順2で［Googleカレンダーでスケジュールを設定］をクリックしておく

Google Meet の基本　できる　87

098

Q マイクやスピーカーの設定を変えたい

お役立ち度 ★★★

A 会議中でも設定できます

マイクやスピーカーを変更する際は、カメラやマイク、ヘッドセットなどのデバイスがパソコンに正しく接続されていることを確認しましょう。また、会議中に音声が途切れることがないように、各デバイスの接続状態を事前に確認することが重要です。設定画面では、マイクとスピーカーの設定を同時に行えます。音声の入力と出力を最適化することで、より快適な会議環境を実現できます。

1 ビデオ会議中に[オーディオ設定]をクリック

使用中のマイクとスピーカーが表示される

[マイク]をクリックしてマイクを変えられる

[スピーカー]をクリックしてスピーカーを変えられる

2 [設定]をクリック

[設定]画面が表示された

この画面からもマイクとスピーカーの設定を変えられる

3 ここをクリックして閉じる

099

Q マイクやスピーカーの状態を確認したい

お役立ち度 ★★★

A [設定]でまとめて確認できます

マイクとスピーカーを設定する際は、正しいデバイスが選択されていることを確認しましょう。また、テスト機能を使用して事前に音声を確認することで、トラブルを未然に防ぐことができます。設定を保存する際は、[完了]をクリックして、変更内容が反映されるようにしましょう。

1 ビデオ会議中に[その他のオプション]をクリック

2 [設定]をクリック

[設定]画面が表示された

3 マイクの声量を確認

4 [テスト]をクリックする

テスト音声が再生される

100

お役立ち度 ★★★

Q 会議に入る前に設定を確認したい

A 入室前の画面で確認できます

会議の開始前に音声機器の動作確認を行うことができます。特に、新しいマイクやスピーカーを使用する場合や、普段と違うパソコンなどを使うときに役立ちます。これにより、会議でコミュニケーションをスムーズに行うことができます。

カレンダーの予定などを開いておく

1 [Google Meetに参加する] をクリック

ビデオ会議入室前の画面が表示された

2 [その他のオプション] をクリック

3 [設定] をクリック

[設定] 画面が表示されるのでワザ099を参考に設定を確認する

101

お役立ち度 ★★★

Q カメラを変えたい

A 会議中に変更できますが事前に確認しておきましょう

外部接続のWebカメラなどを使うと、内蔵カメラに比べて画質を向上させることができ、会議参加者により良い印象を与えることができます。カメラを変更する際は、選択したカメラが正しく接続されていることを確認しましょう。また、会議中にもカメラを切り替えられますが、映像が一時的に途切れることがあります。事前にカメラの接続状態を確認しておきましょう。

●ビデオ会議前に変更する

ワザ098を参考に [設定] 画面を開く

1 [動画] をクリック

2 [カメラ] をクリックして使用カメラを選択

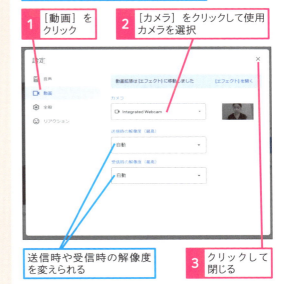

送信時や受信時の解像度を変えられる

3 クリックして閉じる

●ビデオ会議中に変更する

1 [ビデオの設定] をクリック

2 クリックして使用カメラを選択

Google Meet の基本　89

102

お役立ち度 ★★★

Q 録画機能を使ってカメラとマイクをテストしたい

A ［録画をテストする］機能を使います

会議に参加する前にマイク、カメラが機能しているかを確認するため、短い動画を録画してチェックすることができます。実際に会議に参加した後でマイクやカメラが機能していないなどのトラブルを防ぐことができます。初めて参加する会議などの前には、録画をテストしてから会議に参加しましょう。

ビデオ会議入室前の画面を表示しておく

1 ここをクリック

2 ［録画をテストする］をクリック

3 ［テストを開始］をクリック

テストが開始された

4 ビデオ会議を想定した声量で話す

テストが終了して結果が表示された

もう一度テストしたい場合は［もう一度確認してください］をクリックする

5 ［閉じる］をクリック

🏠 役立つ豆知識

録画をし直したいときは

［録画をテストする］の機能をオンにすると、数秒後にビデオ録画が開始します。うまく録画できなかった場合や、カメラやマイクに異常があった場合は、再度テストしましょう。設定を変更しない場合は［もう一度確認してください］をクリックします。カメラやマイクを変更する場合は、変更したいデバイスをクリックして設定用の画面を表示し、設定を変更して［もう一度確認してください］をクリックしましょう。

103

お役立ち度 ★★

Q 会議中にユーザーを追加するには

A ［全員を表示］からユーザーにメールを送信できます

Google Meetでは、会議の流れを止めずに、新しい参加者を追加することができます。Meetの機能から、追加したい参加者に招待メールを送りましょう。また、会議のリンクを共有することで、チャットツールや他のコミュニケーション手段で招待することもできます。

1 画面右下の［全員を表示］をクリック

ビデオ会議に参加中の人数が表示されている

2 ［ユーザーを追加］をクリック

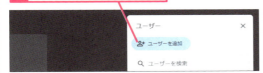

3 追加したいユーザーをクリック

4 ［メールを送信］をクリック

会議への招待メールが送信される

104

お役立ち度 ★★★

Q 招待メールから参加したい

A メールの［通話に参加］をクリックします

Meetの機能で招待をすると、招待された人には専用の招待メールが自動送信されます。この招待メールのリンクを使うとGoogle Meetに素早くアクセスできます。ビジネスミーティングやチーム会議、リモートワークや遠隔地の同僚とコミュニケーションを取る際にはこの方法が役立ちます。

招待メールを開いておく

1 ［通話に参加］をクリック

新しいタブが立ち上がりGoogle Meetが起動する

2 ワザ100を参考に設定を確認

3 ［今すぐ参加］をクリック

Google Meetの基本　できる　91

105

お役立ち度 ★★★

Q 資料を画面で共有したい

A 3通りの共有方法を使えます

資料を画面で共有するためには、[画面を共有]機能を使用します。この機能を使うことで、参加者全員にリアルタイムで手元の資料を見せることができます。画面共有の際、共有したくない情報が映らないように、共有するウィンドウやタブを慎重に選択しましょう。また、音声を共有するには、Chromeタブで共有する必要があります。なお、カメラがオンになっていると、画面を共有している間も自分の映像が参加者に表示されます。

1 [画面を共有]をクリック

共有する画面を選択する画面が表示された

[Chromeタブ] [ウィンドウ] [画面全体] の3種類のタブが用意されている

2 [Chromeタブ]をクリック

3 共有したいコンテンツをクリック

4 [共有]をクリック

画面が共有される

画面上部に表示される[画面共有を停止]をクリックすると画面共有を停止できる

●Chromeタブ

ブラウザのタブ画面を共有する。音声も共有できるので、Youtubeなどの動画共有に適している

音量は画面上部の[画面共有の音声]で調整できる

●ウィンドウ

ウィンドウ全体を共有する。他のアプリの画面を使う説明に適している

●画面全体

画面全体を共有する。OSの操作を含む手順を解説するときなどに適している

106

お役立ち度 ★★

Q 挙手の機能を使ってみたい

A 画面下の［挙手］をクリックします

会議中に発言の機会を得るには、［挙手］を使いましょう。これにより、他の参加者やホストに自分が発言したいことを示せます。なお［挙手］を拍手の意味や、賛成・反対などの意思表示に使う場合もあります。他の用途については会議の主催者に確認しておきましょう。

●挙手をする

1 ［挙手］をクリック

挙手マークが表示され発言したいことが参加者全員に示される

●挙手を確認する

誰かが挙手をすると通知が表示される

1 ［キューを開く］をクリック

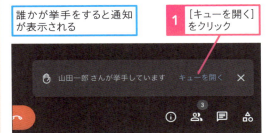

挙手しているユーザーが表示される

自分が管理人の場合はクリックで挙手を下げさせることができる

107

お役立ち度 ★★★

Q 会議中に他の参加者を確認したい

A ［全員を表示］で表示できます

会議中に参加者の一覧を表示して、誰が参加しているかを確認できます。発言者の出欠を確認したいときや、参加者に個別にメッセージを送りたいときに便利です。［全員を表示］をクリックすると、右側に参加者の一覧が表示されますが、画面が混雑することがあるため、必要なときのみ表示しましょう。

1 ［全員を表示］をクリック

ビデオ会議に参加しているユーザー全員が表示された

2 ［その他の操作］をクリック

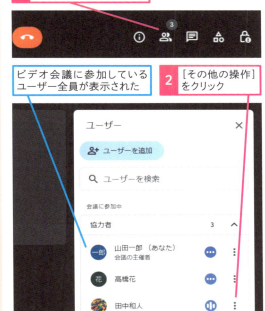

ユーザーごとに個別の設定を行える

クリックするとユーザーのマイクをミュートできる

108 グループを分けて話し合うには

お役立ち度 ★★★ 有料版

Q グループを分けて話し合うには

A ［ブレイクアウトセッション］を使いましょう

［ブレイクアウトセッション］の機能を使うことで、会議の参加者を小グループに分け、それぞれのグループで個別に話し合いを行うことができます。大規模な会議や研修で、ブレイクアウトセッションを活用することで、より効果的なディスカッションが可能になります。1回の通話で最大100個のブレイクアウト ルームを作成できます。

1 ビデオ会議中に［アクティビティ］をクリック

2 ［ブレイクアウトルーム］をクリック

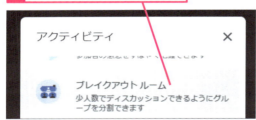

ブレイクアウトルームを作成する画面が表示された

3 ［ブレイクアウト ルームを設定］をクリック

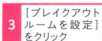

4 ［会議室］をクリックして分けるグループの数を設定

5 ［タイマー］をクリックしてブレイクアウトの時間を設定

ユーザーが振り分けられた

ホストは各セッションを移動できる

6 ［セッションを開く］をクリック

振り分けられたユーザーにはこのような通知が届く

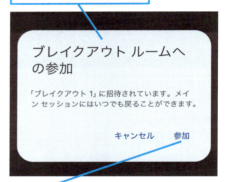

振り分けられたユーザーが参加をクリックすると正式に振り分けられる

7 ［参加］をクリック

ブレイクアウトセッションを終了するには［退出］をクリック

109

有料版
お役立ち度 ★★

Q 会議の途中でアンケートをとりたい

A 主催者から[アンケートを開始]で出題しましょう

アンケートの機能は会議中の意見収集や、参加者の意識調査などに便利です。新しいプロジェクトの方向性について意見を集める際や、研修内容のフィードバックを得る場面で役立ちます。匿名投票も可能なので、率直な意見を集めることもできます。アンケートを終える際は[アンケートを締め切る]を忘れずにクリックしましょう。

1 ビデオ会議中に[アクティビティ]をクリック

2 [アンケート]をクリック

3 [アンケートを開始]をクリック

アンケートを作成する画面が表示された

4 タイトルを入力　　5 設問を入力

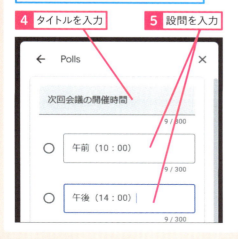

6 [保存]をクリック

アンケートが作成された

7 [公開]をクリック

ビデオ会議参加者の画面に通知が表示される

回答が集まったら[アンケートを締め切る]をクリック

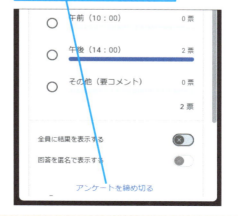

Google Meet の基本　できる　95

110

お役立ち度 ★★

Q セルフビューの位置を変えたい

A 画面の4隅に移動できます

ビデオ会議中に表示される自分の映像を「セルフビュー」と呼びます。セルフビューのサイズを変更することで、会議の状況に応じて自分の映像を目立たせたり、控えめにしたりすることができます。ディスカッション中に自分の表情やジェスチャーを他の参加者により明確に伝えたいときに便利です。

セルフビューはビデオ会議中の画面の右下に表示される
1 ここをドラッグ

セルフビューの位置を移動できた
移動できる位置は画面の四隅に限定される

2 ［固定］をクリック

セルフビューの位置を固定できる

🔍 役立つ豆知識

セルフビューを拡大するには

セルフビューの画面の4隅をドラッグすると、サイズを変更することができます。なお画面のレイアウトが［タイル表示］などになっている場合は、セルフビューの設定を変更できないので注意しましょう。

111

お役立ち度 ★★★

Q メインの画面を大きいままにしたい！

A ［レイアウトを変更］で調整します

会議中に、参加者の表示数を変更して見やすいレイアウトに調整できます。［タイル表示］にすると、多くの参加者を一度に確認することができます。また［サイドバー］にするとメイン画面を大きい状態に保てます。

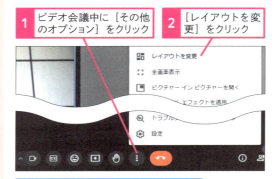

1 ビデオ会議中に［その他のオプション］をクリック
2 ［レイアウトを変更］をクリック

レイアウトを変更する画面が表示された

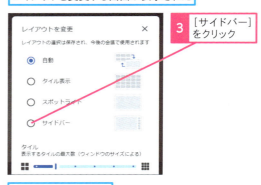

3 ［サイドバー］をクリック

タイルがサイドバーに表示された

112

有料版
お役立ち度 ★★★

Q ビデオ会議は録画できるの？

A 会議中に録画を開始し、ドライブに保存できます

録画機能は、会議に参加できなかった人に内容を共有したいときや、重要な会議内容を後で確認したいときに便利です。また、トレーニングやプレゼンテーションの記録としても活用できます。なお、録画などの形で記録が残ることに抵抗がある人もいます。録画を開始する前に、参加者全員に通知し、同意を得ておきましょう。

ビデオ会議参加者全員から録画の同意をとっておく

1 ビデオ会議中に［その他のオプション］をクリック
2 ［録画を管理する］をクリック

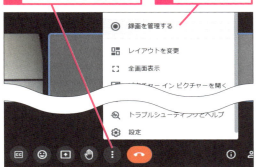

3 ［録画を開始］をクリック

4 ［開始］をクリック

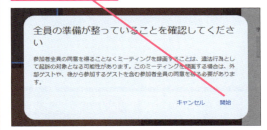

録画が開始された

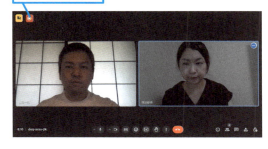

● 録画の停止

操作1と同じ手順で［録画］画面を表示しておく

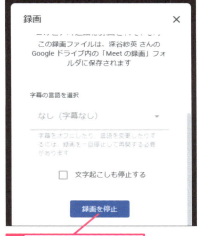

1 ［録画を停止］をクリック

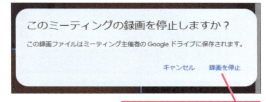

2 ［録画を停止］をクリック

Googleドライブに動画ファイルが保存される

Google Meet の便利機能

Google Meet はバーチャル背景やコンパニオンモードなど、参加者をアシストする機能が豊富に備わっています。ここでは便利に活用できる機能を紹介します。

113 お役立ち度 ★★★

Q 他の作業をしながらビデオ会議をしたい

A ビデオ会議の画面を小さくできます

他の作業をしながらビデオ会議を続けるには、ピクチャーインピクチャー機能を使用します。会議のウィンドウを小さなフローティングウィンドウとして表示し、他のアプリケーションやタスクの作業をしながら、会議の進行を確認することができます。会議中にメモを取ったり、メールをチェックしたり、資料を参照したりする際に便利です。

1 ビデオ会議中に［その他のオプション］をクリック

2 ［ピクチャーインピクチャーを開く］をクリック

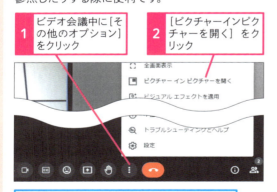

新しいウィンドウが開き通話画面がまとめられた

ウィンドウの位置や大きさは調整できる

ビデオ会議に参加しながら他の作業が行える

114 お役立ち度 ★★★

Q 雑音を取り除きたい

動画で見る

A ノイズキャンセリング機能を使いましょう

周囲の雑音がビデオ会議の妨げになることはよくあります。［ノイズキャンセリング］の機能を使うことで、周囲の雑音を取り除き、会議の音声をクリアに保つことができます。これは、自宅やカフェなど、騒音が多い環境でのビデオ会議に特に有用です。

1 ビデオ会議中に［その他のオプション］をクリック

2 ［設定］をクリック

［設定］画面が表示された

3 ［音声］をクリック

4 ［ノイズキャンセリング］をクリック

5 ［閉じる］をクリック

115

お役立ち度 ★★★

Q スマートフォンでビデオ会議に参加したい

A アプリをダウンロードしておきましょう

スマートフォン用のGoogle Meetアプリをダウンロードすることで、スマートフォンのカメラとマイクを利用してビデオ会議に参加できるようになります。移動中や外出先でもビジネスの効率を高めることができます。また、急な会議招集にも対応できます。会議に参加する前にカメラとマイクの設定を確認し、適切に動作することを確認しておきましょう。

● ビデオ会議を開く

Google Meetのアプリをインストールしてサインインしておく

1 [Meet]をタップ

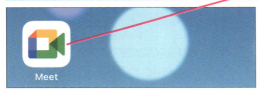

2 [新規]をタップ

ワザ097を参考に会議を作成する

● 招待されたビデオ会議に参加する

会議の招待メールを開いておく

1 [通話に参加]をタップ

Google Meetのアプリが起動した

2 画面の状態を確認

3 [参加]をタップ

会議に参加できた

マイクやカメラの設定は画面下部で行う

Google Meetの便利機能 できる 99

116

お役立ち度 ★★★

Q Google カレンダーから ビデオ会議の予定を入れたい

A カレンダーで設定して招待状も送信できます

Google カレンダー を使用してビデオ会議の予定を設定すると、チームメンバーやクライアントとのオンライン会議をスムーズに開催できます。カレンダーの機能で招待状を送信することもでき、受け取った人は参加の可否などを回答できます。参加者全員が会議の詳細を把握しやすくなり、時間を効率的に管理できます。これにより、会議の準備やフォローアップが手軽に行えます。

Googleカレンダーの画面を表示しておく

1 [作成] をクリック

2 [予定] をクリック

予定を作成する画面が表示された

3 予定のタイトルを入力　　4 日時を設定

5 [Google Meetのビデオ会議を追加] をクリック

6 [ゲストを追加] をクリック

7 会議に招待したいユーザーを設定

8 [保存] をクリック

招待メールを送信するか確認する画面が表示される

9 [送信] をクリック

ユーザーに招待メールが送信される

117

お役立ち度 ★★★

Q ビデオ会議に字幕を表示したい

A 会議中に［字幕］をクリックしましょう

字幕機能は、耳の不自由な人や、異なる言語を話す参加者にとって非常に役立ちます。また、会議の記録を取る際にも役立ち、異なる言語を話す参加者も内容をゆっくりと確認することができます。なお字幕は英語や日本語のほか、中国語、イタリア語など多数の言語に対応しています。会議で使用する言語に合わせて選びましょう。

1 ビデオ会議中に［字幕］をクリック

画面左下に「字幕をオンにしました」と表示が出る

2 ［英語］をクリック

字幕の設定画面が表示された

使用言語を日本語に設定する

3 ［会議の使用言語］の［英語］をクリック

4 ［日本語］をクリック

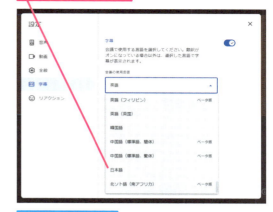

字幕の使用言語が日本語に設定された

5 ［閉じる］をクリック

日本語の字幕が表示された

Google Meet の便利機能　できる　101

118 Q&A機能で効率的に質問を集めたい

お役立ち度 ★★★　有料版

A 会議中に質問を集めて表示できます

Q&A機能を利用することで、参加者からの質問を効率的に集め、リアルタイムで整理することができます。Q&A機能は、会議中に参加者が質問を投稿する際や、事前に質問を集めておく場合に便利です。これにより、会議の進行がスムーズになり、参加者の意見を確認しながら重要な議題に集中することができます。

1 ビデオ会議中に［アクティビティ］をクリック

2 ［Q&A］をクリック

Q&Aを作成する画面が表示された

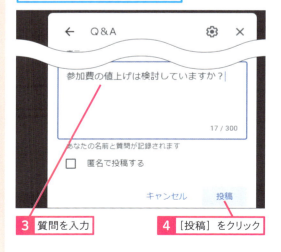

3 質問を入力　**4** ［投稿］をクリック

質問が投稿された

回答を締め切りたい場合は［回答済みにする］をクリック

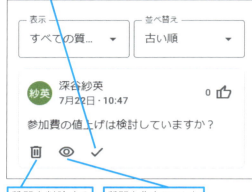

質問を削除する場合は［質問を削除］をクリック

質問を非表示にしたい場合は［非表示にする］をクリック

● Q&Aに回答する

質問が投稿されると画面に通知が表示される

Q&A画面を開く

1 クリックして賛同する

119

お役立ち度 ★★★

Q 背景をぼかしたい

A 会議の前または会議中に設定できます

背景をぼかすオプションを選択することで、カメラに映る自分の背景をぼやけさせることができます。プライバシーを保護でき、自宅やプライベートな場所からオンラインミーティングに参加する際に便利です。特に、ビジネスミーティングやプレゼンテーション時に参加者の視線を話し手に集中させ、プロフェッショナルな印象を与えるために有用です。

●ビデオ会議中に背景をぼかす

1 会議中に［ビデオの設定］をクリック

2 ［ビジュアルエフェクトを適用］をクリック

背景を設定する画面が表示された

3 ［背景］をクリック

4 ［ぼかしとパーソナル背景］の［背景を少しぼかす］をクリック

効果が適用された

5 ［閉じる］をクリック

適用している効果の数が表示される

セルフビューにマウスカーソルを合わせて表示されるメニューからも変更できる

●ビデオ会議に参加する前に背景をぼかす

ビデオ会議入室前の画面を表示しておく

1 ［ビジュアルエフェクトを適用］をクリック

背景を設定する画面が表示されるので同様に設定を行う

2 ［閉じる］をクリック

📖 役立つ豆知識

ぼかしは強弱の2種類から選べる

［ぼかしとパーソナル背景］のぼかしは［背景を少しぼかす］［背景をぼかす］の2通りから設定でき、［背景をぼかす］にするとかなり強い効果が適用されます。画面内の人物があまり大きく映らない場合は、ぼけている面積が非常に多くなると不自然な印象を与えます。次のページで紹介するバーチャル背景も試してみましょう。

120

お役立ち度 ★★★

Q 背景を画像にしたい

A 一覧から選ぶか、アップロードした画像を使用できます

背景にバーチャル画像を設定することで、会議の雰囲気を変えたり、プライバシーを保護したりすることができます。背景画像の設定は、ホームオフィスの雑然とした環境を隠したり、普段と異なる印象を与えたいときに便利です。なお自分の端末から好きな画像をアップロードすることもできますが、オフィシャルな場にも使えるものを選びましょう。

●会議中に背景をバーチャル画像にする

ワザ119を参考に背景を設定する画面を表示しておく

1 [背景] をクリック

2 好きな画像をクリック
3 [閉じる] をクリック

●会議に参加する前に背景をバーチャル画像にする

ワザ119を参考に背景を設定する画面を表示しておく

1 [背景] をクリック
画像をクリックすると背景に設定される

●好きな画像を背景にする

背景に設定したい画像をパソコンに保存しておく

ワザ119を参考に背景を設定する画面を表示しておく

1 [背景] をクリック
2 [独自のパーソナル背景を追加] をクリック
3 背景にしたいファイルをクリック

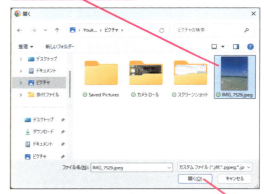
4 [開く] をクリック

指定した画像が背景になった

5 [閉じる] をクリック

画像は背景用としてMeetに保存される

背景の種類はライセンスによって異なり、また季節によって新しいものが追加される

121 お役立ち度 ★★

Q アバターを使って会議に参加したい

A ［フィルタ］から好きなものを選びましょう

自分の画像をアニメーションで動くキャラクター（アバター）に変更できます。これにより、より楽しい雰囲気を作り出すことができます。アバターを使用することで、会議の場を和やかにしたり、アイスブレイクの一環として活用することができます。また、プライバシーを守りながら参加する場合にも有用です。特にオンラインイベントやカジュアルな会議での使用が便利です。

> ワザ119を参考に背景を設定する画面を表示しておく

1 ［フィルタ］をクリック

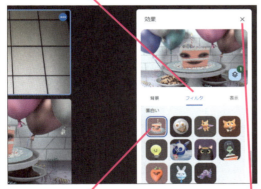

2 好きなアバターをクリック

3 ［閉じる］をクリック

🏠 役立つ豆知識

アバターとアクセサリの違い

アバターは人物の代わりにキャラクターが表示され、顔の向きや表情によって映像が変化します。アクセサリは本人の映像に重ねて表示されます。どちらも背景と同時に使用できますが、パソコンの処理に負荷がかかるので注意しましょう。

122 お役立ち度 ★★★

Q 会議中にチャット機能を活用したい！

A ［全員とチャット］からチャットを起動します

Google Meet のチャット機能は、会議中に音声での発言が難しい場合でも、テキストで質問やコメントを伝えることができます。また、資料や参考リンクを即座に共有して、会議の進行をスムーズにすることができます。なおチャット履歴が保存される場合があるため、プライベートな情報や機密事項は送信しないようにしましょう。

1 ビデオ会議中に［全員とチャット］をクリック

チャット画面が表示された

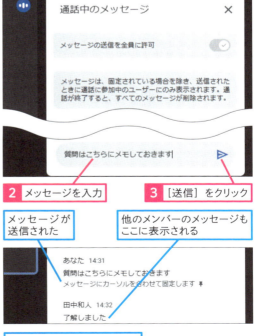

2 メッセージを入力

3 ［送信］をクリック

メッセージが送信された

他のメンバーのメッセージもここに表示される

会議が終了すると削除される

123

有料版
お役立ち度 ★★★

Q ビデオ会議の内容を文字に起こして残したい

A ［文字起こし］でドキュメントに保存できます

会議の内容を後から確認したい場合、［文字起こし］の機能を使用します。［文字起こし］を有効にすると、会議中の発言がリアルタイムでテキスト化され、ドキュメント形式で保存されます。このドキュメントは会議終了後にGoogle ドライブ に自動保存されますので、保存先フォルダを確認しておきましょう。

ビデオ会議参加者全員から文字起こしの同意をとっておく

1 ビデオ会議中に［アクティビティ］をクリック

2 ［文字起こし］をクリック

3 ［文字起こしを開始］をクリック

4 ［開始］をクリック

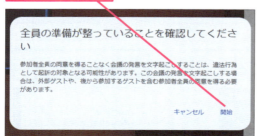

文字起こしが開始された

5 ［文字起こしを停止］をクリック

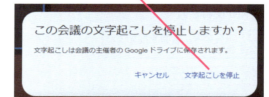

6 ［文字起こしを停止］をクリック

Google ドライブにドキュメントが保存される

2024年8月現在、文字起こしは英語のみに対応している

124 お役立ち度 ★★ 有料版

Q 品質管理を確認したい

A 管理コンソールで監視できます

Google Workspace の管理者は Google Meet での会議の品質を管理し、ネットワークや音質、画質の状況を確認できます。会議中のネットワークや音質、画質の品質を確認し、会議の進行をスムーズに保つことができます。なお会議の一覧から正しい会議を選択しないと、間違った会議の品質情報を確認することになるため、注意しましょう。

ワザ096を参考に会議開催前に画面を表示しておく

1 [品質ダッシュボード] をクリック

2 もう一度サインインする

品質管理ツール画面が表示された

進行中の会議や過去に開催した会議の一覧が表示される

会議ごとにネットワークの状態や接続品質を確認できる

125 お役立ち度 ★★★

Q ハイブリッド会議でもストレスなく参加したい

A コンパニオンモードを使いましょう

リモートで参加しているユーザーと会議室にいるユーザーが混在しているハイブリッド会議の場合、メインのデバイスを決めて、そのデバイスで音声と動画を利用できる状態にしておき、別のデバイスでコンパニオンモードで会議に参加すると、どの参加者も公平にチャットや画面共有を行ってコラボレーションすることができます。コンパニオンモードでは、マイクとビデオがオフになるため、ハウリングも発生しません。

1 ビデオ会議参加前に [コンパニオンモードを使用] をクリック

別のデバイスからも会議に参加できた

同じ部屋で複数人が参加する場合に、マイクとスピーカーを使うデバイスを1台にできる

関連 114	雑音を取り除きたい	▶ P.98
関連 115	スマートフォンでビデオ会議に参加したい	▶ P.99

Google Meet の便利機能　できる　107

126 会議中の発言にリアクションしたい

Q

A ［リアクション］で絵文字を表示しましょう

Meetには画面の下から上に絵文字を流す［リアクション］という機能があります。リアクションを送ることで、会議中の発言に対する賛同や共感を素早く示すことができます。発言者はリアルタイムでフィードバックを受け取り、会議の雰囲気をよりポジティブに保つことができます。また、リアクションを使うことで、ミュート中でも意思表示ができます。

1 ビデオ会議中に［リアクションを送信］をクリック

リアクションの絵文字が表示された

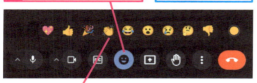

2 送信したいリアクションをクリック

選択したリアクションが画面の下から上に流れて表示される

誰がリアクションしたか表示される

役立つ豆知識

リアクションのタイミングに注意しよう

［リアクション］は会議中はいつでも使用できます。重要な議論や、プレゼンターが発言している場合には使用を避けましょう。状況によっては発言内容に異議があるように受け止められます。また、オフィシャルな場では使用を控えましょう。

127 共有中の資料に手書きで書き込みたい

Q

A ［アノテーション］機能を使いましょう

共有されている画面に手書きで線などを描き込む機能を［アノテーション］と呼びます。これを使用することで、画面共有中にリアルタイムで注釈を追加し、説明を視覚的にわかりやすくできます。会議やプレゼンテーション中に具体的なポイントを強調したいときや、視覚的な説明を追加して参加者の理解を深めたいときに便利です。

ワザ105を参考に画面を共有しておく

1 ［アノテーション］をクリック

ツールが表示される

手描きの線などを描画できる

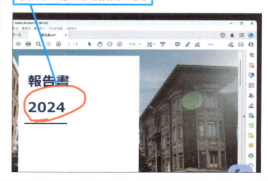

128

お役立ち度 ★★

Q 会議の共同主催者を追加したい

A 主催者の画面から設定します

Google Meet で共同主催者を追加することで、会議の進行や管理を複数人で行うことができます。共同主催者を追加すると、会議中の業務負担を分散でき、よりスムーズに会議を進行することができます。また、大人数が参加する会議や重要なプレゼンテーションの際に、サポート役として共同主催者がいると便利です。

1 ビデオ会議中に［全員を表示］をクリック

2 共同主催者にしたいユーザーの［その他の操作］をクリック

3 ［共同主催者として追加］をクリック

4 ［共同主催者を追加］をクリック

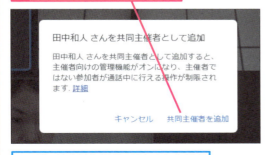

ユーザーは共同主催者に追加され主催者と同様の権限を持つようになる

129

お役立ち度 ★★

Q 主催者用管理機能を使いたい

A 参加者の行動を制限できます

［主催者向けの管理機能］をオンにすると、参加者の画面共有、チャット、リアクション、マイク、カメラの使用などを制限できるようになります。この機能は、会議をスムーズに進行するために、参加者のアクションを管理したいときに便利です。例えば、大人数の会議で特定の人だけに発言を許可する場合や、集中を維持するために不要なチャットやリアクションを制限したい場合に役立ちます。

1 ビデオ会議中に［主催者用ボタン］をクリック

会議を管理する主催者用の設定画面が表示された

2 ［主催者向けの管理機能］をクリックしてオンにする

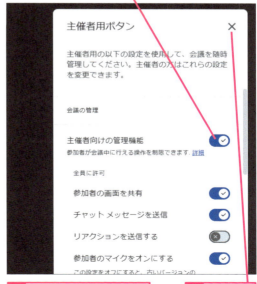

3 それぞれの機能をクリックして制限を設定する

4 ［閉じる］をクリック

第4章 素早く手軽にやり取りする Google チャットの便利ワザ

Google チャットの基本操作を確認しよう

Google チャット（正式には Google Chat ）では「スペース」を作ることで素早く手軽にやり取りできます。ここでは基本的な操作を紹介します。

130　お役立ち度 ★★★

Q Google チャットと「スペース」とは？

A 効率的なコラボレーションのためのツールです

[スペース]は、プロジェクトごとに Google チャットの機能で作成し、チャット、ファイル共有、タスク管理をまとめて実現できるアプリです。ビデオ会議のほか、Google ドライブとの連携やタスク管理機能でメンバーの役割を明確にすることも可能です。

タスクの共有なども行える

131　お役立ち度 ★★★

Q スペースを作成するには

A 目的やメンバーに応じて作成しましょう

目的や共有相手に応じてスペースを分けることで情報が整理されます。プロジェクト管理や会議の準備、フォローアップなど、複数プロジェクトを同時に進める場合に有効です。スペースが多くなる場合は、スペース名の設定にも一定のルールを設けましょう。手順は以下の通りです。

ワザ126を参考にスペースを開いておく

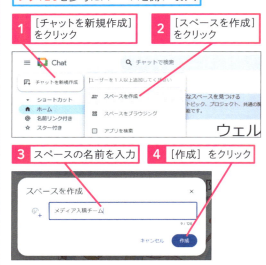

スペースが作成された

132

お役立ち度 ★★★

Q スペースを開始するには

A メンバーを追加してメッセージを送ります

スペースを作成してから、メンバーを追加して開始します。メッセージに加えて参考資料などのリンクを投稿することで、情報が伝わりやすくなります。ファイルへのアクセス権が付与されているメンバーには、最初のページがサムネイルで表示されます。

役立つ豆知識

有料版で強化されている機能は？

有料版ではスペースに社外のユーザーを追加することができます。スペースに招待する際には、共有する情報の機密性に注意し、必要最低限のアクセス権を設定しましょう。また、招待する前に社内のセキュリティポリシーを確認し、適切な手続きを踏むことが重要です。

●メンバーを追加する

ワザ131を参考にスペースを作成しておく

1 [メンバーを追加] をクリック

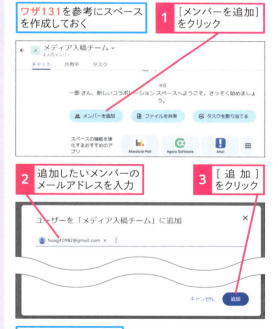

2 追加したいメンバーのメールアドレスを入力

3 [追加] をクリック

メンバーが追加された

ここに投稿していく

●スペースに投稿する

1 メッセージを入力

2 [メッセージを送信] をクリック

メッセージが投稿された

3 URLを入力する

4 [メッセージを送信] をクリック

リンク先のタイトルが自動表示される

メッセージが投稿された

リンク先の画像がメッセージに表示されている

Google チャットの基本操作を確認しよう　111

133 お役立ち度 ★★★

Q スレッド機能を使って返信するには

A ［スレッドで返信］を使用します

例えば「○○の役割分担について」などのトピックに対して、スレッド内に返信することで、関連するやり取りが集約され、サイドパネルに表示されます。これによって、過去の内容確認もスムーズに行うことができます。

1 返信したいメッセージをクリック

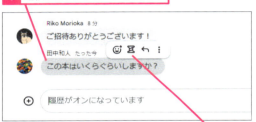

2 ［スレッドで返信］をクリック

ページの右側にスレッドのサイドパネルが開いた

3 メッセージを入力

4 ［メッセージを送信］をクリック

メッセージが送信された

クリックすると返信内容を確認できる

134 お役立ち度 ★★★

Q メッセージを引用して返信するには

A ［返信で引用］を使います

［返信で引用］で特定のメッセージに返信することで、正確なコミュニケーションが可能です。元のメッセージに対する具体的な追加情報を提供でき、議論がスムーズになります。なお自分のメッセージも引用が可能です。

1 引用したいメッセージをクリック

2 ［返信で引用］をクリック

3 メッセージを入力

4 ［メッセージを送信］をクリック

メッセージが送信された

元のメッセージが引用されている

135

お役立ち度 ★★

Q メッセージに絵文字でリアクションするには

A ［リアクションを追加］で絵文字を選びます

絵文字によって意見や感情が表現でき、テキスト入力の手間を省けます。提案への同意やアイデアの評価などで便利に使えます。また、既読したことを相手に伝えることができます。重要なフィードバックはテキストで補完しましょう。

1 リアクションを追加したいメッセージをクリック

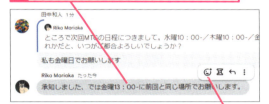

2 ［リアクションを追加］をクリック

リアクションの一覧が表示される

3 リアクションをクリック

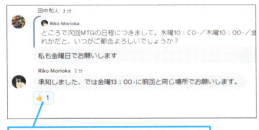

メッセージにリアクションの絵文字が付いた

136

お役立ち度 ★★★

Q ファイルを添付して投稿するには

A メッセージの入力前にアップロードします

ファイルを添付することで、スペースの参加者が必要な情報にすぐアクセスでき、チーム全体の情報共有が一元化されます。会議資料、プレゼンテーション、報告書などの共有によって、プロジェクトの進行をサポートできます。

1 ［ファイルをアップロード］をクリック

2 ファイルを選択

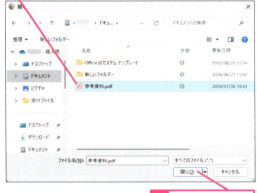

3 ［開く］をクリック

ファイルがアップロードされ、入力フィールド内に表示された

メッセージを入力するなどして送信する

137

お役立ち度 ★★★

Q Google ドライブのファイル をスペースで共有するには

A アップロードして共有設定を 確認します

Google ドライブ 内のファイルをスペースで共有することで、メンバーが最新の情報を確認・編集することができます。またファイルの内容に関して、[閲覧者]、[閲覧者（コメント可）]、[編集者] などの役割をメンバーに割り当てることで、権限を制限できます。これにより、内容についての決定権を明らかにしつつ、効率的にメンバーの意見を集約できるようになります。共有する内容を確認し、適切な権限の設定を行いましょう。

1 [Google Workspace ツール] をクリック

2 [Google ドライブ] をクリック

3 [Google ドライブファイルを添付] をクリック

ドライブのファイルが表示された

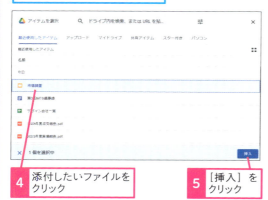

4 添付したいファイルをクリック

5 [挿入] をクリック

ファイルがアップロードされ、入力フィールド内に表示された

6 必要に応じてメッセージを入力

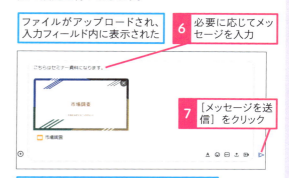

7 [メッセージを送信] をクリック

アクセス権限を設定する画面が表示された

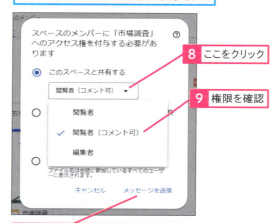

8 ここをクリック

9 権限を確認

10 [メッセージを送信] をクリック

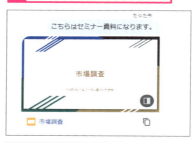

スペースにファイルが投稿された

138

お役立ち度 ★★

Q スペース上で新しい書類を作成するには

A アプリを使って空白のファイルを作成できます

1 [Google Workspace ツール] をクリック

2 [Google ドライブ] をクリック

3 作成したいファイルをクリック

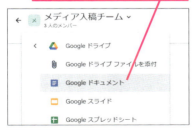

4 ファイル名を入力

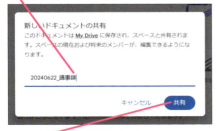

5 [共有] タブをクリック

スペース上でファイルを新規作成すると、そのままメンバーとの共同作業が可能になります。会議中のメモやプロジェクトの企画書作成やアイデア出しなどに便利で、即座に資料を作成してチームで共有できます。目的に応じてファイルの共有権限を設定し、メンバーが内容を把握できるようなファイル名を付けるようにしましょう。

新規ドキュメントが開いた　6 ドキュメントに内容を入力

7 [共有] をクリック

アクセス権限を設定する画面が表示された

8 権限を設定

9 [完了] をクリック

スペースにファイルが投稿された

139

スペースでビデオ会議をすぐに開催するには

お役立ち度 ★★★

A メッセージの代わりに開催できます

［ビデオ会議を追加］アイコンをクリックするとスペース上に［ビデオ会議］の画面が挿入され、Meetを使ったビデオ会議をその場でスタートできます。会議の主催者はユーザーを追加する手間を省くことができます。

スペースで話し合っていることが前提になるため、レジュメなどを準備する必要がなく、要点のみに絞った対話が行えます。また、テキストでは伝わらないニュアンスを直接口頭で伝えたいというような場合にも役立ちます。Meetを立ち上げてすぐに対話を始められるため、メンバー間の意思疎通や情報共有のスピードが上がります。定期的な打ち合わせなどはカレンダーに予定を入れ、短時間のコミュニケーションを取りたいときに使いましょう。

ビデオ会議を開きたいスペースを開いておく

1 ［ビデオ会議を追加］をクリック

入力フィールド内に「ビデオ会議に参加」が表示された

2 ［メッセージを送信］をクリック

［ビデオ会議］が投稿された

3 ［ビデオ会議に参加］をクリック

Google Meetの画面が表示される

スペースのメンバーは同じ操作でビデオ会議に参加できる

関連 **132** スペースを開始するには ▶ P.111

140

お役立ち度 ★★★

スペースで予定を作成したい！

A カレンダーを表示して予定を作成できます

スペース上でカレンダーの予定を作成し、参加者に招待状を送ることができます。アプリを起動することなく、効率的にスケジュールを作成できます。作成したカレンダーの予定にはスペース名が入力されるため、招待されたユーザーにとっても何の会議であるのかが明確になります。またスペース内に「予定を作成しました」というメッセージが投稿されるため、予定の共有漏れを防ぐことができます。

1 [Google Workspace ツール］アイコンをクリック

2 [カレンダーの招待状］をクリック

ページの右側にカレンダーが表示された

3 ここをクリック

予定の作成画面が表示された

4 各項目を設定する

5 [保存して共有］をクリック

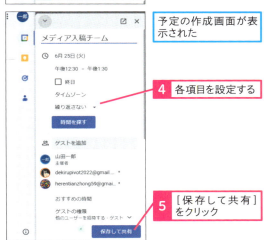

招待メールを送信しない場合は［送信しない］をクリック

6 [送信］をクリック

予定を投稿しない場合は［キャンセル］をクリック

7 [保存して共有］をクリック

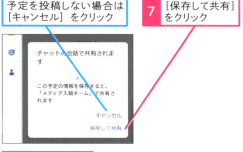

予定が登録された

予定が投稿された

Google チャットの基本操作を確認しよう 117

141

お役立ち度 ★★★

Q スペースで共有しているファイルを表示するには

A ［共有中］をクリックして一覧で表示できます

スペースでのやりとりの中で共有されたファイルやリンク、画像などは種類別に自動で整理され、［共有中］に保管されます。スペースのメンバーは目的の情報に素早くアクセスでき、プロジェクト資料や議事録の管理に便利です。

1 ［共有中］タブをクリック

スペース内で共有しているコンテンツの一覧が表示された

ファイルは［ファイル］と表示される

画像は［メディア］と表示される

リンク共有は［リンク］と表示される

関連 137　Google ドライブのファイルをスペースで共有するには　▶P.114

142

お役立ち度 ★★

Q 特定の投稿を素早く確認できるようにしたい！

A リンクをコピーしましょう

すべてのメッセージにはダイレクトにアクセスできるリンクが付与されています。取得したリンクをクリックするだけで特定のメッセージにアクセスできるため、伝えたい情報だけを確実に相手に伝えることができます。

1 リンクしたいメッセージをクリック　　2 ［その他の操作］をクリック

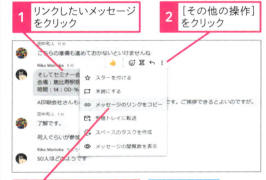

3 ［メッセージのリンクをコピー］をクリック　　URLがコピーされた

4 URLをメッセージに入力して送信

5 URLをクリック

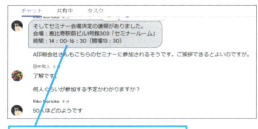

リンク元のメッセージにアクセスできる

スペースの便利機能

スペースにはコミュニケーションをさらに円滑にするための便利な機能がいくつか用意されています。ここでは、いろいろな場面で使えるものを紹介します。

143 お役立ち度 ★★★

Q 参加できるスペースを確認するには

A チャットの機能から一覧表示できます

［チャットを新規作成］をクリックしてから［スペースをブラウジング］をクリックすると、招待されているスペースを確認できます。また参加する前に［プレビュー］をクリックすると、スペースでのやり取りをチェックでき、現状を把握できます。

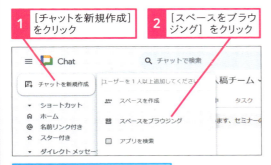

1 ［チャットを新規作成］をクリック
2 ［スペースをブラウジング］をクリック

参加できるスペースが表示された

［プレビュー］をクリックすると詳細を確認できる
［参加］をクリックするとスペースに参加できる

144 お役立ち度 ★★

Q 通知をオフにしたい！

A ［チャットの設定］で設定できます

［設定］をクリックして［チャットの設定］画面を表示し、チャット通知のオン・オフを設定できます。作業に集中したい時には通知をオフにし、終了後は通知をオンの状態に戻すなどの運用が可能です。なお、通知はWebブラウザの機能で行われるため、ブラウザの通知設定も変更しておきましょう。

1 ［設定］をクリック

［チャットの設定］が表示された

2 ［チャットの通知を許可する］をクリックしてチェックマークを外す

関連 142 特定の投稿を素早く確認できるようにしたい！　▶P.118

145 メンバーにタスクを割り当てるには お役立ち度 ★★★

Q メンバーにタスクを割り当てるには

A ［タスクを追加］から設定します

［タスクを追加］で設定されたタスクはスペースに投稿され、［タスク］タブに表示されます。期限を定めると、割り当てられたユーザーの Google カレンダーにも表示されます。自分あてにタスクを設定し、メンバーに知らせることも可能です。

1　［タスク］タブをクリック

2　［タスクを追加］をクリック

3　タイトル、日時、メンバーを設定する

4　［追加］をクリック

タスクが投稿された

割り当てられたメンバーのToDoリストに追加された

146 スペースの参加メンバーを確認するには お役立ち度 ★★★

Q スペースの参加メンバーを確認するには

A ［メンバーを管理］で表示できます

スペースに参加しているメンバーを確認したいときには［メンバーを管理］で一覧を表示します。プロジェクトに関する話題でコミュニケーションを取りたいときなど、スペースの管理者や参加メンバーを確認することが大切です。

1　スペース名をクリック

2　［メンバーを管理］をクリック

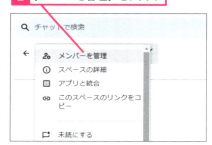

メンバーが一覧表示された

関連 147　スペースにユーザーを追加するには ▶ P.121

147

お役立ち度 ★★★

Q スペースにユーザーを追加するには

A ［追加］をクリックして招待状を送ります

［追加］をクリックしてスペースに新しいユーザーを追加することで、情報共有とコラボレーションが強化されます。追加されたメンバーはメールで届いた招待状から、あるいは［スペースをブラウジング］から参加できます。

ワザ146を参考にメンバーを一覧表示しておく

1 ［追加］をクリック

2 追加したいユーザーのメールアドレスを入力

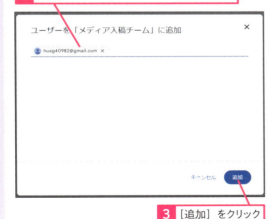

3 ［追加］をクリック

メンバーを削除したい場合はここをクリックして表示される［スペースから削除］をクリック

148

お役立ち度 ★★

Q スペースの名前を変更するには

A ［スペースの詳細］で編集できます

スペースの名前は必要に応じて変更できます。プロジェクトのフェーズや内容の変化に合わせて名前を更新し、最新情報を共有しましょう。スペースの説明やガイドラインを明記し、メンバーに周知することも大切です。

1 スペース名をクリック

2 ［スペースの詳細］をクリック

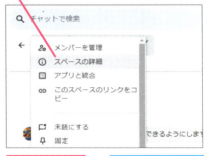

3 変更したい名前を入力

スペースの説明やガイドラインなどを追記できる

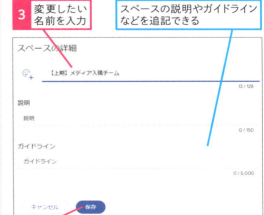

4 ［保存］をクリック

149　スペースを削除するには　お役立ち度 ★★★

A スペース名をクリックしてメニューから選択します

プロジェクトの完了などにより不要になったスペースを削除し、効率的に管理しましょう。なお一度削除したスペースを復元することはできません。削除前に必要な情報やファイルがバックアップされているか確認し、関係者にも通知しましょう。

1 スペース名をクリック

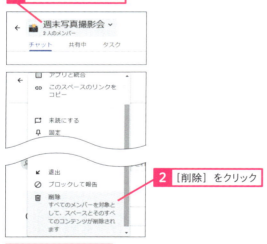

2 ［削除］をクリック

3 ［削除］をクリック

🔼 ステップアップ
削除できない場合は

スペースを削除できるのはスペースの管理者のみです。管理者は他のメンバーをスペースの管理者に指定したり、権限を取り消したりすることができます。スペースを削除できない場合は管理者に相談しましょう。

150　特定のスペースを退出するには　お役立ち度 ★★

A 自由に退出することができます

必要に応じてスペースから退出することができます。退出後はスペースの情報にアクセスできないので、重要なデータは事前に保存しておきましょう。またブロック機能を使うことで、不適切なコンテンツやスパムから保護されます。

1 スペース名にマウスポインターをあわせる　**2** ここをクリック

3 ［退出］をクリック
ブロックしたい場合は［ブロックして報告］をクリック

4 ［退出］をクリック

📖 役立つ豆知識
［ブロックして報告］するとどうなるの？

ブロックしたスペースからは再度招待されることはなくなり、検索結果にも表示されなくなります。スパムの疑いがあるスペースはブロックした後に、Googleに報告しましょう。

151　メッセージを一覧表示するには

お役立ち度 ★★★

A ［ホーム］をクリックします

［ホーム］をクリックすると、最新のメッセージが一番上部に来る形で、時系列で新しいアクティビティが表示されます。スペース名からどこのスペースでのメッセージか確認でき、クリックでアクセスできます。未読のメッセージは太字で表示されます。

1 ［ホーム］をクリック

［ホーム］画面が表示された

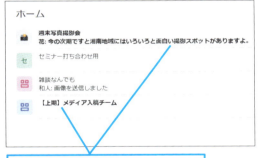

未読のメッセージは太字で表示されている

役立つ豆知識

［ホーム］は新しい順に表示される

［ホーム］でメッセージを一覧表示すると、スレッドが更新されたものから表示されます。未読のメッセージや返信していないメッセージが新しいメッセージに埋もれてしまうことがあるので、ワザ152を参考に自分に関係のあるメッセージを表示しましょう。

152　自分へのメッセージを確認するには

お役立ち度 ★★★

A ［名前リンク付き］をクリックします

［名前リンク付き］機能を使うと、自分宛てに［名前リンク付き］で送られたメッセージの一覧を確認し、アクセスできます。上司やチームメンバーからの指示やフィードバックを見逃さず、迅速な対応が可能です。複数のスペースに参加している場合に特に有効です。

●名前付きリンクを表示する

1 ［名前リンク付き］をクリック

名前リンク付きのメッセージが表示された

●メッセージに名前リンクを付ける

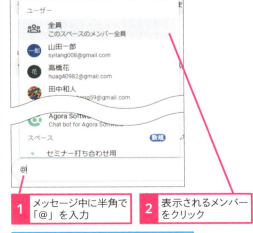

1 メッセージ中に半角で「@」を入力
2 表示されるメンバーをクリック

メッセージ中に名前リンクが入力される

153 Google ドライブをスペースで活用するには

お役立ち度 ★★★

A アプリをインストールします

Google ドライブ を Google チャット にインストールすることで、ドライブでのファイル共有とメッセージの通知を Google チャット 上で確認することができます。自分に関連するファイルの更新や割り当てをリアルタイムで確認できるため、迅速な対応が可能です。また、ドライブとチャットの連携により、情報の一元管理が進み、情報取得のスピードが上がります。必要に応じて［会話をミュートする］などドライブアプリの通知設定を適切に管理しましょう。

役立つ豆知識

Google ドライブの通知が表示される

チャットに Google ドライブをインストールすると、画面左側の［ダイレクトメッセージ］欄に［Google Drive］が表示され、通知を確認できるようになります。一番上部に［固定］することで、通知の見落としを防ぐことができます。

1 ［チャットを新規作成］をクリック
2 ［アプリを検索］をクリック
6 ［完了］をクリック

3 「Google Drive」と入力
4 ［Google Drive］をクリック

Google Driveのインストール後、ドライブ内のファイルに変更があると通知される

5 ［インストール］をクリック

クリックすると変更の詳細を確認できる

Google Driveのインストールが開始される

154

お役立ち度 ★★★

Q メッセージにスターを付けたい！

A ［スターを付ける］を使用します

重要なメッセージにスターを付けることで他のメッセージと区別できます。重要な情報として残しておきたいメッセージや、後でしっかりと返信したいメッセージなどは、スターを付けて保存しておきましょう。

1 スターを付けたいメッセージをクリック

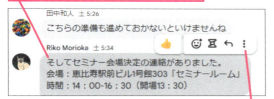

2 ［その他の操作］をクリック

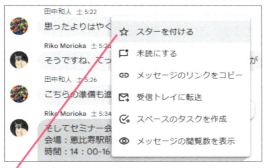

3 ［スターを付ける］をクリック

メッセージにスターが付いた

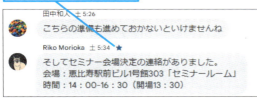

155

お役立ち度 ★★★

Q スター付きのメッセージを表示するには

A ［スター付き］で絞って表示できます

［スター付き］にしたメッセージは下記の手順で一覧表示できます。必要な情報にすぐにアクセスできるので便利ですが、スター付きのメッセージが増えすぎると管理が難しくなるため、目的を終えたらスターを削除するなどの対策をとりましょう。

1 ［スター付き］をクリック

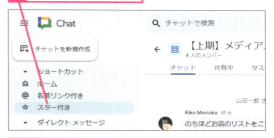

スター付きのメッセージが一覧表示された

役立つ豆知識

スターを外すには

メッセージからスターを外したい場合は、［スター付き］で一覧表示した際にメッセージにマウスカーソルを合わせ、表示された星のマークをクリックすると削除できます。また、ワザ154の操作で［スターを付ける］の代わりに［スターをはずす］をクリックしても、スターを外すことができます。

156

お役立ち度 ★★★

Q 未読のメッセージのみを表示するには

A ［ホーム］で未読のみを表示します

ホーム画面に表示されるメッセージから、未読のメッセージだけを絞り込んで表示することで、未読の情報を見逃すリスクが減ります。また、未読メッセージをクリックすると直接スペースにアクセスすることができ、時短にもつながります。複数のスペースに参加している場合、未読ページで最新情報の更新が確認できるので便利です。

ワザ151を参考に［ホーム］画面を表示しておく

1 ［未読］をクリック

未読メッセージのみが表示された

役立つ豆知識

各スペースで最新の未読のみが表示される

［未読］をクリックすると、各スペースで最新のメッセージのみが表示されます。スペースに未読のメッセージが複数ある場合も最新のものしか表示されないので、必ずスペースにアクセスして、他にも未読のメッセージがないか確認しましょう。

157

お役立ち度 ★★

Q 履歴をオフにするには

A スペースごとに設定できます

ユーザーまたはグループにメッセージを送信する際に、会話を保存するのか、24時間後に自動的に削除されるようにするのかを選択できます。なお、有料版の場合は管理者が履歴のオン・オフを設定できます。

1 スペース名をクリック

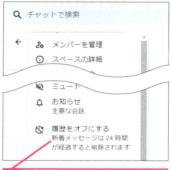

2 ［履歴をオフにする］をクリック

新着メッセージが自動的に削除される

ステップアップ

メッセージを固定するには

重要なスペースは［固定］機能で常に上部に表示されるようにしましょう。スペースの一覧で固定したいスペースの右端のメニューをクリックし、［固定］をクリックすると固定表示できます。固定されたスペースは同様の操作で［固定を解除］をクリックすると固定を解除できます。

158

お役立ち度 ★★★

Q ステータスを変更するには

動画で見る

A 会話ができない状態を表示できます

ステータスとは「状態」を意味し、会話ができる状態であるかどうかを他のユーザーに知らせることができます。また［通知を一時的にミュート］を選択すると、Google チャット の通知が指定した時間ミュートされます。

●オフラインに設定する

1 ステータスをクリック

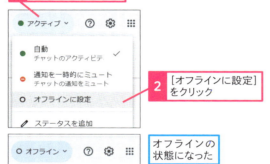

2 ［オフラインに設定］をクリック

オフラインの状態になった

●通知をミュートする

1 ステータスをクリック

2 ［通知を一時的にミュート］をクリック

3 ミュートする時間を選択してクリック

159

お役立ち度 ★★

Q ステータスを追加するには

A 絵文字付きのカスタムステータスを追加できます

［ステータスを追加］機能を使うと、カスタムステータスを追加できます。会議中や外出中など、現在の状況をメンバーに柔軟に伝えることが可能です。また、ステータスを表現する絵文字を追加することもできます。

1 ステータスをクリック　2 ［ステータスを追加］をクリック

3 追加したいステータスをクリック

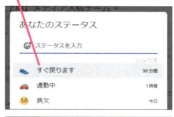

4 ［完了］をクリック

第5章 やるべきことを見える化する ToDoリストの便利ワザ

ToDoリストの基本

Google Workspaceの「ToDoリスト」はカレンダーやメールと連携させてタスクを管理できる、非常に便利なツールです。ここでは基本的な使い方を紹介します。

160　お役立ち度 ★★★

Q ToDoリストとは？

A 日々のタスク管理に有効なツールです

ToDoリストは日々のタスク管理に役立つ重要なツールです。個人やチームのタスク管理に便利で、リマインダー機能も備えています。タスク追加時には期限や詳細を設定し、優先度を設定することで重要なタスクを見逃さないようにしましょう。

1 [Googleアプリ]をクリック
2 [カレンダー]をクリック
Googleカレンダーが開いた
3 [[ToDoリスト]に切り替える]をクリック
ToDoリストが表示された

161　お役立ち度 ★★☆

Q ToDoリストを作るには

A ［新しいリストを作成］で作ります

ToDoリストは、[カレンダー]の画面を表示し、右上の[ToDoリスト]をクリックして画面を切り替えます。新しいタスクは[タスクを追加]をクリックしてタスクを登録します。また、メールやカレンダーのサイドパネルに表示し、タスクを追加することも可能です。詳しくはワザ162をご参照ください。

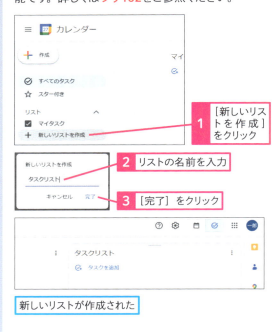

1 [新しいリストを作成]をクリック
2 リストの名前を入力
3 [完了]をクリック
新しいリストが作成された

162

お役立ち度 ★★★

Q タスクを追加するには

A ToDo リストでタイトルと日時を設定します

新しいタスクを追加するには、[タスクを追加] をクリックし、タスク名と詳細、期限を入力します。タスク完了時には [完了とする] をクリックしてチェックマークを入れます。これにより、日々の業務やプロジェクト管理が効率的に行えます。詳細や期限を設定し、リストを定期的に整理することで、タスク管理がスムーズになります。

● タスクを作成する

● タスクを完了する

タスクが作成された

タスクが完了された

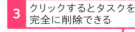

ToDo リストの基本　129

163 タスクを編集したい

A クリックして修正できます

タスクを編集するには、編集したいタスクをクリックして編集用の画面を表示します。編集が完了したら、タスクの外側をクリックして保存します。これにより、プロジェクト要件の変化や新情報に迅速に対応できます。

ワザ162を参考にタスクを作成する

1 編集したいタスクをクリック

```
タスクリスト
 ✓ タスクを追加
 ○ 打ち合わせ（東京駅）
    明日、11:00
```

2 内容を編集

```
タスクリスト
 ✓ タスクを追加
 ○ 打ち合わせ（品川駅）
    ≡ 詳細
    📅 明日、11:00
```

タスクが編集された   **3** タスクリスト外をクリック

```
タスクリスト
 ✓ タスクを追加
 ○ 打ち合わせ（品川駅）
    明日、11:00
```

タスクが保存された

関連 166 完了したタスクを確認して削除したい！ ▶ P.131

---

164 重要なタスクにスターを付けるには

A マウスカーソルを合わせて「☆」をクリックします

タスクにスターを付けるには、タスクにマウスカーソルを合わせ、タスク名の横にある星形のアイコンをクリックします。これにより、重要なタスクを一目で識別でき、効率的なタスク管理が可能になります。タスクをクリックして編集可能な状態とし、右端の[タスクのオプション]をクリックして[スター付きに追加]をクリックしてもスターを付けられます。

1 スターを付けたいタスクの上にマウスカーソルを合わせる

スターが表示された   **2** [スター付きに追加]をクリック

タスクにスターが付いた

165

お役立ち度 ★★☆

Q タスクを並べ替えるには

A リストの設定を変更して
ドラッグします

初期状態ではタスクは日付順に並ぶため、並べ替えができません。並び順を［指定した順序］に変更すると、タスクを追加した順に変更できます。この状態でタスクをドラッグ＆ドロップして希望の場所に並べ替えます。また、リストのオプションから並べ替えの種類を選択し、自動的に並べ替えることも可能です。

1 ［リストのオプション］をクリック

2 ［指定した順序］をクリック

3 並べ替えたいタスクをクリック

4 変えたい位置までドラッグ

タスクが並べ替えられた

166

お役立ち度 ★★★

Q 完了したタスクを確認して削除したい！

A ［完了］をクリックして
個別に削除します

タスクを完了すると非表示にできますが、削除はされていません。完了したタスクを確認して削除するには、［完了］をクリックし、完了したタスクを確認します。そして不要なタスクをクリックして削除します。定期的に完了したタスクを削除することで、タスクリストが整理され、視認性が向上します。

ワザ162を参考にタスクを完了しておく　完了したタスクはタスクリストの最下部にまとめられている

1 ［完了］をクリック

完了されたタスクを確認できた

2 タスクにマウスカーソルを合わせる

ゴミ箱が表示された

3 ［タスクを削除］をクリック　タスクを削除できた

167

お役立ち度 ★★★

Q タスクにメモを追加するには

A タスクを編集可能にして［詳細］に入力します

タスクにメモを追加するには、タスクをクリックして編集可能とし、［詳細］をクリックしてメモを入力します。これにより、タスクの詳細な情報や関連するリンクなどを記録し、作業の効率化が図れます。重要な情報を漏らさないようにし、具体的なメモを記載することで、タスクの進捗が一目でわかるようになります。

ワザ162を参考にタスクを作成する

1 タスクをクリック

タスクが編集状態になった

2 ［詳細］をクリックして入力

3 もう一度クリックすると編集が完了する

🌱 役立つ豆知識

アプリにも変更が反映される

［ToDo リスト］の変更はスマートフォンなど他のデバイスのアプリにもリアルタイムで同期されます。同様に、スマートフォンなどで行った変更はパソコンの画面にも反映されます。

168

お役立ち度 ★★★

Q タスクを定期的に繰り返したい

A ［日時］で設定します

タスクを定期的に繰り返すには、［日時］をクリックして［繰り返し設定］をクリックします。日付と間隔を設定し、［保存］をクリックします。定期的なミーティングや月次レポートなどに便利です。繰り返しの設定となったタスクは、当日に［完了］をクリックすると非表示になりますが、次に該当する曜日が来ると再表示されます。

ワザ162を参考にタスクを作成する

1 ［日時］をクリック

2 時間を設定

3 ［繰り返し］をクリック

4 繰り返しの間隔を設定する

繰り返しの終了日も設定できる

5 ［OK］をクリック

169

お役立ち度 ★★☆

Q サブタスクを追加するには

A ［タスクのオプション］で追加します

タスクを階層化するには、サブタスク機能を使います。作成済みのタスクをクリックして、［タスクのオプション］をクリック、［サブタスクを追加］をクリックします。これにより、関連する作業をグループ化して表示できます。サブタスクを利用することで、作業内容を詳細に記録し、優先順位を調整することができます。

1 ［タスクのオプション］をクリック
2 ［サブタスクを追加］をクリック
3 タスクの内容を入力

タスクの順番を入れ替えることもできる
新規タスク作成画面が表示された
サブタスクが作成された

170

お役立ち度 ★★★

Q タスクをカレンダーで確認するには

A 表示をカレンダーに切り替えます

ToDo リストで追加したタスクは、常にGoogle カレンダーに反映されます。ToDo リストの画面からカレンダーの画面に戻したい場合は、［Googleカレンダーに切り替える］をクリックしてカレンダーを表示しましょう。カレンダーは［年］以外の表示であればタスクが表示されます。

1 ［Google カレンダーに切り替える］をクリック

Google カレンダーの画面に切り替わった

登録したタスクがカレンダーに反映されている

🔆 役立つ豆知識

カレンダー上のタスクはドラッグして移動できる

カレンダー上に表示されたタスクの日時を変更したい場合は、対象となるタスクをドラッグするだけで手軽に変更できます。なお時間が設定されていないタスクは、日付のみ変更が可能です。

ToDo リストの便利機能

メールとの連携やショートカットキーなどを活用することで、ToDo リストはさらに使い勝手が良くなります。ここではその方法を紹介します。

171 お役立ち度 ★★★

Q メールからタスクを作るには

A メールの画面から設定します

メールをタスク化するには、まずタスク化したいメールを開きます。次に、メール件名上部の［その他］をクリックし、[ToDoリストに追加]をクリックします。これで、右側のパネルにタスクが表示されます。タスクには自動的にメールへのリンクが挿入されるため、必要なときにすぐにメールを確認できます。この機能は、メールで受信した重要な情報や指示を効率的に管理するのに便利です。

タスク化したい内容の記されているメールを開いておく

1 ［その他］をクリック

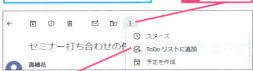

2 [ToDoリストに追加] をクリック

新規タスク作成画面が表示される

3 メモや日時を追加する

自動的にメールへのリンクが挿入される

リンクをクリックすると新しいウィンドウでGmailが起動し、対象のメールが表示される

172 お役立ち度 ★★☆

Q カレンダーをクリックしてタスクを作成するには

A 日時を指定してから［タスク］として保存します

Google カレンダーでタスクを追加するには、カレンダーを開き、タスクを追加したい時間をクリックします。タイトルなどの詳細を入力し、[タスク]をクリックして［保存］をクリックします。これにより、カレンダーにタスクが登録され、スケジュールとタスクを一元管理できるようになります。

ワザ170を参考にGoogle カレンダーを開いておく

1 タスクに追加したい日時をクリック

2 ［タスク］タブをクリック

3 詳細を設定

4 ［保存］をクリック

タスクリストに登録された

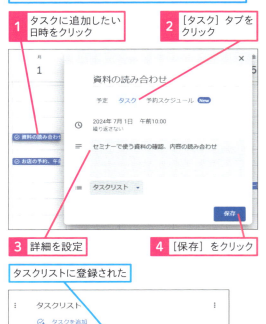

173　便利なショートカットキーを教えて！　お役立ち度 ★★★

Q 便利なショートカットキーを教えて！

A タスクの削除、移動などがおすすめです

［ToDo リスト］用のショートカットキーはいくつか用意されており、設定メニューで一覧表示できます。おすすめは Ctrl + Backspace の「タスクの削除」や、Ctrl + ↑ の「タスクの移動」です。操作を素早く行うことで、作業効率が向上します。

> ワザ160を参考にToDoリストを表示しておく

1　［設定メニュー］をクリック

2　［ToDoリストのキーボードショートカット］をクリック

> 使用できるキーボードのショートカット一覧が表示された

● 主なショートカットキー

タスクの作成	C
リストを印刷	Ctrl + P
元に戻す	Ctrl + Z
ショートカットを開く	Ctrl + /
タスクを上下に移動	Ctrl + ↑ / ↓
サブタスクを追加	Ctrl + Alt + Return
新しいリスト	L

関連 169　サブタスクを追加するには　▶P.133

174　カレンダーと同時に表示するには　お役立ち度 ★★

Q カレンダーと同時に表示するには

A 画面右側の［ToDo リスト］をクリックします

［ToDo リスト］を他のアプリと同時に表示するには、画面右側の［ToDo リスト］をクリックします。カレンダー以外にもメールやチャットと同時に表示することができ、スケジュール管理やリマインドに役立ちます。

> ワザ170を参考にGoogleカレンダーを開いておく

1　［ToDoリスト］をクリック

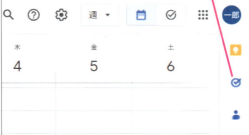

> アプリパネルが開きToDoリストが表示された

［タスクを追加］をクリックすると新規タスクを作成できる

関連 172　カレンダーをクリックしてタスクを作成するには　▶P.134

第6章 予定を多角的に管理する Google カレンダーの便利ワザ

Google カレンダーの基本

Google カレンダーを使うとスケジュールやタスクの管理、情報共有を効率的かつ多角的に行うことができます。ここでは基本的な操作について紹介します。

175 お役立ち度 ★★★

Q Google カレンダーの基本を知りたい

A 仕事やプライベートのスケジュール管理に使えます

Google カレンダーを使用すると、仕事やプライベートのスケジュールを一箇所で管理できます。会議やイベントの調整、プロジェクト管理に便利で、Gmail や Google Meet とも連携可能です。予定の時間を正確に設定し、共有時の権限に注意し、プライベートとビジネスの予定を分けて管理しましょう。

他のユーザーとカレンダーを共有できる

空き時間を視覚的に把握して予定を効率的に立てられる

176 お役立ち度 ★★☆

Q Google カレンダーを使うには

A アプリの一覧から選択します

Google カレンダーを起動すると、Google アカウントの設定に基づいて日付や時間が表示されます。表示形式を日、週、月単位で切り替えることで、詳細な予定から全体の流れまで把握しやすくなります。タイムゾーンを設定することで、日本だけでなく海外との予定調整がスムーズになります。

1 [Google アプリ] をクリック
2 [カレンダー] をクリック

Google カレンダーが表示された
現在の時刻に印が付いている

177

お役立ち度 ★★★

Q Google カレンダーの画面構成を確認したい

A 設定メニューや検索バーの場所を覚えましょう

Google カレンダーの画面構成は以下のようになっています。メインビューや設定メニューを活用することで、予定の追加や管理が素早く行えます。検索バーやカレンダー切り替えもスムーズに行え、効率的なスケジュール管理が可能です。

❶当月の月カレンダー ❷メインビュー

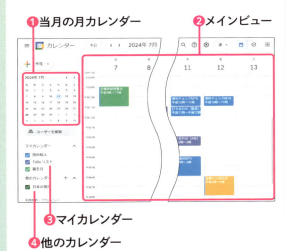

❸マイカレンダー
❹他のカレンダー

❶当月の月カレンダー
現在の日付が表示されている。日付をクリックすることでその日付中心のカレンダー表示に切り替わる

❷メインビュー
ここに予定を入力する。表示は日・週・月・年と切り替えることができる

❸マイカレンダー
目的に合わせて複数のカレンダーを「マイカレンダー」として登録できる。それぞれ表示・非表示を切り替えることができる

❹他のカレンダー
外部のカレンダーを取り込んだ場合はここに表示される

178

お役立ち度 ★★★

Q カレンダーの表示形式を変更するには

A 「日」「週」のほか「スケジュール」なども表示できます

Google カレンダーの表示形式を［日］［週］［月］［年］［スケジュール］［4日］などに切り替え、ニーズに応じた視点で予定を確認できます。目的に応じて最適な形式を選び、詳細設定でカスタマイズすることで効率的なスケジュール管理が可能です。ショートカットキー D（日）、M（月）も便利です。

1 ［週］をクリック

2 ［4日］をクリック

4日ごとの表示に変更できた

［月］をクリックすると1ヶ月分の表示になる

179　お役立ち度 ★★★

Q 日本の祝日を表示するには？

A カレンダーを追加します

Googleカレンダーで日本の祝日を表示するには［その他のカレンダー］で［＋］をクリックし［関心のあるカレンダー］から［日本の祝日］を選び追加します。祝日を表示することで、仕事や休暇の計画が立てやすくなり、チーム全体でのスケジュール管理も容易になります。

① ［＋］をクリック

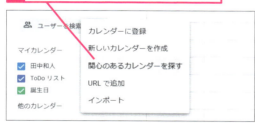

② ［関心のあるカレンダーを探す］をクリック

［設定］画面が表示された

③ ［すべて表示］をクリック

④ ここをドラッグしてスクロール

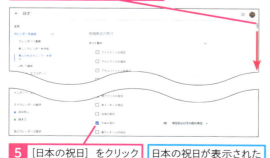

⑤ ［日本の祝日］をクリック　　日本の祝日が表示された

180　お役立ち度 ★★★

Q 予定を正確に登録するには

A ［作成］をクリックして入力します

Googleカレンダーで予定を正確に登録するには、左上の［＋作成］をクリックし［予定］を選択します。タイトル、日付、時間を入力し［保存］をクリックすることで、急な予定変更にも柔軟にドラッグ＆ドロップで変更可能です。また、［終日］にチェックマークを付けることで終日予定として登録できます。

① ［作成］をクリック

② ［予定］をクリック　　予定を入れたい時間を直接クリックしてもよい

予定を作成する画面が表示された　　③ 件名を入力

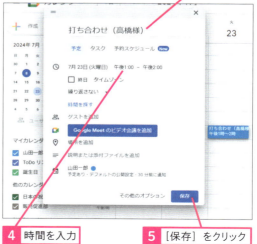

④ 時間を入力　　⑤ ［保存］をクリック

181

お役立ち度 ★★☆

Q 予定に詳細なメモを追加したい

A [その他のオプション] から追加します

予定に詳細なメモを追加するには、予定を作成する画面で [その他のオプション] をクリックし、で詳細情報を入力します。これにより、会議の議題や持ち物など重要な情報をまとめて管理でき、準備が効率化されます。正確に情報を入力し [保存] をクリックしましょう。

ワザ180を参考に予定を作成する画面を表示しておく

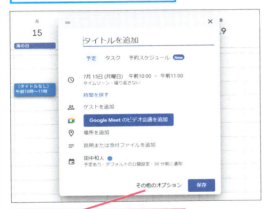

1 [その他のオプション] をクリック

予定の編集画面が表示された

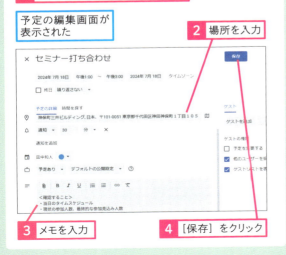

2 場所を入力
3 メモを入力
4 [保存] をクリック

182

お役立ち度 ★★★

Q 中長期の予定を登録したい

A 予定の開始日と終了日を設定します

中長期の予定を登録するには、予定を編集する画面を表示して予定の開始日と終了日を設定します。これにより、年単位や数ヶ月単位のプロジェクト管理がスムーズに行えます。詳細情報を忘れずに入力し、終了日も正確に設定しましょう。

ワザ181を参考に予定を編集できる画面を表示しておく

1 予定の開始日を設定
2 予定の終了日を設定

3 [保存] をクリック

日をまたぐ予定が登録された

関連 181 予定に詳細なメモを追加したい ▶ P.139

183 お役立ち度 ★★★

Q 繰り返し行われる予定を登録するには

A 予定の作成画面で繰り返す間隔などを選択します

繰り返しの予定を登録するには、予定を作成する画面を表示しておき、日付をクリックして［繰り返し］の設定を行います。これにより、定期的な会議やタスクを自動化でき、効率的なスケジュール管理が可能になります。なお祝日や休日に関係なく設定されるので、変更する場合はワザ187を参照してください。

ワザ180を参考に予定を作成する画面を表示しておく

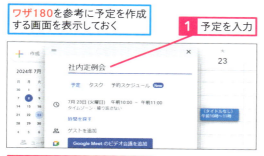

繰り返しの予定が登録される

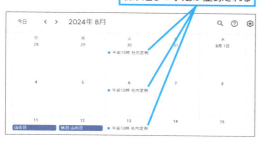

184 お役立ち度 ★★★

Q 登録した予定を変更するには

A ［編集］をクリックします

登録した予定を変更するには、該当予定をクリックし、［編集］をクリックして選択します。内容を入力し、「保存」をクリックします。繰り返し予定の場合は［この予定のみ］または［全ての予定］を選択して適切に変更しましょう。通知設定も見直すことで、変更後のリマインダーを確実に受け取れます。予定変更や情報の追加などに使用しましょう。

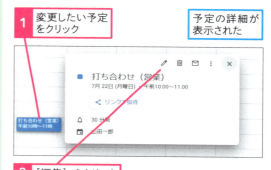

予定が変更された

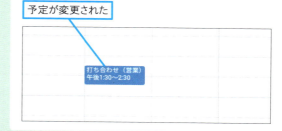

185

お役立ち度 ★★★

Q 登録した予定を直感的に変更したい

A 予定をドラッグします

登録した予定を素早く変更するには、該当予定をクリックしてドラッグし、新しい時間帯に移動します。これにより、急なスケジュール変更に迅速に対応でき、プロジェクト進行に応じた柔軟な調整が可能です。操作の際は正しい時間帯に移動することを確認し、間違えないように注意しましょう。また、予定の端をドラッグすることで開始時間や終了時間の調整も行えます。

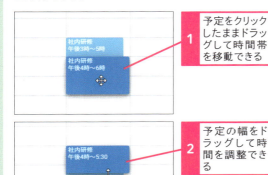

1 予定をクリックしたままドラッグして時間帯を移動できる
2 予定の幅をドラッグして時間を調整できる
予定が変更できた

他のメンバーと共有している予定はドラッグ操作では変更できない

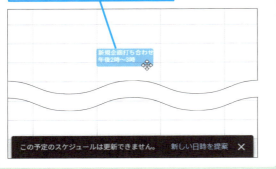

186

お役立ち度 ★★☆

Q 不要になった予定を取り消したい

A ゴミ箱に入れて削除します

不要な予定を取り消すには、該当する予定をクリックし、[削除]を選択します。これにより、カレンダーが整理され、重要な予定に集中できます。定期的な予定は範囲を指定して削除しましょう。

●予定をゴミ箱に入れる

1 削除したい予定をクリック
予定の詳細が表示された

2 [予定を削除]をクリック
予定が削除された

●ゴミ箱から完全に削除する

1 [設定メニュー]をクリック
2 [ゴミ箱]をクリック

ゴミ箱の中身が表示される

3 チェックボックスをクリック
4 [選択したすべての予定を完全に削除]をクリック

予定が完全に削除される

187 繰り返し行われる予定を変更するには

お役立ち度 ★★★

A 柔軟に予定を変更できます

定期的な予定を変更するには、カレンダー上で該当予定をクリックし［編集］をクリックします。変更情報を入力後、［保存］をクリックしてから、［定期的な予定の編集］画面で予定の変更範囲を選びます。これにより、繰り返しの予定も柔軟に管理して迅速に対応できます。

ワザ183を参考に繰り返しの予定を編集できる画面を表示しておく

1 変更する時間を入力　**2** ［保存］をクリック

3 ［この予定］をクリック

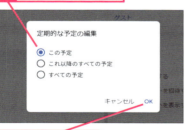

4 ［OK］をクリック

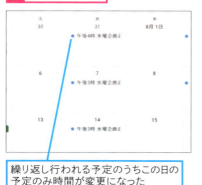

繰り返し行われる予定のうちこの日の予定のみ時間が変更になった

188 予定の通知時間を変更するには

お役立ち度 ★★★

A 予定の詳細で調整します

Google カレンダーでは予定の事前通知が最初から自動設定されています。予定の通知時間を変更するには、カレンダーで通知を設定したい予定をクリックし、［編集］をクリック、［通知を追加］をクリックして設定情報を入力し［保存］をクリックします。これにより、重要な予定を忘れずに管理でき、会議やプレゼン前の準備時間を確保できます。また通知は5つまで追加できます。

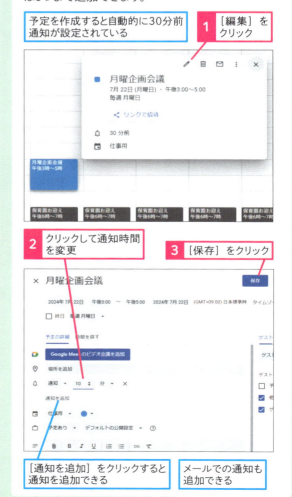

予定を作成すると自動的に30分前通知が設定されている

1 ［編集］をクリック

2 クリックして通知時間を変更

3 ［保存］をクリック

［通知を追加］をクリックすると通知を追加できる

メールでの通知も追加できる

189

お役立ち度 ★★★

Q 予定をGmailから登録したい

A メールの文面から予定を作成できます

Gmailで予定を登録するには、メールを開き[その他]をクリックしてから[予定を作成]をクリックします。その後カレンダーの画面で必要情報を入力し[保存]をクリックします。これにより、メールの情報が添付された予定が作成でき、効率的にスケジュール管理が行えます。

●届いたメールから予定を登録する

予定を登録したいメールを表示しておく

1 [その他]をクリック
2 [予定を作成]をクリック

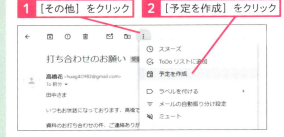

予定の編集画面が開いた

3 予定名を入力
4 時間を設定
5 [保存]をクリック

メールの文面が記されている

メール送信者が[ゲスト]と登録されている

メール送信者に招待メールを送信するかどうか選択する

カレンダーに予定が登録された

●Gmailの画面で予定を登録する

1 [カレンダー]をクリック

サイドパネルにカレンダーが表示される

2 [予定を作成]をクリック

Google カレンダーの基本 できる 143

190

お役立ち度 ★★★

Q 予定の通知が表示されない

A カレンダーとブラウザの設定を確認しましょう

通知が届かない場合は、[設定メニュー]をクリックし、[設定]画面でブラウザの通知許可も確認しましょう。会議や締め切り前にリマインダーを受け取ることで、準備を確実に行えます。スマートフォンのGoogleカレンダーアプリの設定も確認し、確実に通知を受け取れるようにしましょう。

●カレンダーの設定を確認する

1 [設定メニュー]をクリック
2 [設定]をクリック

[設定]画面が開いた
3 [通知設定]をクリック
4 [通知]をクリックして設定を確認

●ブラウザの設定を確認する

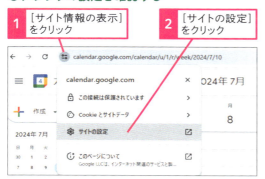

1 [サイト情報の表示]をクリック
2 [サイトの設定]をクリック

[設定]画面が開いた
3 [プライバシーとセキュリティ]をクリック
4 [通知]をクリックして設定を確認

●スマートフォンの設定を確認する

Googleカレンダーのアプリを開いておく

1 [設定]をクリック

[設定]画面が開いた

2 [予定]をクリック

通知の設定を確認

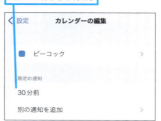

191

お役立ち度 ★★☆

Q 通知を削除するには

A 予定の編集画面で設定します

通知を削除するには、予定をクリックし［編集］をクリックし、不要な通知を［通知を削除］をクリックして削除します。これにより、不要な通知を整理して、重要な通知を見逃さず効率的にスケジュールを管理できます。誤って重要な通知を削除しないよう注意しましょう。

ワザ190を参考に通知を編集する画面を表示しておく

1 ［通知を削除］をクリック

2 ［保存］をクリック

通知が削除された

予定を表示すると通知が削除されていることがわかる

192

お役立ち度 ★★★

Q 特定の予定を検索したい

A ［検索］でキーワードを入力します

特定の予定を検索するには、［検索］をクリックしてキーワードを入力します。これにより、迅速に情報を見つけ、過去の会議記録や未来のイベントを確認できます。具体的な単語を使用し、フィルタ機能を活用することで正確な結果が得られます。

1 ［検索］をクリック

2 検索したい予定を入力　　候補が表示された

3 Enter キーを押す

検索結果が表示された　　クリックするとその予定に移動できる

［検索オプション］をクリックすると［検索のオプション］画面が表示され、詳細な検索を行える

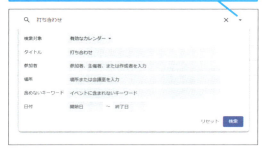

193 お役立ち度 ★★★

Q 予定ごとに色を変えて わかりやすくしたい

A 10色の候補から選択できます

予定ごとに色を変えると、仕事やプライベートの予定を視覚的に区別しやすくなり、さらにわかりやすいスケジュール管理が実現できます。色を変更したい予定をクリックし、［編集］をクリックして［予定の色を選択］から、設定したい色をクリックします。

ワザ181を参考に予定を編集する画面を表示しておく

1 ［予定の色を選択］をクリック

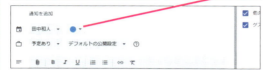

2 色を選択

3 ［保存］をクリック

予定に指定した色が付いた

194 お役立ち度 ★★☆

Q 他のユーザーと予定を 共有したい

A 招待メールを送信します

予定を共有するには、共有したい予定をクリックして［編集］をクリックします。［ゲストを追加］にメールアドレスを入力し、必要に応じて編集権限を付与して［保存］をクリックします。ゲストには自動でメール送信されます。これにより、会議やイベントの調整がスムーズになり、ビジネスシーンでの共同作業が円滑に進みます。

ワザ181を参考に予定を編集する画面を表示しておく

1 共有したいユーザーのメールアドレスを入力

2 ［保存］をクリック

3 ［送信］をクリック

入力したメールアドレス宛に招待メールが届く

［はい］をクリックすると予定を共有できる

195

お役立ち度 ★★★

Q 仕事とプライベートで
カレンダーを分けるには？

A プライベート用のカレンダーを
追加します

仕事とプライベートのカレンダーを分けるには、Googleカレンダーで新しいカレンダーを作成します。［他のカレンダーを追加］をクリックし［新しいカレンダーを作成］をクリックします。カレンダーの詳細を入力し［保存］をクリックします。

●新しいカレンダーを作成する

1 ここをクリック

2 ［新しいカレンダーを作成］をクリック

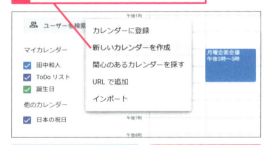

［設定］画面が表示される　　**3** 名前や説明を入力

4 ［カレンダーを作成］をクリック

新しいカレンダーが作成された

●新しいカレンダーに予定を登録する

1 予定を入力する

2 ここをクリック　　**3** 新しいカレンダーを選択

4 ［保存］をクリック

新しいカレンダーの予定が表示された　　色は自動で違う色に設定される

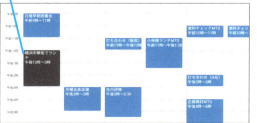

Googleカレンダーの基本　147

196

お役立ち度 ★★★

Q 会議の議案書や議事録を共同編集したい

A 予定にドキュメントを添付します

予定にドキュメントなどを添付することで、予定の参加者と共同編集を行うことができます。これにより、チーム全体で会議の議案書や議事録などを作成・一元管理することができます。事前準備や配付が不要となり、チーム全体がリアルタイムで情報を更新し、効率的に管理できます。

ワザ180を参考に予定を入力しておく

1 [添付ファイルを追加]をクリック
2 [参照]をクリック

3 ファイルを選択
4 [開く]をクリック

ファイルが添付された

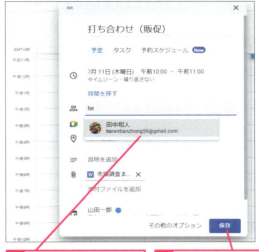

5 共同編集したいユーザーのメールアドレスを入力
6 [保存]をクリック
7 [送信]をクリック

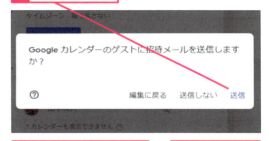

8 [閲覧者]をクリックして権限を設定
9 [予定を保存]をクリック

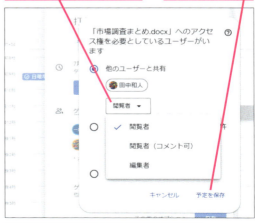

メールアドレスを入力したユーザーには、ファイルが添付された招待メールが届く

197 お役立ち度 ★★☆

Q 不定期に繰り返す予定を効率よく登録したい

A ［複製］でまったく同じ予定を複製できます

予定の複製機能を使うことで、不定期ながら繰り返し行われる同名の会議やイベントなどを再度入力する手間を省くことができます。複製したい予定をクリックし、［編集］をクリックして、［その他の操作］をクリックし、［複製］をクリックします。必要な情報を入力し、［保存］をクリックします。

ワザ181を参考に予定を編集する画面を表示しておく　　1 ［その他の操作］をクリック

2 ［複製］をクリック

予定が複製された

3 複製したい予定の日時に変更

4 ［保存］をクリック

198 お役立ち度 ★★★

Q ゲストからの連絡事項を予定で確認・共有したい

A ゲストは予定に出欠の連絡や一言を直接追記できます

予定の［メモ］を活用すると、自身のリアルタイムな状況を主催者や他の参加者に共有できます。メモは繰り返し編集でき、即時反映されるため、会議の主催者は会議出席予定者の状況把握をスムーズに行えます。メモを追加したい予定をクリックし、右端のアイコンをクリックして［メモを追加］をクリックし、各自で情報を入力します。

共有している予定をクリックして編集可能に表示しておく

1 ここをクリック
2 ［メモを追加］をクリック
3 メモを入力
4 出欠確認を選択
5 ［送信］をクリック

予定にメモが追加され、ゲスト全員に表示される

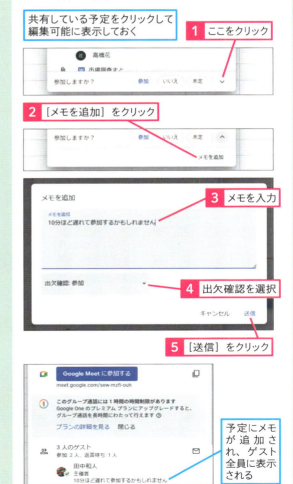

Google カレンダーの便利機能

Google カレンダーは見た目や名前を変更することでさらに使いやすくなります。ここではカレンダーの各種設定の方法を紹介します。

199　お役立ち度 ★★★

Q カレンダーの見た目をカスタマイズしたい

A 色合いと密度を変更できます

カレンダーの色や密度を見やすく変更することで、作業効率が向上します。［設定］をクリックして［密度と色］をクリックします。続けて［予定の色、テキストの色と密度の選択］画面で、［カラーセット］と［情報密度］を設定します。設定が完了したら、［完了］をクリックして変更を適用します。

200　お役立ち度 ★★★

Q カレンダーの表示・非表示を使い分けたい

A 表示したくないカレンダーのチェックマークを外します

カレンダーの表示・非表示を切り替えるには、メインメニューから該当のカレンダーのチェックボックスをクリックしてチェックマークを外します。チェックマークが外されたカレンダーは非表示となります。これにより、仕事用と個人用の予定を分けて管理できたり、特定のプロジェクトに関連する予定を集中的に表示したりすることができます。

201　お役立ち度 ★★★

Q カレンダーを削除するには

A ［設定と共有］で完全に削除します

不要なカレンダーを削除することで、カレンダーの表示がスッキリし、重要な予定を見逃しにくくなります。メインメニューのカレンダーの一覧から、削除したいカレンダーにマウスカーソルを合わせて［(カレンダー名) のオーバーフローメニュー］をクリックします。さらに［設定と共有］をクリックして［設定］画面を開き、最下部の［削除］を選択します。

1 ［オーバーフローメニュー］をクリック

2 ［設定と共有］をクリック

［設定］画面が表示される

3 ［カレンダーの削除］をクリック　　**4** ［削除］をクリック

5 ［完全に削除］をクリック

202　お役立ち度 ★★

Q カレンダー名を変更するには

A ［設定］画面で新しい名前を入力します

カレンダー名を変更するには、メインメニューから該当のカレンダーにマウスカーソルを合わせて［(カレンダー名) のオーバーフローメニュー］をクリックします。さらに［設定と共有］をクリックします。［設定］画面が表示されるので、［名前］に新しい名前を入力します。プロジェクトごとに異なる名前を付けることで、管理が容易になります。

1 ［オーバーフローメニュー］をクリック

2 ［設定と共有］をクリック

［設定］画面が表示される　　**3** 名前を入力

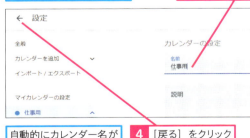

自動的にカレンダー名が更新される　　**4** ［戻る］をクリック

カレンダー名が変更された

203　週開始の曜日を変更したい

お役立ち度 ★★★

A 任意の曜日に設定できます

週の開始曜日を変更するには、[設定]をクリックして[設定]画面を表示し、[ビューの設定]で[週の始まり]を変更します。業務サイクルに合わせてカレンダーを調整し、効率的なスケジュール管理が可能です。なお設定後は自動保存されます。

ワザ201を参考に[設定]画面を表示しておく

1 [ビューの設定]をクリック

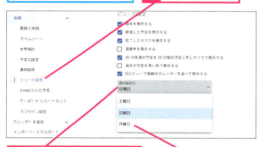

2 [週の始まり]をクリック

初期設定では日曜日開始になっている

3 変更したい曜日をクリック

4 [戻る]をクリック

週開始の曜日が月曜日に設定された

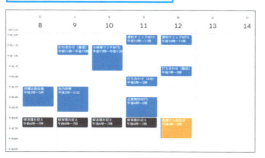

204　カレンダーの週末を非表示にするには

お役立ち度 ★★★

動画で見る

A 土日を非表示にできます

週末を非表示にするには、[設定]をクリックして[設定]画面を表示し、[ビューの設定]をクリックします。[週末を表示する]のチェックボックスをクリックしてチェックマークを外すと、週末が非表示になります。必要に応じて再度表示させることができます。これにより、平日のスケジュール管理が集中して行え、効率が向上します。

ワザ201を参考に[設定]画面を表示しておく

1 [ビューの設定]をクリック

2 [週末を表示する]をクリックしてチェックマークを外す

3 [戻る]をクリック

土曜日・日曜日が表示されなくなった

205

お役立ち度 ★★☆

Q 海外の時間を同時に表示したい

A ［セカンダリタイムゾーン］を使用します

海外の時間を同時に表示するには、［設定］画面で［タイムゾーン］をクリックし、セカンダリタイムゾーンを設定します。異なる地域とのスケジュール調整が簡単になります。特に、複数のタイムゾーンにまたがるプロジェクトを管理する場合に役立ちます。また、旅行や出張など、普段とは異なるタイムゾーンの地域へ移動する場合、カレンダーを現地時間で表示することができます。

ワザ201を参考に［設定］画面を表示しておく

1 ［タイムゾーン］をクリック

メインのタイムゾーンは日本標準時が設定されている

2 ［セカンダリタイムゾーン］をクリック

3 時間を表示したい国を選択

4 ［戻る］をクリック

設定した国の時間も並行して表示された

206

お役立ち度 ★★★

Q カレンダーに世界時間を表示するには？

A 世界時計を表示します

世界時計を表示するには、［設定］画面で［世界時計］をクリックし、「世界時計を表示する」のチェックボックスをクリックしてチェックマークを付けます。これにより、異なる地域の現在時間を把握し、国際的なスケジュール管理が容易になります。

ワザ201を参考に［設定］画面を表示しておく

1 ［タイムゾーン］をクリック

2 ［世界時計を表示する］をクリックしてチェックマークを付ける

タイムゾーンを設定している国の現在の時間が表示された

Google カレンダーの便利機能　153

207 カレンダーを印刷するには

お役立ち度 ★★☆

A ［設定メニュー］から実行します

Googleカレンダーを印刷するには、［設定］をクリックして［印刷］をクリックして操作します。印刷設定では、日付範囲やレイアウトを設定できます。これにより、デジタルデバイスがなくてもスケジュールを確認できます。

1 ［設定メニュー］をクリック
2 ［印刷］をクリック

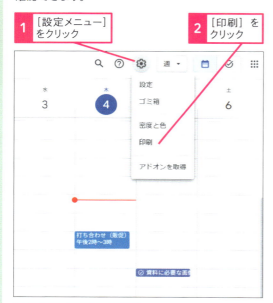

［印刷プレビュー］画面が表示された

3 設定を確認

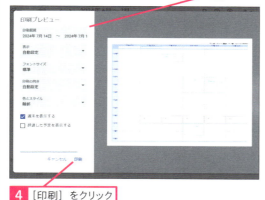

4 ［印刷］をクリック

208 勤務地を曜日ごとに表示したい

有料版　お役立ち度 ★★★

A 出社か在宅勤務かなどを表示できます

勤務地を曜日ごとに表示するには、［設定］画面を表示し、［勤務時間と勤務場所］をクリックします。さらに［業務時間を有効にする］にチェックマークを付け、曜日ごとに業務時間や勤務場所を設定します。特定の曜日に異なる勤務地で作業する場合や、リモートワークとオフィス勤務を区別する際に便利です。

ワザ201を参考に［設定］画面を表示しておく

1 ［業務時間と勤務場所］をクリック

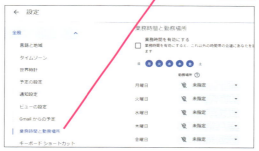

2 ［業務時間を有効にする］をクリック
3 業務時間を設定

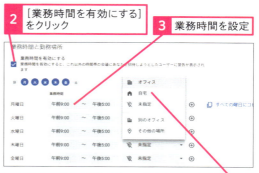

4 ［未指定］をクリック
5 ［自宅］をクリック

カレンダーに勤務場所が表示された

209

お役立ち度 ★★★

Q スケジュールの空き時間を共有したい

A ［予約スケジュール］を使います

Google カレンダーの［予約スケジュール］機能を利用すると、他のユーザーと効率的に会議やアポイントメントの日時を調整できます。［作成］をクリックし、［予約スケジュール］をクリックし操作します。作成した予約スケジュールのリンクを相手に送ることで共有できます。

1 ［作成］をクリック

2 ［予約スケジュール］をクリック

3 予約の名前を入力

予約の空き時間を表示してくれる

4 予約の候補日・時間帯を選択

5 ［次へ］をクリック

6 詳細を設定

7 ［保存］をクリック

予定が記された画面が表示される

8 ［共有］をクリック

9 ［リンクをコピー］をクリック

10 ［完了］をクリック

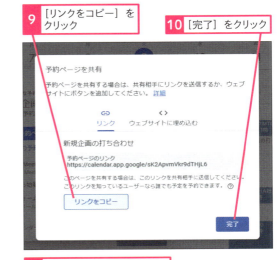

11 スケジュールを共有したい相手にリンクを知らせる

スケジュールを共有したい相手にはリンク付きのメールが届く

リンクをクリックすると参加可能な日時が一覧で表示される

Google カレンダーの便利機能

210

お役立ち度 ★★★

Q ToDo リストをカレンダーで表示したい

A 自動的に反映します

Google カレンダーの［ToDoリスト］機能はスケジュールとタスクを一目で確認できるため、優先順位の管理やタスクの漏れを防ぐことができます。サイドパネルからアクセスし、具体的なタスクを追加・管理することで、自動的にカレンダーに表示されます。また、カレンダー上でタスクを完了としたり、完全に削除したりすることも可能です。

● サイドパネルからタスクを作成する

1 ［ToDoリスト］をクリック

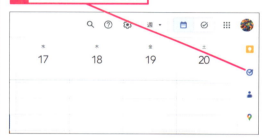

サイドパネルが表示された

2 ［タスクを追加］をクリック

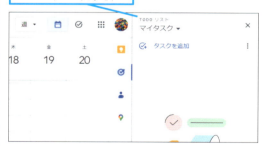

3 ワザ162を参考にタスクを入力

カレンダーに反映された

● カレンダーでタスクを完了する

1 タスクをクリック

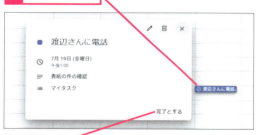

2 ［完了とする］をクリック

このままではまだカレンダーに表示が残っている

3 タスクをクリック　**4** ［削除］をクリック

タスクが完全にカレンダーから消える

211

お役立ち度 ★★★

Q 出欠連絡をしていない
ゲストにメールを送るには

A 返信がないゲストを選んでメールを
送信できます

Google カレンダーのイベント編集機能を使うと、出欠が未返信のゲストにメールを送信できます。確認したいイベントを選択し、[ゲストにメールを送信]をクリックします。続けて表示される画面で[返答待ち]以外のチェックマークを外し、出欠の返信をしていないユーザーに確認メールを送信できます。

共有している予定をクリックして
編集画面を表示しておく

1 [ゲストにメールを送信]をクリック

件名と送信相手は自動的
に設定されている

2 メッセージを入力

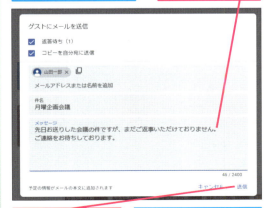

3 [送信]をクリック

ゲストに予定のリンクが貼
られたメールが送信される

212

お役立ち度 ★★★

Q Google マップでイベントの
場所を知らせたい

A 住所を入力するとリンクが
貼られます

イベントの場所を Google マップで知らせるには、予定の詳細を表示した画面で場所情報を追加します。これにより、参加者がスムーズに会場に到着し、遅刻や混乱を防ぎます。予定の詳細を表示して、「場所を追加」に正確な住所を入力し、[マップでプレビュー]をクリックして確認して保存します。

ワザ181を参考に予定を編集する画面を表示しておく

1 住所を
入力

ここをクリックするとサイドパネルに
Google マップ上の位置が表示される

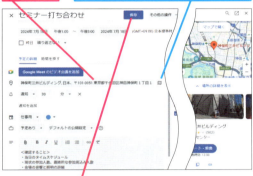

2 [保存]をクリック

ワザ211を参考にゲスト
に招待メールを送信する

ゲストにマップのリンクが貼られた
招待メールが送信される

Google カレンダーの共有設定

Google カレンダーは予定だけでなく、カレンダーそのものも共有することが可能です。ここでは他のユーザーとカレンダーを共有する方法を中心に紹介します。

213

お役立ち度 ★★★

Q 特定のカレンダーを他のユーザーと共有したい

A 共有したいカレンダーを選んで設定します

特定のカレンダーを他のユーザーと共有することにより、チーム全体でプロジェクトの進捗状況を把握したり、共通のイベントの日程を調整したりできます。［マイカレンダー］から目的のカレンダーの［設定と共有］画面を表示し、［特定のユーザーまたはグループと共有する］をクリックしてユーザーを追加し、適切な権限を設定します。

ワザ201を参考に共有したいカレンダーの［設定］画面を表示しておく

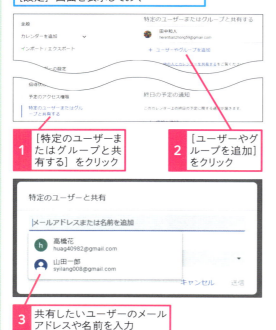

1 ［特定のユーザーまたはグループと共有する］をクリック

2 ［ユーザーやグループを追加］をクリック

3 共有したいユーザーのメールアドレスや名前を入力

共有ユーザーが設定された

4 ［送信］をクリック

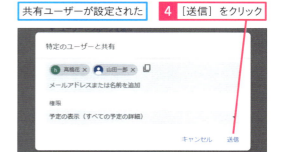

共有ユーザーにメールが送信される

［このカレンダーを追加］をクリックすると自分のカレンダーが表示される

共有カレンダーが追加されている

共有カレンダーの予定が追加されている

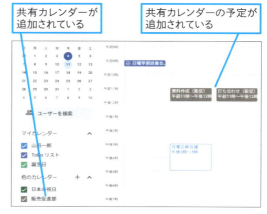

214

お役立ち度 ★★★

Q カレンダーの共有と権限について知りたい

A ［マイカレンダー］から設定します

カレンダーの共有と権限を設定することで、情報のセキュリティが向上し、不必要な変更を防ぐことができます。［マイカレンダー］から共有したいカレンダーを選択し、［設定と共有］で該当ユーザーの権限を変更します。権限は4段階あり、予定の詳細が非表示の段階から、共有の管理権限を与える段階まで設定が可能です。

●権限を変更する

ワザ213を参考にカレンダーを共有し、［特定のユーザーまたはグループと共有する］をクリックしておく

1 ［予定の表示］をクリック

2 権限を選択

権限が変更される

自動的にカレンダーにも変更が反映される

●予定の表示（時間枠のみ、詳細は非表示）

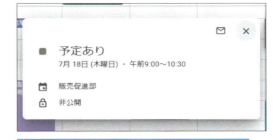

時間枠のみが表示される、予定の編集はできない

●予定の表示（すべての予定の詳細）

予定の内容も表示される、予定の編集はできない

●予定の変更・変更および共有の管理権限

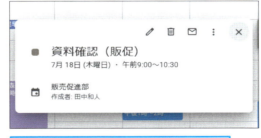

予定の内容も表示される、予定の編集ができる

［予定の変更］の場合　　［変更および共有の管理権限］の場合は共有もできる

215

Q 空き時間を確認した上で予定を登録したい　　お役立ち度 ★★★

A ［おすすめの時間］が便利です

カレンダーを共有しているユーザーであれば、予定が入っていない時間を抽出して表示することが可能です。予定を作成してからゲストを追加し、［おすすめの時間］でゲストの空き時間を確認しましょう。お互いの空き時間を把握することで、ミーティングなどの予定が迅速に設定できます。

ワザ201を参考に予定を共有したいユーザーを［ゲスト］に追加しておく

1 ［おすすめの時間］をクリック

ゲストの空き時間が表示される

2 選択する

3 ［保存］をクリック

ユーザーとカレンダーを共有していない場合は［カレンダーを表示できません］と表示される

216

Q 検索して他の人の予定を表示したい　　お役立ち度 ★★★

A ユーザー名やメールアドレスで検索できます

Google カレンダーは、［ユーザーを検索］に、検索したい人の名前またはメールアドレスを入力することで、自分自身の予定だけでなく、共有設定された他の人の予定を確認することができます。これにより、個々の空き時間を把握することで、効率的なミーティング設定やタスクの割り振りが可能になります。

1 ［ユーザーを検索］をクリック

2 表示したいユーザーをクリック

名前やメールアドレスを入力しても検索できる

クリックしたユーザーの予定も表示された

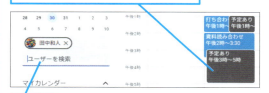

さらに追加で他のユーザーも検索表示できる

ユーザーとカレンダーを共有していない場合は［カレンダーを表示できません］と表示される

217

お役立ち度 ★★☆

Q 既存のカレンダーツールから予定を移すには

A 移す先からデータをエクスポートします

既存のカレンダーツールから Google カレンダーに予定を移行するには、エクスポートとインポートの機能を使用します。これにより、複数のカレンダーツールのデータを Google カレンダーに統合し、一元管理できます。定期的なバックアップも忘れずに行い、予定の安全性を確保しましょう。

ここではOutlookのカレンダーの予定をGoogle カレンダーに移す　　**1** ［ファイル］をクリック

2 ［予定表の保存］をクリック

3 ［期間］を設定　　**4** ［詳細情報］を選択

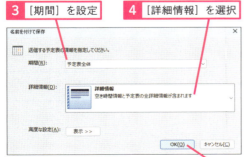

5 ［OK］をクリック

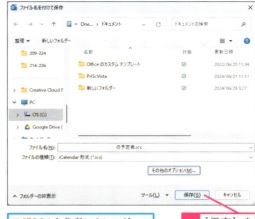

6 ［保存］をクリック

ワザ201を参考にカレンダーの［設定］画面を開く

7 ［インポート／エクスポート］をクリック　　**8** ［パソコンからファイルを選択］をクリック

9 カレンダーのデータを選択

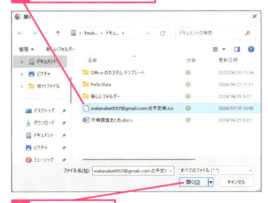

10 ［開く］をクリック

11 ［インポート］をクリック

データのインポートが行われ、Outlookのカレンダーの予定がGoogle カレンダーに反映される

Google カレンダーの共有設定　できる　161

第7章 ファイルを自在に共有する Google ドライブの便利ワザ

Google ドライブの基本

Google ドライブはネット上にファイルを保存できるほか、専用のアプリケーションをインストールすればパソコン上のフォルダのように使えます。どこからでもアクセスでき、共有できます。

218　お役立ち度 ★★★

Q Google ドライブの基本を知りたい！

A 無料で使えるクラウドサービスです

Google ドライブは、Google が提供する無料のクラウドストレージサービスです。ファイルの保存、共有、編集、バックアップをWeb上で行えます。ファイル共有時には適切な権限設定を行い、データのセキュリティを確保しましょう。

ファイルの保存や共有をクラウド経由で行える

アプリケーションを指定して新規ファイルを直接作成できる

219　お役立ち度 ★★★

Q Google ドライブを使うには

A アプリの一覧から［ドライブ］をクリックします

Google ドライブは、業務の効率化やファイル管理の簡便化に有用です。また、保存されているファイルに対して全文検索できるためすぐに必要なファイルが見つかります。外出先でもデータにアクセスできるため、リモートワークにも適しています。なお初期状態で Google ドライブ内で共有されているファイルがすべて表示されます。

1　［Googleアプリ］をクリック
2　［ドライブ］をクリック

Google ドライブが表示された

220

お役立ち度 ★★

Q Google ドライブの画面構成を確認したい

A 検索やプレビューなど主な機能から覚えていきましょう

Google ドライブの画面構成を理解することにより、ファイルの管理とファイルへのアクセスが素早くできるようになります。ファイル数が増えてきた場合は、検索バーを活用することで、大量のファイルの中から必要なものを素早く見つけることができます。また、用途に応じて見やすい表示に切り替えることもできます。

❶メインメニュー ❷検索バー ❸ファイルリスト

❶メインメニュー
ドライブに保存したファイルをさまざまな方法で操作できる

●メインメニューの機能

名称	機能
マイドライブ	作成、共有され確認したデータがすべて格納される
パソコン	パソコン内のデータと同期しているデータを管理する
共有アイテム	共有されたデータを管理する・表示する
最近使用したアイテム	最近開いたデータを表示する
スター付き	スターを付けたデータを表示する

❷検索バー
ドライブ内のファイルやフォルダの検索が行える

❸ファイルリスト
ドライブに保存したファイルの一覧が表示される

●ファイルをプレビューする

ファイルにマウスカーソルを合わせるとプレビュー表示される

●表示を切り替える

ここをクリックするとグリッドレイアウトに切り替わる

●容量を確認する

[保存容量]をクリックすると使用容量順に表示される

関連 221 ファイルをドライブにアップロードしたい！ ▶ P.164

221

お役立ち度 ★★★

Q ファイルをドライブにアップロードしたい！

A 個別にファイルを選択するか、画面にドラッグ＆ドロップします

Google ドライブでは［新規］からファイルを個別に選択するか、ファイルを直接画面にドラッグ＆ドロップすることでアップロードできます。アップロードしたファイルは他のデバイスからもアクセス可能になり、データの共有や共同作業が簡単に行えます。ファイルの保存先を確認し、適切なフォルダに移動することで個別に管理をすることも可能です。アップロードできるファイルサイズに制限はありませんが、大きいファイルはアップロード・ダウンロードに必要な時間が長くなるので注意しましょう。

1 ［新規］をクリック

2 ［ファイルのアップロード］をクリック

［開く］画面が表示された

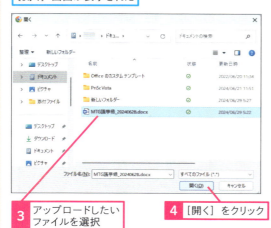

3 アップロードしたいファイルを選択　　**4 ［開く］をクリック**

ファイルがアップロードされた

パソコン上からファイルを直接ドラッグ＆ドロップしてもアップロードできる

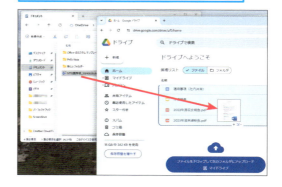

役立つ豆知識

フォルダもアップロードできる

ドライブにはフォルダをそのままアップロードすることもできます。操作2で［フォルダのアップロード］をクリックしてフォルダを選ぶか、パソコンで表示したフォルダをドライブにドラッグ＆ドロップすることでアップロードできます。

222

お役立ち度 ★★★

Q ファイルをパソコンにダウンロードしたい

A ファイルを選択してワンクリックでダウンロードできます

ドライブからファイルをダウンロードする方法は主に以下の2通りです。ファイルをダウンロードすることにより、選択したファイルがデバイスに保存され、オフラインでも使用可能になります。インターネット接続が不安定な状況や、出張先で資料を利用したい場合などに、あらかじめダウンロードしておくと便利です。ダウンロードしたファイルの保存先を確認し、ストレージ容量に注意しましょう。

● ［ダウンロード］をクリックする

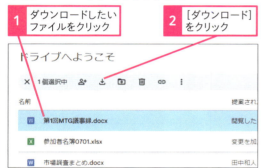

● ［その他の操作］からダウンロードする

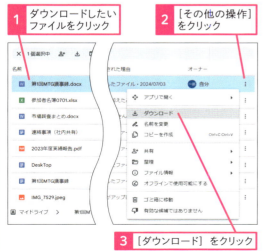

223

お役立ち度 ★★

Q ファイルを新規作成するには

A ［新規］からの操作で空白のドキュメントなどを作成できます

Google ドライブ上で、Google ドキュメントやGoogle スプレッドシートなどの空白のファイルを新規作成できます。作成時には適切なファイル名と保存場所を確認し、共有設定でメンバーに編集権限を付与しましょう。ファイルは自動保存されます。

224

お役立ち度 ★★★

Q パソコン版のアプリをインストールしたい！

A Webからダウンロードしましょう

パソコン版のアプリをインストールすると、Googleドライブのフォルダをパソコン上のフォルダと同様に表示でき、ファイルの共有や自動同期、バックアップなどが可能になります。また、ファイルエクスプローラーから直接操作でき、素早いファイル管理が実現します。

GoogleドライブのWebサイト（https://www.google.com/drive/download/）を開いておく

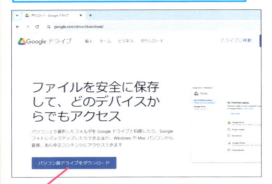

1 [パソコン版ドライブをダウンロード]をクリック

インストーラーがダウンロードされた

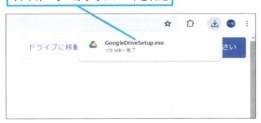

2 ダウンロード先のフォルダを開く

3 インストーラーをダブルクリック

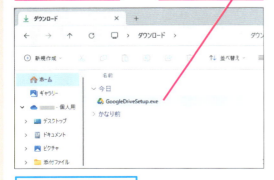

インストールが開始される

インストールが終了すると[ドライブ]画面が表示される

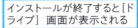

4 [開始]をクリック

5 [ログイン]をクリック

確認画面が表示される

6 [ログイン]をクリック

ログインが完了した

225

お役立ち度 ★★★

Q エクスプローラーからファイルにアクセスしたい！

A アプリのインストール後に表示できます

パソコン版のアプリをインストールしたWindowsパソコンでは、エクスプローラーからドライブを直接表示できるようになります。ドライブの内容が他のフォルダと同じように表示され、シームレスな操作が可能です。また、Webブラウザを起動せずにドライブを表示できるため、手軽に扱えるというメリットもあります。

ワザ224を参考にパソコン版ドライブをインストールしておく

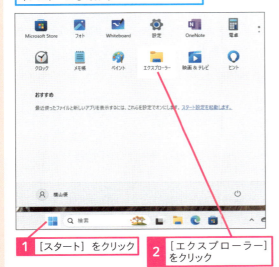

1 [スタート] をクリック
2 [エクスプローラー] をクリック

エクスプローラーを開く

[Google Drive] というフォルダが新規作成されている

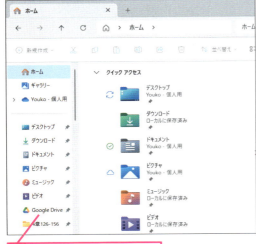

3 [Google Drive] をクリック

4 [マイドライブ] をクリック

マイドライブの中身が表示された

ここにアップされたデータは自動的にクラウドと同期される

ブラウザで見るGoogleドライブの中身と一致している

226

お役立ち度 ★★★

Q ファイル名を変更するには

A メニューから変更します

ドライブ内のファイルは右クリックまたは下記の操作でファイル名を変更できます。ファイル名を変更するとプロジェクトごとにファイルを整理する際や、ファイルの検索を向上させたいときに便利です。ファイル名変更の際には、ファイル拡張子を誤って変更しないよう注意しましょう。

1 名前を変更したいファイルをクリック
2 ［その他の操作］をクリック

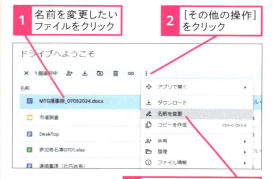

3 ［名前を変更］をクリック
4 新しい名前を入力
5 ［OK］をクリック

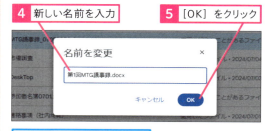

ここをクリックして表示されるメニューからも変更できる

227

お役立ち度 ★★

Q フォルダを作成するには

A ［新規］から作成します

フォルダを作成することで、共有先の複数のメンバーに関連するファイルを、手軽かつ確実に共有できるようになります。また、プロジェクトごとやテーマごとにフォルダを作成しておくと、必要なファイルを素早く見つけやすくなります。フォルダは入れ子にすることもできます。

1 ［新規］をクリック

2 ［新しいフォルダ］をクリック

3 名前を入力
4 ［作成］をクリック

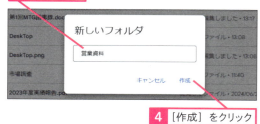

228

お役立ち度 ★★★

Q 画像ファイルの文字を抽出したい！

 動画で見る

A ドキュメントを使ってテキスト化できます

Google ドライブに保存した画像ファイルをドキュメントで開くと、スキャンした文書や写真から文字を取り出して編集できます。手書きのメモや紙の文書、名刺などをデジタル化してテキスト編集したいときに便利です。また、写真内の文字情報を活用して資料を作成する場合にも役立ちます。なお画像ファイルをアップロードする際、解像度が低いと文字認識の精度が下がる可能性があるため注意しましょう。

文字を抽出したい画像ファイルをドライブにアップロードしておく

1 画像ファイルをクリック

2 [その他の操作] をクリック

3 [アプリで開く] をクリック

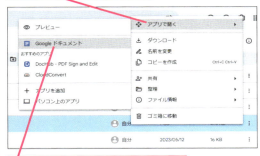

4 [Google ドキュメント] をクリック

新しいタブが開いた

画像ファイルがGoogle ドキュメントで開いた

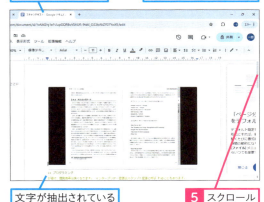

文字が抽出されている

5 スクロール

次のページに移動する

文字はマウス操作で編集できる

文字をコピーして他のテキストアプリに貼り付けることもできる

関連 277 画像からテキストを抽出できるの？　▶ P.197

Google ドライブの基本　できる　169

229

Q OfficeファイルをGoogle形式に変換するには

お役立ち度 ★★★

A 一度開いて保存し直します

Officeファイルをスプレッドシートやドキュメントなどのファイル形式に変換すると、編集がよりスムーズになります。対象となる形式はWord、Excel、Powerpointなどです。変換時には、元のファイルのレイアウトやフォーマットが一部変更される場合があるため、変換後に内容を確認しましょう。

ここではドライブ内にあるMicrosoft Wordのファイルを開いておく

1 [ファイル]をクリック

Office形式のファイルにはこのような表示がある

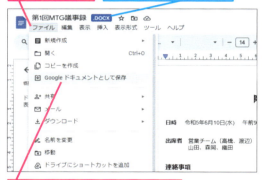

2 [Googleドキュメントとして保存]をクリック

別ウィンドウでドキュメント形式で表示される

ドライブには元のデータと別にドキュメント形式に変換されたファイルが保存される

230

Q Google形式のファイルをOfficeファイルに変換するには

お役立ち度 ★★★

A 形式を変更してダウンロードします

スプレッドシートやドキュメントで作った資料を、ExcelやWordなどの形式に変更してダウンロードすることができます。Office形式での提出が求められるプロジェクトや、既存のOffice環境で作業する場合に便利です。

Office形式に変換したいファイルを開いておく

1 [ファイル]をクリック

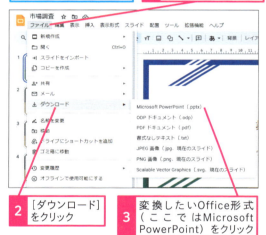

2 [ダウンロード]をクリック

3 変換したいOffice形式（ここではMicrosoft PowerPoint）をクリック

Office形式に変換されたファイルがパソコンにダウンロードされる

関連 275 ドキュメントをWord形式で保存したい！ ▶P.196

Google ドライブの便利機能

Google ドライブには Google の他のアプリと同様に強力な共有機能が搭載されています。ここではファイルの共有などに役立つ機能を中心に紹介します。

231　お役立ち度 ★★★

Q ファイルの内容を プレビューしたい

A ［プレビュー］で確認できます

ドライブ内のファイルは［プレビュー］で内容を一時的に確認できます。［プレビュー］は、PDF、動画、Officeファイルなどさまざまなファイル形式に対応しており、ファイルを開かずに内容を把握したいときに有効です。編集が必要な場合は、対応するアプリケーションでファイルを開きましょう。

1 プレビューしたいファイルを右クリック
2 ［アプリで開く］をクリック

3 ［プレビュー］をクリック

ファイルの内容がプレビューされた

関連 222　ファイルをパソコンにダウンロードしたい　▶ P.165

232　お役立ち度 ★★★

Q お気に入りのファイルに 目印を付けたい！

A ［スターを付ける］機能を 使いましょう

頻繁に使用するファイルやフォルダに「スター」を付けることで、重要なファイルを素早く見つけやすくなります。プロジェクトで頻繁に使用する資料や、定期的に更新が必要なファイルを管理する際に便利です。必要に応じてスターを外すこともできます。

1 スターを付けたいファイルのアイコンにカーソルを合わせる
2 ［スターを付ける］をクリック

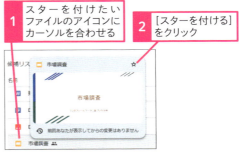

スターが付いた

［その他の操作］をクリックして［整理］→［スターを付ける］をクリックしてもよい

［スター付き］をクリックするとスターの付いたファイルが一覧表示される

233

お役立ち度 ★★★

Q ファイルの変更履歴を確認するには

A ［ファイル情報］から表示できます

ファイルの変更履歴を確認することで、誰がいつどのような変更を行ったかを追跡でき、共同編集時の管理が容易になります。複数のメンバーで共同編集を行うプロジェクトや、頻繁に更新が行われる文書の管理に便利です。必要に応じて以前のバージョンを復元または複製することも可能です。

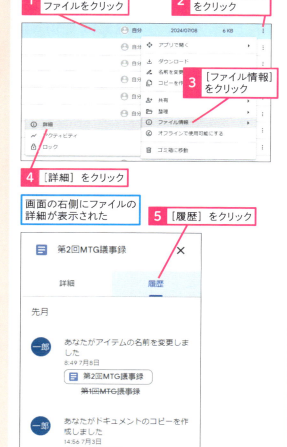

234

お役立ち度 ★★★

Q ファイルを検索するには

A 検索オプションを活用しましょう

Google ドライブには強力な検索機能が備わっています。検索バーの検索オプションにファイル名やキーワードなどの条件を入力して検索すると、該当するファイルが表示されます。ファイル内容の全文検索とこの機能により、大量のファイルから特定のファイルを迅速に見つけることができます。

235 お役立ち度 ★★★

Q Gmail の添付ファイルをドライブに保存したい！

A ファイルの保存先にドライブを指定します

Gmail の添付ファイルをGoogle ドライブに保存することで、データのバックアップが自動的に取れるため、安心して重要なファイルを管理できます。また、Google ドライブに保存することで、どこからでもアクセスでき、チームメンバーと共有もできます。

Gmailを開いておく

1 添付ファイルにマウスポインターを合わせる

2 ここをクリック

添付ファイルがドライブに保存された

ファイルは［マイドライブ］に保存される

マイドライブの中が混雑してきたらワザ242を参考に不要なファイルを削除する

236 お役立ち度 ★★

Q ダークモードに設定したい！

A ［設定］から変更します

ダークモードを利用することで、長時間の作業でも目の疲れを軽減できます。特に夜間や暗い環境での作業に適しています。特定のアプリケーションのみでダークモードを利用したい場合は、アプリごとに設定します。なお Google ドキュメント、スプレッドシート、スライドはスマートフォンで設定可能です。

1 ［設定］をクリック

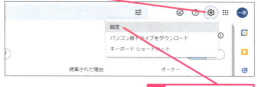

2 ［設定］をクリック

［設定］画面が表示された

3 ［暗］をクリック

ダークモードに設定された

237

お役立ち度 ★★★

Q ファイルを共有するには

A 権限を設定して共有できます

Googleドライブでは、ファイルを共有することで、共同作業がスムーズになります。共有設定で、[閲覧者]、[閲覧者（コメント可）]、[編集者]といったアクセス権限を設定できます。例えば、プロジェクトの資料をチームメンバーと共有し、編集権限を与えることで、リアルタイムに共同編集が可能になります。共有リンクを利用すれば、多くのユーザーと手軽に共有することもできます。

1 共有したいファイルをクリック
2 [その他の操作]をクリック

3 [共有]をクリック

4 [共有]をクリック

5 共有したい相手のメールアドレスを入力

6 [完了]をクリック

7 共有メンバーを追加したい場合はクリック

8 通知に表示したいメッセージがあれば入力
9 ここをクリック

10 [閲覧者（コメント可）]をクリック

11 [送信]をクリック

共有した相手にはこのような通知が届く

関連 238 共有されたファイルを編集するには ▶ P.175

238

お役立ち度 ★★★

Q 共有されたファイルを編集するには

A ［共有アイテム］でファイルを選びます

Googleドライブで他者から共有されているファイルは［共有アイテム］に表示されます。複数のユーザーが同時に編集でき、リアルタイムで変更を反映させることができます。これにより、プロジェクトの進行状況を共有し、迅速なフィードバックを得ることが可能です。特に、リモートワークやチームプロジェクトでの使用に便利です。

1 ［共有アイテム］をクリック

共有しているアイテムが表示された

2 ファイルをダブルクリック

ファイルが開く

共有時の権限が［編集者］以外になっている場合はファイルを編集できない

関連 237 ファイルを共有するには ▶ P.174

239

お役立ち度 ★★★

Q オーナー権限を変えるには

A 自分がオーナーの場合に権限を譲渡できます

オーナー権限を他のユーザーに譲渡することで、ファイルやフォルダの管理責任を移行することができます。新しいオーナーは、ファイルやフォルダの共有設定や権限管理を行うことができ、元のオーナーはそのファイルやフォルダの管理権限を失います。オーナーは1つのファイル、フォルダに対して一人のみ設定が可能です。

ワザ237を参考にファイルの共有を表示する

1 オーナー権限を譲渡したいメンバーのここをクリック

2 ［オーナー権限の譲渡］をクリック

3 ［招待メールを送信］をクリック

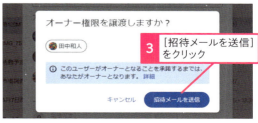

Googleドライブの便利機能 175

240

Q ファイルのダウンロード、印刷、コピーを禁止したい！

A ファイルの共有時に設定できます

ファイルを共有する際に、詳細な設定を行ってファイルのダウンロードや印刷、コピーなどを禁止できます。この設定により、機密情報の不正な漏洩を防ぎます。なお、［閲覧者］や［コメント権限］を持つユーザーはダウンロードやコピーができなくなりますが、［編集者］の権限を持つユーザーには適用されません。必要に応じて編集権限も削除することで、より高いセキュリティを確保できます。

ワザ237を参考にファイルの共有画面を表示する

1 ここをクリック

2 ここをクリックしてチェックマークを外す

共有相手がファイルを開くとメニューの［ダウンロード］や［印刷］が無効になっている

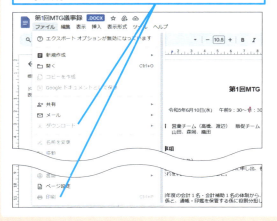

241

Q オフラインでもファイルを確認したい

A オフラインプレビューを適用します

オフライン設定を有効にすることで、インターネット接続がなくても Google ドライブのファイルを閲覧・編集できます。ネットワーク障害時の緊急対応にも役立ちます。オフラインで編集した内容は次回オンライン時に自動同期されます。

ワザ236を参考に［設定］画面を表示しておく

1 ここをクリックして画面をスクロール

2 ［オフライン］のここをクリックしてチェックマークを付ける

3 ［オフラインで使用可能にできます］をクリック

4 ここをクリックしてオンにする

オフラインプレビューが適用された

オフラインで表示できないファイルは薄く表示される

242

お役立ち度 ★★★

Q 不要なファイルをゴミ箱へ入れたい

A ファイルを選択してゴミ箱のアイコンをクリックします

不要なファイルをゴミ箱に移動することで、Googleドライブのストレージを整理し、必要なファイルを見つけやすくすることができます。ファイルをゴミ箱に移動すると30日後に自動削除されます。

①不要なファイルをクリック　②ここをクリック

ファイルがゴミ箱に移動した

③［ゴミ箱］をクリック　ゴミ箱の中身が表示された

④ファイルをクリック　⑤ここをクリック

⑥［完全に削除］をクリック

243

お役立ち度 ★★★

Q ゴミ箱からファイルを復活させたい！

A ［ゴミ箱］からファイルを選択します

間違ってゴミ箱に入れてしまったファイルや、再度必要になったファイルを復元させることで、重要なデータを取り戻すことができます。ゴミ箱に入れたファイルは30日後に完全に削除されるため、早めに復元することが重要です。ファイルは元の場所に復元されます。

ワザ242を参考にゴミ箱の中身を表示しておく

①復活させたいファイルをクリック　②ここをクリック

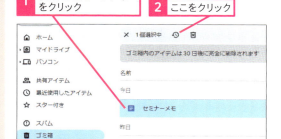

ファイルが復元して元の保存場所に戻る

［その他の操作］をクリックして表示されるメニューから［復元］をクリックしても復活できる

関連 242 不要なファイルをゴミ箱に入れたい ▶ P.177

第8章 仕事の効率をアップするGeminiの便利ワザ

Geminiの基本

GeminiはGoogleの最新生成AIで、多様なデータ形式を処理できるほか、Googleの他のアプリとも連携が可能です。ここでは基本的な使い方から紹介します。

244　お役立ち度 ★★★

Q Geminiって何？

A 複数のモデルが存在するGoogleの生成AIです

Geminiはテキスト、画像、音声、動画を処理するマルチモーダルなGoogleの最新生成AIモデルで、2023年12月に発表されました。続けて2024年2月に対話型AIサービスであるBardもGeminiへ名称変更されました。人が書いたり話したりする言葉をコンピュータで処理する自然言語処理技術を備えており、複数のモデルが提供されています。また、Google Workspaceとの連携も有料オプションとして可能で、ビジネスや個人の生産性を向上します。

Geminiは以下のURLから利用できる

▼Gemini
https://gemini.google.com/

さまざまなアイデアを即座に提案してくれる

245　お役立ち度 ★★

Q Geminiの操作画面を確認したい

A プロンプトの入力から始めましょう

Geminiアプリの操作画面はシンプルに設計されています。Googleアカウントでログイン後、画面下部にあるテキストボックスへのプロンプト入力や画像アップロード、マイク入力などの機能を使ってAIと会話ができます。

Googleアカウントでサインインしておく

1 ワザ244を参考にWebサイトを表示する
2 [Geminiと話そう]をクリック

Geminiの操作画面が表示された

ここをクリックしてプロンプトを入力する

246　お役立ち度 ★★★

Q 画像を生成したい！

A 英語で入力しましょう

Geminiの画像生成は、プレゼンテーション資料の作成や、Webサイトのビジュアル強化、マーケティング資料に役立ちます。プロンプト入力時には、画像の詳細を明確にすることが重要です。画像を生成する際は、他者の著作権やプライバシー権を侵害しないように注意しましょう。なお、2024年8月現在では英語のみのプロンプトに対応しています。

1 ［ここにプロンプトを入力してください］をクリック

2 「Create an illustration of colorful autumn leaves floating on a river.」と入力

3 ［送信］をクリック

※画像生成は2024年8月時点で英語のみ対応

4 画像にマウスカーソルを合わせる

画像が生成された

5 ［フルサイズでダウンロード］をクリック

画像がパソコンに保存された

247　お役立ち度 ★★★

Q 画像生成の結果を改良したい

A ［さらに生成］をクリックします

生成された画像の中に欲しいイメージのものがない場合は追加で生成することもできます。一度画像を生成した後、［さらに生成］をクリックします。別の画像候補が表示されるので、イメージに合うものを選びましょう。イメージに合うものが生成されない場合は、別のプロンプトを試してみましょう。

可愛い猫のイラストを作成したい

1 「Create an illustration of cute cat.」と入力

画像が生成されたがもう少し違うイメージのイラストが欲しい

2 ［さらに生成］をクリック

生成された画像が追加された

248

Q プログラミングコードを生成したい

A 大まかな質問でもコードを生成できます

Geminiはプログラミングのコード作成と非常に相性が良いツールです。各種のプログラミング言語に対応しており、大まかな質問でも詳細なコードを生成してくれます。ただし、お使いのGeminiがどのデータベースから学習してるかによって必ずしも正確とは限らないため、人間によるダブルチェックが必要です。

1 「Google Apps Scriptを使って特定のキーワードを含むメールをスプレッドシートにリストアップするコードを生成してください」と入力

コードが生成された

2 ［コードをコピー］をクリック

クリップボードにコードがコピーされた

249

Q いろいろなアイデアを出してほしい！

A 「〜のアイデアを出して」と質問してみましょう

Geminiはあらゆる場面で「アイデア出し」「壁打ち」に役立ちます。特に、異なる視点からのアイデアが必要なときに便利です。アイデアが生成された後、［回答を表示］をクリックして別パターンのアイディアを確認することもできます。ただし、AIはあくまでツールであり、最終的な判断や決定は人間が行うべきだということを忘れないことが重要です。

1 「新しいギョウザのアイデアを10個提案して」と入力

アイデアが表示された

2 ［回答案を表示］をクリック

別パターンのアイデアを確認できる

250 お役立ち度 ★★☆

Q プロンプトを編集したい

A ［テキストを編集］で入力内容を変更します

意図した回答を生成できない場合は、プロンプトを再編集することで回答を変化させることができます。入力したプロンプトにカーソルを合わせて［テキストを編集］をクリックして編集を加え、［更新］をクリックします。プロンプトを追加するのとは異なり、最初に戻った状態でAIが回答します。

1「プレゼンのコツを教えて。」と入力

> プレゼンのコツを教えて。

回答が表示されたが情報量が多くてわかりにくい

2 質問にマウスカーソルを合わせる
3 ［テキストを編集］をクリック

4「プレゼンのコツを小学生にもわかるように教えて。」と入力

5［更新］をクリック

よりわかりやすい回答内容になった

251 お役立ち度 ★★★

Q 音声入力をしたい

A ［マイクを使用］をクリックします

音声入力は、手が塞がっているときや、素早く情報を入力したいときに便利です。はじめて使用する場合のみ、［マイクを使用］をクリック後、OSなどの設定でマイクの使用を許可する必要があります。

1［マイクを使用］をクリック

2 マイクの使用許可を求められたら［許可する］をクリック

3 プロンプトの内容を話す

> 今日の天気を教えて。

クリックするとマイクが終了する
4［送信］をクリック

質問の回答が表示された

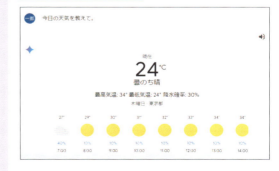

252

お役立ち度 ★★★

Q Google Workspace と連携したい！

A Gmail と連携が可能です

Gemini と Google Workspace を連携すると、Gmail の受信トレイに放置された大量のメールを Gemin で素早く目的に応じて検索したり、ドライブ上のデータに基づいた要約や回答を得たりすることができます。Google へ共有されるデータの種類については、Gemini アプリのヘルプで確認できます。

ワザ041を参考にGmailの［設定］画面を表示しスマート機能とパーソナライズ設定をオンにしておく

1 ［設定］をクリック

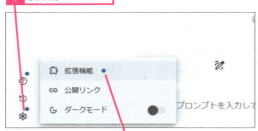

2 ［拡張機能］をクリック

連携できるサービス一覧のページが表示された

3 ［Google Workspace］をクリック

接続を確認する画面が表示された

4 ［接続］をクリック

Google Workspace と連携された

5 ［チャットを新規作成］をクリック

6 「最新のメールタイトルを5件表示して」と入力

Gmailと連携した回答が表示された

253

Q @を利用して他のツールと連携したい！

動画で見る

A プロンプトの前後どちらかで「@」とアプリ名で指定します

半角の@を入力し、特定のアプリ名を続けて入力するとツールと連携することができます。例えば「@Googleマップ」と入力すると、Google マップの情報に基づいた回答を得ることができます。アプリ名の位置はプロンプトの前後どちらでも構いません。

1「@Googleマップ　東京駅から歩いて行ける大きな公園を教えて。」と入力

Googleマップと連携した回答が表示された

Googleマップの評価や地図が表示されている

2 マップ上をクリック

Googleマップが起動した

254

Q 文章を要約してほしい

A プロンプトと要約したい文章を入力します

Gemini を使えば長文の資料でも手軽に要約し、迅速にポイントを掴むことができます。概要のみを短時間で把握したいときや、プレゼンテーションの準備で主要なポイントだけを抽出したいときに便利です。要約のスタイルを変更するには［回答を書き換える］をクリックします。

1「以下の文章を500文字以内で要約してください。」と入力

2 改行して要約したい文章を貼り付けて［送信］をクリック

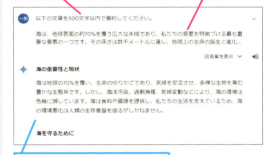

文章が指定文字数に要約された

3［回答を書き換える］をクリック

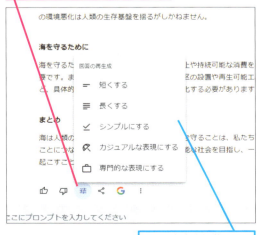

さらに文章を編集できる

Gemini の基本　できる　183

255　文章を校正してほしい　お役立ち度 ★★★

A　校正とファクトチェックを行えます

Geminiを使用して文法や表現の誤りを訂正できます。ビジネス文書や学術論文の校正に便利です。また、誤字脱字チェックや文体を例示することでスタイルの統一をすることもできます。また[回答を再確認]をクリックしてファクトチェックもできます。

1「以下の文章校正して、変更点を表にまとめてください。」と入力

2 改行して校正したい文章を貼り付けて[送信]をクリック

文章が校正され、変更点が表にまとめられた

文章内容が正確かどうかファクトチェックを行う

3[回答を再確認]をクリック

ファクトチェックが行われた

256　質問形式の対話で回答を表示したい！　お役立ち度 ★★★

A　Geminiに役割を与えましょう

Geminiと質問形式の対話を行って理解を深めることもできます。Geminiに複数の役割を演じてもらい、多角的な視点での議論を展開することができます。アイデア出しやブレーンストーミングをより具体的に行いたいときに使ってみましょう。

1 プロンプトに以下のように入力

> 先生と生徒役になって、「Google Workspaceのツールを活用して、分散したチームメンバー間のコミュニケーションと協力をどのように効果的に行うか」をテーマに話し合ってください。生徒が質問し先生が答える形式でお願いします。

対話形式の回答が表示された

役立つ豆知識

画像を基に議論もできる

画像をアップロードして、その画像についてGeminiと議論を行うこともできます。統計資料などのスクリーンショットを使うと、Geminiが資料の内容を読み取り、こちらとの対話に活かしてくれます。複雑な画像の場合は、「この画像を分析してください。」などのプロンプトと一緒に画像をアップロードし、Geminiに一旦分析させてから議論を展開することもできます。

257 お役立ち度 ★★

Q 回答の共有やエクスポートについて知りたい

A Webページに公開したり、ドキュメントで共有したりできます

Geminiで生成した内容を［共有とエクスポート］機能を使うことで、公開ページで共有したり、Googleドキュメントや Gmail やスプレッドシートなどに内容を貼り付けたりすることができます。たたき台として活用しましょう。

Geminiの回答を表示しておく

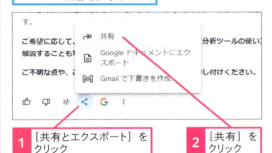

1 ［共有とエクスポート］をクリック
2 ［共有］をクリック

回答の公開ページのリンクが作成される

［Googleドキュメントにエクスポート］をクリックするとGoogleドキュメントが起動して下書きに保存される

［Gmailで下書きを作成］をクリックするとGmailが起動して下書きに保存される

258 お役立ち度 ★★

Q 履歴を確認したい

A 確認後に削除、保存などの設定ができます

［Gemini アプリ アクティビティ］の画面でこれまでの質問の履歴を閲覧できます。この画面では履歴の削除、自動削除の設定ができ、さらにアクティビティ保存の［オン］または［オフ］を設定することができます。

1 ［Geminiアプリアクティビティ］をクリック

履歴が表示された
2 ここをクリック

自動削除オプションを変更できる

第9章 文書の作成・編集を即座にできる Google ドキュメントの便利ワザ

Google ドキュメントの基本

Google ドキュメントは、クラウドベースでどこからでもアクセス可能な無料の文書作成ツールです。リアルタイム共同編集機能など、豊富な機能で文書作成を効率化します。

259 お役立ち度 ★★★

Q Google ドキュメントの基本を知りたい

A チームでの共同作業に有用な文書作成アプリです

Google ドキュメントは、チームでの共同作業やリアルタイムでの文書編集が必要なビジネスシーンに最適です。例えば、会議の議事録をその場で共有したり、プロジェクト計画をチーム全員で更新したりする際に非常に便利です。どこからでもアクセスできるため、リモートワークや出張先でもスムーズに作業を進めることができます。

260 お役立ち度 ★★

Q Google ドキュメントの画面構成を確認したい

A ツールバーの内容を把握しておきましょう

Google ドキュメントの画面構成は、直感的で使いやすく、文書作成に必要なツールが揃っています。画面の横幅の長さによってツールバーに表示されるメニューの数が変わりますが、主要な操作はメニューの左側から並んでいます。よく使う機能のアイコンを覚えておきましょう。

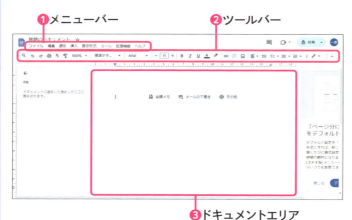

❶ メニューバー
編集や表示などの各メニューがカテゴリごとにまとめられている

❷ ツールバー
フォントや文字サイズの設定などよく使うツールがまとめられている

❸ ドキュメントエリア
文書の作成や編集を行う

261 お役立ち度 ★★★

Q Google ドキュメントで文書を作成するには？

A 空白のドキュメントを開いて入力します

Google ドキュメントを使用して文書を作成するには、Google アプリをクリックして一覧から [ドキュメント] をクリックします。Google ドキュメントは、クラウド上で文書を管理でき、どこからでもアクセスできるためレポート作成や会議資料の作成に役立ちます。なお、内容が空白のままでも自動保存されるので注意しましょう。不要なドキュメントを削除したい場合はワザ242を参照してください。

262 お役立ち度 ★★

Q 文書のファイル名を変更するには

A ドキュメントのアイコンの右側に入力します

文書のファイル名を変更することで、ドキュメントをよりわかりやすく整理できます。ファイル名を変更するには、Google ドキュメントのタイトルバーをクリックし、新しい名前を入力します。ファイル名を変更すると、Google ドライブ上での表示名も変わります。なお新規作成時にファイル名をクリックすると、本文の1行目が自動的にファイル名として保存されます。意図しないファイル名の場合は変更しておきましょう。

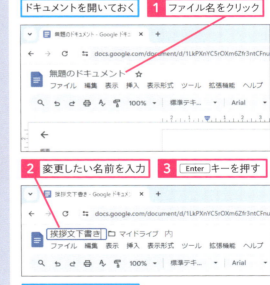

263

サンプル　お役立ち度 ★★★

Q フォントや文字サイズを変更するには

A 文字を選択して設定します

Googleドキュメントはワープロソフトとして、フォントや文字サイズなどの書式を設定できます。設定は選択した範囲、段落などの単位で行えるので文書全体の統一感を意識して設定しましょう。また、スタイルを統一することで、プロフェッショナルな印象を与えることができます。

1 種類を変えたい文字を選択

2 ［フォント］をクリック
3 ［MS Pゴシック］をクリック

文字の種類が変わった

4 ［フォントサイズ］をクリック
5 ［14］をクリック

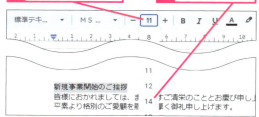

文字の大きさが変わった

264

サンプル　お役立ち度 ★★★

Q 文字の配置を変えたい

A ［配置とインデント］で変更します

文字の配置の変更は、ビジネス文書を作成するときや、プレゼンテーション資料を整えるときに便利です。異なる配置を組み合わせることで、文書の構造をよりわかりやすくすることができます。例えば、タイトルを中央揃えにし、本文を左揃えにすることで、視覚的な区切りを作ることができます。

1 配置を変更したい行をクリック

2 ［配置とインデント］をクリック
3 ［右揃え］をクリック

選択した行が右揃えになった

265

[サンプル] お役立ち度 ★★★

Q 行間を調整するには

A ［行間隔と段落の間隔］で設定します

行間の設定は文書全体のバランスに影響します。適切な行間を選ぶことで読みやすさが向上します。行間を狭くしすぎると読みづらくなるため、適切な間隔を選択するように注意しましょう。また、段落ごとに異なる行間を設定することで、文書の構造を強調できます。

1 行間を調整したい行をクリック

2 ［行間隔と段落の間隔］をクリック

3 ［2行］をクリック

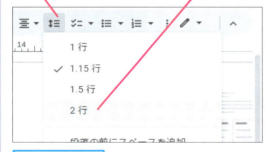

行間が調整された

266

[サンプル] お役立ち度 ★★★

Q 箇条書きにしたい！

A ［箇条書き］からいくつかのパターンを選べます

箇条書きを作成すると、情報を視覚的に整理しやすくなります。箇条書きにしたいテキストを選択してツールバーの［箇条書き］をクリックします。また、箇条書きのスタイルは変更できます。通常の箇条書きは、会議の議事録やメモなど、情報を整理して伝えたい場合に便利です。チェックリストは、タスク管理や確認項目の一覧を簡単に作成でき、プロジェクト管理や日常業務の効率化に役立ちます。

1 箇条書きにしたい文字を選択

2 ［箇条書き］をクリック

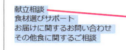

選択した箇所が箇条書きになった

［箇条書きのメニュー］をクリックすると箇条書きの種類を選択できる

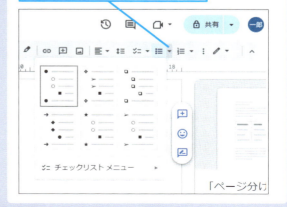

267

サンプル　お役立ち度 ★★★

Q 文書に画像を挿入するには

A ［挿入］メニューから操作します

プレゼンテーション用の資料や報告書に画像を追加することで、情報を分かりやすく伝えることができます。また、マーケティング資料や製品カタログの作成時にも有用です。画像を挿入する際は、サイズや位置を適切に調整しましょう。大きすぎる画像は文書のレイアウトを崩してしまうため、適度なサイズに調整しましょう。また、画像を選択して［テキストの折り返し］などを設定することで、テキストと画像の配置を整えることができます。

画像を挿入したい位置をクリックしておく

1 ［挿入］をクリック

2 ［画像］をクリック

3 ［パソコンからアップロード］をクリック

4 挿入したい画像をクリック

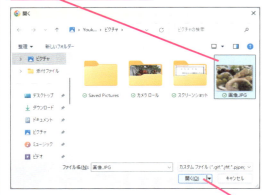

5 ［開く］をクリック

画像が文書に挿入された

大きさを調整する

6 右上にドラッグ

大きさが調整された

文字の回り込みを変更する

7 ［テキストの背面］をクリック

8 ドラッグで配置を調整する

268

サンプル　お役立ち度 ★★☆

Q 文書に表を挿入するには

A 行と列の数を指定して挿入します

表を用いると、情報を整理整頓しやすくなります。会議の議事録をまとめるときや、データを比較する際に便利です。また、プロジェクトの進捗状況を視覚的に把握したいときにも有効です。ドキュメントで表を使いたい場合は、下記のように行と列の数を指定し、空白の表を挿入します。セルのサイズや配置を調整することで、見やすさを向上させることができます。なお、スプレッドシートからコピー＆ペーストで連携して埋め込むことも可能です。

表を挿入したい位置をクリックしておく

1 ［挿入］をクリック

2 ［表］をクリック

3 表の行数と列数をマウスポインターをドラッグして指定

表が作成された

4 文字を入力

ワザ264を参考に文字の配置を変更

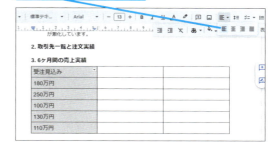

ワザ263を参考にフォントサイズを変更

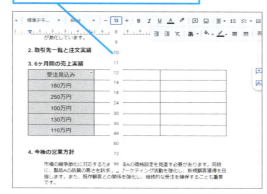

5 表の端をドラッグ

表の左右幅が調整された

3. 6ヶ月間の売上実績		
受注見込み	6月注文実績	受注見込み
180万円	150万円	180万円
250万円	200万円	250万円
100万円	-	100万円
130万円	80万円	100万円
110万円	120万円	130万円

関連 267　文書に画像を挿入するには　▶ P.190

269 文書にグラフを挿入するには

サンプル　お役立ち度 ★★★

A スプレッドシートなどからリンクで挿入できます

グラフを挿入することで、データを視覚的に表示できます。会議資料やレポートでデータをわかりやすく伝える際に有用です。ドキュメントの機能を使うと、スプレッドシートに含まれるグラフをプレビューして選び、リンクして挿入できます。挿入したグラフから元データのスプレッドシートにもアクセスできるため、シームレスに素早く更新することもできます。

挿入したいグラフをスプレッドシートで作成しておく

1 グラフを挿入したい位置でクリック

2 ［挿入］をクリック　3 ［グラフ］をクリック

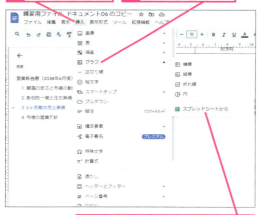

4 ［スプレッドシートから］をクリック

5 挿入したいファイルを選択　6 ［挿入］をクリック

7 グラフをクリック　8 ［インポート］をクリック

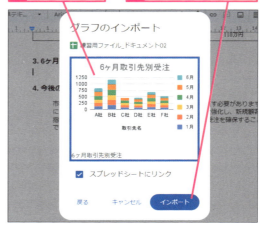

グラフが貼り付けられた

［リンクされたグラフのオプション］をクリックするとソースデータの編集ができる

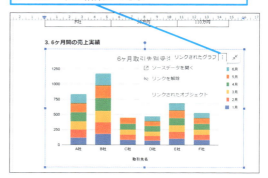

関連 267	文書に画像を挿入するには	▶ P.190
関連 268	文書に表を挿入するには	▶ P.191

270

[サンプル] お役立ち度 ★★★

Q 特定の書式を他のテキストにも適用したい

A ［書式を貼り付け］を活用しましょう

レポートやプレゼン資料を作成する際に、この機能を使うと手軽に書式を統一することができます。既存の書式を再利用したいときや、新しいドキュメントに同じ書式を適用したいときにとても便利です。［書式を貼り付け］をダブルクリックすると、書式がコピーされたままとなり、一度に複数箇所に適用できるようになります。なお、別のウィンドウで開いているドキュメントには書式を貼り付けられないので注意しましょう。

1 書式をコピーしたい箇所をドラッグで選択

2 ［書式を貼り付け］をクリック

3 書式を貼り付けたい部分をドラッグ　コピーした書式に変わった

271

[サンプル] お役立ち度 ★★★

Q 段落の開始位置を調整したい！

A ［インデント増］で設定します

インデントとは、「段落」や「かたまり」をわかりやすく見せるための「すきま」のことです。インデントを増やすことで、段落を左右に移動し、テキストの整形ができるようになります。インデント機能は、リストや引用文を整理するときや、文書全体の構造を視覚的にわかりやすくするために便利です。特に長い文書や複数の段落を含む文書で、情報の階層を明確にしたいときに役立ちます。

1 インデントを増やしたい段落をクリック

2 ［もっと見る］をクリック

3 ［インデント増］をクリック

インデントが増えた

［表示形式］メニューの［段落とインデント］からも増減できる

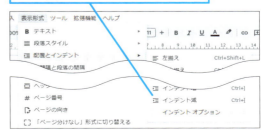

272　書式をリセットしたい！

A　［書式のクリア］で解除できます

［書式のクリア］機能を使用して選択したテキストの書式設定をリセットすることで、テキストを標準の書式に戻すことができます。異なる書式が混在しているドキュメントを整理する際や、統一感のあるプレゼンテーション資料を作成する際に便利です。ただし、［タイトル］や［見出し］などのスタイルはリセットされないので注意しましょう。

1 書式を元に戻したい箇所を選択

2 ［表示形式］をクリック

3 ［書式をクリア］をクリック

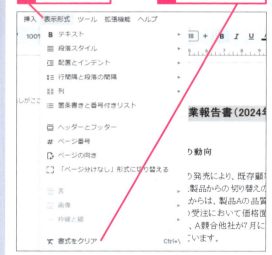

書式が解除された

273　ドキュメントにリンクを埋め込むには

A　スマートチップを使いましょう

スマートチップを使うと、人物やファイル、イベントなどの情報をドキュメント内にリンクとして埋め込むことができます。プロジェクトの進行状況をまとめるときや、会議の議事録を作成するときに便利です。

1 半角で「@」と入力

スマートチップが表示された

2 貼り付けたいファイルをクリック

リンクが貼り付けられた

ドキュメントの便利機能

Googleドキュメントには画像の読み取りや文書の翻訳など、ユニークな機能が備わっています。ここでは便利な機能の使い方を紹介します。

274

サンプル　お役立ち度 ★★★

Q Wordファイルを編集するには

A ドキュメントでWordファイルを開きます

Wordファイルを編集するには、Googleドキュメントを開いておき、Wordファイルを選択して開きます。また、GoogleドライブにWordファイルをアップロードしておき、ドキュメントで開くことも可能です。この操作を行うことで、Wordファイルの内容をGoogleドキュメント上で編集できるようになります。外出先や異なるデバイスからWordファイルを編集したいときに便利です。元のファイルの書式などが反映されない場合があるため、ドキュメントで表示した際に確認しましょう。

ここではパソコンに保存したWordファイルを編集する

1　［ファイル］をクリック
2　［開く］をクリック
3　［アップロード］をクリック

4　［参照］をクリック

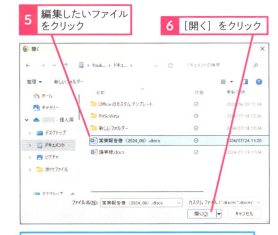

5　編集したいファイルをクリック
6　［開く］をクリック

WordファイルがGoogleドキュメント形式で開いた

そのまま文書を編集できる

275

[サンプル] お役立ち度 ★★☆

Q ドキュメントをWord形式で保存したい！

A 形式を指定してダウンロードします

ドキュメントをWord形式で保存することにより、Word形式で書類を提出する必要があるときや、Wordユーザーと文書を共有したいときに便利です。ビジネスシーンでは、クライアントや同僚がMicrosoft Wordを使用している場合に役立ちます。

Word形式で保存したい書類をGoogleドキュメントで作成しておく
1 [ファイル]をクリック
2 [ダウンロード]をクリック
3 [Microsoft Word（.docx）]をクリック

Word形式で「ダウンロード」フォルダに保存された

| 関連 274 | Wordファイルを編集するには | ▶P.195 |
| 関連 276 | PDFにして保存したい | ▶P.196 |

276

[サンプル] お役立ち度 ★★★

Q PDFにして保存したい

A ダウンロードの際に選択できます

Google ドキュメントで作成した文書をPDF形式で保存することで、文書が固定フォーマットで保存され、他のデバイスでも同じように表示できます。ビジネスシーンでは、契約書や報告書などの重要な文書を送信する際に便利です。編集を許可したくない文書にも適しています。また、PDF以外にもさまざまな保存形式が選択できます。

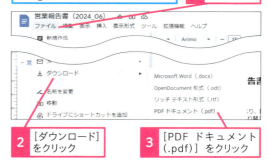

PDF形式で保存したい書類をGoogleドキュメントで作成しておく
1 [ファイル]をクリック
2 [ダウンロード]をクリック
3 [PDF ドキュメント（.pdf）]をクリック

PDF形式で「ダウンロード」フォルダに保存された

●その他の保存形式

アプリ名	機能
OpenDocument形式	オープンソースの文書形式で、スプレッドシート、プレゼンテーション、テキスト文書などのファイルに使用されます。
リッチテキスト形式	基本的な書式設定（フォント、色、サイズなど）を含むテキストファイル形式で、幅広いアプリケーションで互換性があります。
書式なしテキスト	文字のみを含む純粋なテキストファイル形式です。フォントや色などの書式設定は含まれません。
Webページ	簡易的なWebページとして保存可能です。ブラウザを通じてテキスト、画像、リンクなどのコンテンツを表示します。
EPUB Publicatioon	電子書籍の標準的なファイル形式です。テキストや画像を含むリフロー可能なコンテンツを提供し、多くのデバイスに対応しています。

277

サンプル　お役立ち度 ★★★

Q 画像からテキストを抽出できるの？

A 簡易的なOCR機能があります

画像からテキストを抽出するには、Google ドキュメントのOCR（光学文字認識）機能を使用します。これにより、画像内のテキストを文字としてドキュメントに貼り付け、編集可能にすることができます。この機能は、紙の文書やスキャンした画像をデジタル化して保存したい場合に便利です。また、画像内のテキストを素早く取り出して編集する必要があるビジネスシーンでも有用です。また、この機能を活用して、会議の議事録や手書きメモを手軽にデジタル化することもできます。

この画像のテキストを抽出する

1 Googleドライブにテキストを抽出したい画像をアップロードする

2 ファイル名を右クリック

3 ［アプリで開く］をクリック

4 ［Googleドキュメント］をクリック

Google ドキュメントで画像が開いた

テキストが抽出された

役立つ豆知識

対応している画像形式について

ドキュメントのOCR機能はPDF、JPEG、PNG、GIFなどの各形式に対応しています。画像の解像度が低かったり、ぼやけていたりすると正確に文字を抽出できない場合があるので、なるべく鮮明な画像データを選択しましょう。

278

Q 音声入力したい！

A ［ツール］の［音声入力］を使いましょう

ドキュメントには音声入力の機能があり、手を使わずに素早くテキストを入力する際に便利です。会議中のメモ取りや、アイデアを迅速に記録したいときに特に有用です。音声入力は雑音が多い場所では誤認識が増える可能性があるため、できるだけ静かな環境で使用しましょう。

音声入力をするドキュメントを開いておく

1 ［ツール］をクリック

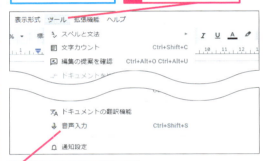

2 ［音声入力］をクリック

3 マイクをクリック

アイコンの色が赤に変わり、音声入力が開始される

もう一度アイコンをクリックすると音声入力が停止する

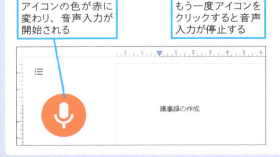

お役立ち度 ★★★

---

279 サンプル

Q 「透かし」を入れたい

A 画像を用意しておきましょう

ドキュメントの背景に「透かし」を入れることで、文書の機密性や所有者情報を明示できます。また、文書の権利保護を明確化することができます。企業ロゴを入れることで、公式文書やプレゼンテーション資料に一貫性を持たせることもできます。透かしに使う画像はあらかじめ用意しておきましょう。

透かしを入れたいドキュメントを開いておく

1 ［挿入］をクリック

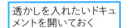
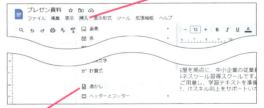

2 ［透かし］をクリック

3 ［画像を選択］をクリック

透かし用の画像を選択する

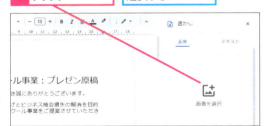

透かしにはサイズ、色、位置、フォントを設定できる

4 ［完了］をクリック

お役立ち度 ★★☆

280

サンプル　お役立ち度 ★★★

Q ページ番号を表示したい

A ［挿入］から設定します

ページ番号を追加すると、長い文書をナビゲートする際や、文書の各部分を参照したいときに便利です。ページ番号はページの右上、右下などに設定できるほか、表紙には入れないといったスタイルを選択できます。ページ番号を追加することで、目次の自動生成にも役立ちます。

> ページ数を追加したいドキュメントを開いておく

1 ［挿入］をクリック

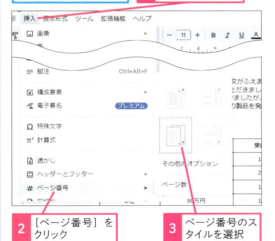

2 ［ページ番号］をクリック

3 ページ番号のスタイルを選択

> 選択したスタイルでページ番号が追加された

281

サンプル　お役立ち度 ★★★

Q すべてのページにヘッダーを入れたい

A ［ヘッダーとフッター］で設定します

文書全体にヘッダーを追加することで、文書の構成や情報が明確になり、ビジネス文書や報告書などの場面でプロフェッショナルな印象を与えます。会議資料や提案書などで使用すると効果的です。ヘッダーを追加する場合は［挿入］をクリックして［ヘッダーとフッター］を選択し、［ヘッダー］をクリックして設定します。同じ手順でフッターも作成できます。フッターにはページ番号を挿入することも可能です。

> ヘッダーを追加したいドキュメントを開いておく

1 ［挿入］をクリック

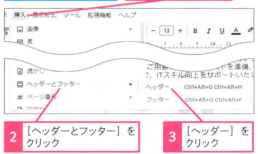

2 ［ヘッダーとフッター］をクリック

3 ［ヘッダー］をクリック

4 タイトルやページ番号などの情報を入力

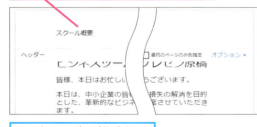

> ページにヘッダーが作成された

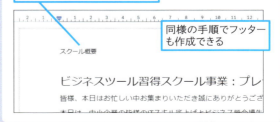

> 同様の手順でフッターも作成できる

282

[サンプル]　お役立ち度 ★★★

Q 文章を他言語に翻訳したい

A ［ドキュメントの翻訳機能］を使います

文章を他の言語に翻訳するには、Google ドキュメントの［ツール］をクリックして［ドキュメントの翻訳機能］を利用します。多言語対応の文書を作成する際や、海外の取引先やパートナーに文書を提供したいときに便利です。翻訳された文書は、新しいファイルとして保存されるため、元の文書を変更することなく異なる言語での利用が可能です。

文章を翻訳したいドキュメントを開いておく

1 ［ツール］をクリック

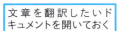

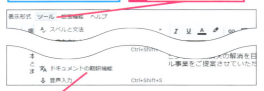

2 ［ドキュメントの翻訳機能］をクリック

3 ［新規ドキュメントのタイトル］にファイル名を入力

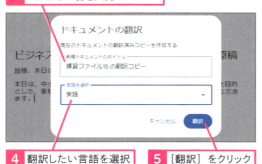

4 翻訳したい言語を選択　**5** ［翻訳］をクリック

指定したファイル名で翻訳後のドキュメントが作成された

283

[サンプル]　お役立ち度 ★★☆

Q 文字数を確認するには

A ［文字カウント］機能を表示します

ドキュメントの［文字カウント］機能を使うと、文書の文字数のほか、ページ数なども確認できます。レポートや論文、記事など、文字数制限がある場合に有用です。なお文字数を確認する際に、特定の部分だけを選択していると、その部分の文字数と全体の文字数が表示されます。

文章をカウントしたいドキュメントを開いておく

1 ［ツール］をクリック

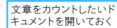

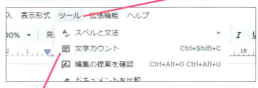

2 ［文字カウント］をクリック

ドキュメント全体のページ数、ワード数、文字数が表示される

3 ［OK］をクリック

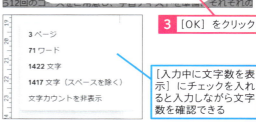

［入力中に文字数を表示］にチェックを入れると入力しながら文字数を確認できる

284

サンプル　お役立ち度 ★★★

Q 修正前後のドキュメントの差分を知りたい

A ［ドキュメントの比較］を実行しましょう

ドキュメント同士の差分を比較すると、どの部分が変更されたかを視覚的に把握でき、効率的に修正作業が進められます。この機能は、複数人で共同作業を行う際や、重要な文書の［変更履歴］を確認したいときに便利です。特に、提案や報告書の最終確認時に役立ちます。
ドキュメントを比較する際には、元の文書と修正後の文書の順序を間違えないように注意しましょう。また、比較結果が新規ドキュメントとして作成されるため、元の文書は上書きされません。これにより、元の文書を保持しつつ差分を確認できます。

比較したいドキュメントをGoogleドライブにアップしておく　　比較元のドキュメントを開いておく

1 ［ツール］をクリック　　2 ［ドキュメントを比較］をクリック

3 ［マイドライブ］をクリック　　4 比較したいドキュメントを選択

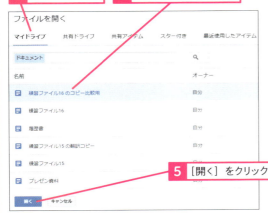

5 ［開く］をクリック

6 ［比較］をクリック　　ドキュメントの比較が開始される

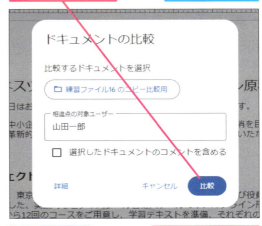

比較が完了した　　7 ［開く］をクリック

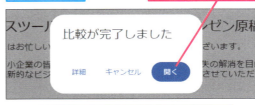

差分が記入されたドキュメントが新規作成される

具体的な変更部分がコメントで記されている

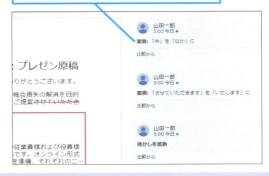

285

[サンプル] お役立ち度 ★★★

Q ドキュメントに脚注を入れたい

A ［挿入］から［脚注］で設定します

脚注は、文書の補足情報や参考文献を明確に提示する際に便利です。ドキュメントではマウスカーソルを合わせた位置に、専用の書式で脚注を挿入できます。学術論文や報告書などで情報の出典を明確にしたいときに役立ちます。また、脚注はクリックすることで内容を編集・削除できるため、追記や修正が容易に行えます。

1 脚注を入れたい箇所をクリック
2 ［挿入］をクリック
3 ［脚注］をクリック

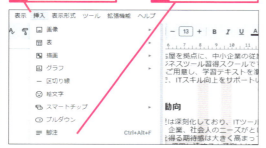

ページ下部に脚注欄が表示され、カーソルが移動する

4 脚注欄に内容を入力

本文に脚注が追加された

286

[サンプル] お役立ち度 ★★

Q 作成したドキュメントを校正したい！

A ［スペルと文法］を実行します

ドキュメントの校正を行う場合は［ツール］をクリックして［スペルと文法］から語句の用法や文法などをチェックできます。ビジネスレターや報告書など、正確さが求められる文書を作成する際に非常に有用です。［スペルと文法のチェック］をクリックした後は、自動提案を確認しながら修正を進めましょう。提案された修正が適切でない場合もあるので、自身の判断で修正を取り入れることが重要です。

校正したいドキュメントを開いておく

1 ［ツール］をクリック
2 ［スペルと文法］をクリック
3 ［スペルと文法のチェック］をクリック

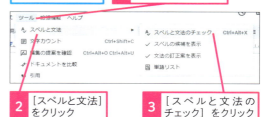

誤りと思われる箇所がハイライトされる

4 見直しの提案を確認する
5 実行する場合は［承諾］をクリック

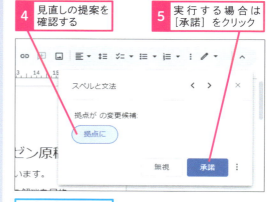

見直しが反映される

287

サンプル　お役立ち度 ★★★

Q ドキュメントに図表を入れたい

A 描画用の画面で作成します

図形を挿入する際に描画用の画面を表示し、図形を整えてから文書に挿入します。視覚的に複雑なプロセスを表現したいときに便利です。特に、フローチャートや組織図などを使って、情報をわかりやすく伝えたいビジネスシーンで役立ちます。図形を挿入後、再編集したい場合は、図形をクリックして［編集］をクリックします。完成させる際には、図形のサイズや配置に注意しましょう。

図形を入れたいドキュメントを開いておく

1 ［挿入］をクリック

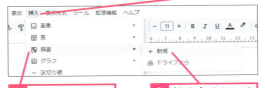

2 ［描画］をクリック　**3** ［新規］をクリック

［図形描画］画面が開いた　**4** ［図形］をクリック

5 ［図形］をクリック　**6** ［長方形］をクリック

7 ドラッグして大きさを調整　長方形が作成できた

8 長方形の中をダブルクリック　**9** 文字を入力

10 ［図形］をクリック　**11** ［矢印］をクリック

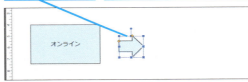

12 ［右矢印］をクリック

矢印が作成できた　同様の手順で図表を完成させる

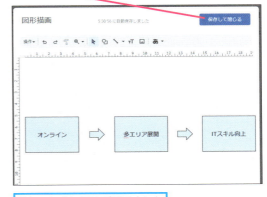

13 ［保存して閉じる］をクリック

ドキュメントに図表が挿入された

挿入された図表をクリックして［編集］を選択すると再編集できる

288 [サンプル] お役立ち度 ★★★

Q 変更前の内容に戻せる？

A ［変更履歴］から復元できます

ドキュメントのバージョン履歴機能を使うと、変更前の内容に戻せます。この機能を利用することで、過去のバージョンに素早く復元することができます。バージョン履歴機能は、文書の編集履歴を管理したいときや、誤って変更してしまった内容を元に戻したいときに便利です。特に、複数人で共同編集する際に役立ちます。

変更前に戻したいドキュメントを開く

1 ［ファイル］をクリック

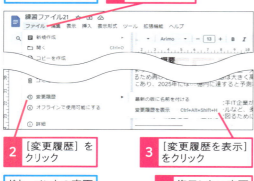

2 ［変更履歴］をクリック

3 ［変更履歴を表示］をクリック

ドキュメントの変更履歴が表示される

4 復元したい変更履歴を選択

5 ［この版を復元］をクリック

変更前の内容に戻った

289 [有料版] お役立ち度 ★★☆

Q テンプレート化して社内で共有したい！

A ［テンプレートギャラリー］に追加します

文書をテンプレート化するには、作成した文書をテンプレートギャラリーに追加します。テンプレート化された文書は、社内の全員が統一されたフォーマットで利用できるようになります。社内の文書作成に一貫性を持たせたいときや、複数のチームメンバーが同じ形式で文書を作成する必要があるときに便利です。なお、この機能は有料版のみとなります。

ワザ261を参考にGoogleドキュメントのホームを開いておく

1 ［テンプレートギャラリー］をクリック

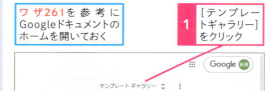

2 所属する組織名のタブを選択

3 ［テンプレートを送信］をクリック

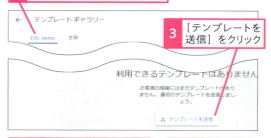

4 テンプレートギャラリーに追加するファイルを選択

5 「カテゴリ」を選択する

6 ［送信］をクリック

テンプレートギャラリーにテンプレートが追加される

290 [サンプル] お役立ち度 ★★★

Q 見出し機能を利用して作業を効率化したい

A ［スタイル］から設定します

［見出し］の機能を利用すると、文字の大きさや種類などをセットにした書式が段落ごとに適用されます。文書の作成や編集が効率化され、長い文書の中で内容を整理しやすくなります。プロジェクト報告書や企画書など、複数のセクションがある文書を作成するときに便利です。また、見出しを設定することで、後から目次を自動生成することもできます。

見出しを利用するドキュメントを開いておく

1 見出しにしたい行にカーソルを移動

2 ［スタイル］をクリック

3 ［タイトル］をクリック

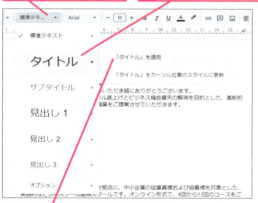

4 ［「タイトル」を適用］をクリック

見出しに「タイトル」のスタイルが適用された

291 [サンプル] お役立ち度 ★★★

Q 見出しの書式を解除するには

A 設定と同じ手順で［標準テキスト］にします

［見出し］の書式を標準に戻すことによって、書式を解除できます。構成の見直しや書式の装飾などをしない書類作成の際に便利に使うことができます。

見出しの書式を解除したいドキュメントを開いておく

1 見出しにカーソルを移動

2 ［スタイル］をクリック

3 「標準テキスト」をクリック

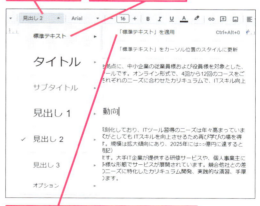

4 ［「標準テキスト」を適用］をクリック

見出しのスタイルが解除された

ドキュメントの便利機能　205

292 特殊文字を表示したい！

A 改行マークやタブなどを表示できます

特殊文字を表示するには、[表示] をクリックして [印刷されない文字を表示] をクリックします。これにより、改行マークや段落改行マーク、タブなど文書の整形に使われている記号が表示されます。段落を変えずに改行するときや、空白の種類を確認するときに使いましょう。

特殊文字を表示したいドキュメントを開いておく

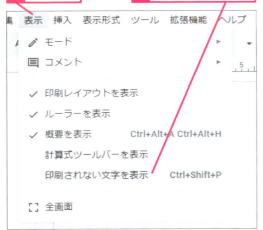

1 [表示] をクリック
2 [印刷されない文字を表示] をクリック

特殊文字が表示された

293 段落を変えずに改行したい！

A Shift キーを押しながら改行します

文脈がつながっている複数の文をひとまとまりの文章として記述するには段落を変えずに改行します。これで、文と文の間に隙間ができず、同じ段落として書式を保ったまま改行できます。この機能は、リスト項目の説明や引用の一部を強調したいときに便利です。

1 改行したい位置にカーソルを移動
2 Shift キー + Enter キーを押す

定例会議¶

段落を変えずに改行できた

定例会議↵
議事録¶

Enter キーのみを押した場合は改行ではなく段落が変わる

定例会議↵
議事録¶
日時：¶

294 [サンプル] お役立ち度 ★★☆

Q 文章の構造を確認したい

A アウトライン機能で確認しましょう

文書の構造を確認するには、アウトライン機能を使用して、文書内の見出しを画面の左に一覧表示します。各セクションの位置を一目で確認でき、クリックで文章を表示できます。なお［タイトル］と［見出し1］は左端からの表示になりますが、［見出し2］以下ではインデントが適用されて表示されます。

> ドキュメントの構造を確認したい文書を開いておく

1 ［ドキュメントの概要を表示］をクリック

> アウトラインパネルが表示された
>
> 文書の構造を確認できる

> アウトラインパネルの見出しをクリックすると該当の位置に移動できる

---

295 [サンプル] お役立ち度 ★★★

動画で見る

Q 目次を挿入したい

A 見出しを設定してから操作しましょう

目次を挿入すると、文書内の見出しがリスト化され、各項目にリンクが設定されます。これにより、読者は文書全体の構成を一目で把握し、必要な情報に素早くアクセスできるようになります。［見出し］などを適用した文書であれば、［挿入］をクリックして［目次］をクリックするだけで、［見出し3］までが目次として文書の前半に挿入されます。

> 目次を挿入したいドキュメントを開いておく

1 目次を挿入したい位置にカーソルを移動

2 ［挿入］をクリック
3 ［目次］をクリック

4 ［書式なしテキスト］をクリック

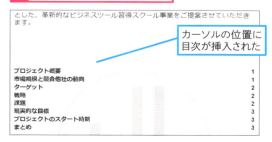

> カーソルの位置に目次が挿入された

ドキュメントの共有機能

Googleの各アプリには便利な共有機能が搭載されています。ここではドキュメント、スプレッドシート、スライドなどに共通するファイル共有の方法を中心に紹介します。

296

お役立ち度 ★★★

Q ドキュメントを共有するには

A 共有相手の権限を適切に設定しましょう

ドキュメントの共有は、チームでのプロジェクト作業や会議の議事録作成、共同でのレポート作成などの場面で便利です。共同編集機能により、チーム全体で効率的に作業を進めることができます。また、リアルタイムでのフィードバックや修正が可能です。共有相手の権限設定に注意し、閲覧、コメント、編集の権限を適切に設定しましょう。なお［編集者］はファイルの共有権限を変更できます。［編集者］になったユーザーが、他のユーザーを排除することも可能になるので注意しましょう。

共有したいドキュメントを開いておく

1 ［共有］をクリック

2 共有したいユーザーのメールアドレスを入力してユーザーを追加

3 ユーザーへのメッセージを入力

4 ［送信］をクリック

追加したユーザーにドキュメントが共有された

もう一度［共有］をクリックすると指定したユーザーとドキュメントを共有していることを確認できる

クリックして権限を変更できる

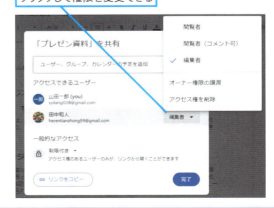

297 お役立ち度 ★★★

Q リンクを使って一斉に共有したい！

A リンクをコピーしてメールなどで送信します

この機能は、プロジェクトチーム全体での文書共有や、社外とのレビュー作業時に非常に便利です。リンクを利用することで、迅速にドキュメントを共有でき、全員が同じ文書にリアルタイムで編集やコメントを行えます。共有する相手のアクセスレベルを慎重に設定しましょう。

- 共有したいドキュメントを開いておく
- ワザ296を参考に共有設定を行う画面を表示しておく

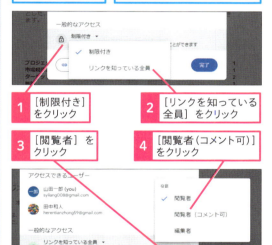

1 [制限付き]をクリック
2 [リンクを知っている全員]をクリック
3 [閲覧者]をクリック
4 [閲覧者（コメント可）]をクリック

5 [リンクをコピー]をクリック
リンクがクリップボードにコピーされる
6 [完了]をクリック
コピーしたリンクを使用して一斉共有することができる

298 お役立ち度 ★★★

Q 共有したドキュメントの閲覧者を確認したい

A [共有]をクリックして確認できます

共有したドキュメントの閲覧者を把握したいときは[共有]をクリックします。ビジネスシーンでは、関係者に正確に情報が届いているかを確認できます。なお閲覧者リストの表示中に、アクセス権限などを変更することも可能です。閲覧者に対して特定のアクセス権限（編集、コメント）を設定することで、ドキュメントの管理がしやすくなります。

- 共有ユーザーを確認したいドキュメントを開いておく

1 [共有]をクリック

ドキュメントを共有しているユーザー名とメールアドレス、アクセス権限を確認できる

権限を変更できる

299

お役立ち度 ★★★

Q 共有している文章にコメントを入れたい！

A コメントの追加、編集の提案などが行えます

コメント機能を使用すると、相手に素早くフィードバックを提供できます。文書の修正や確認作業が効率的に行えるため、プロジェクトの進行がスムーズになります。コメントを追加する際には、具体的かつ明確な指示を記載するようにしましょう。曖昧な表現は避け、誰が見てもわかりやすい内容にすることが重要です。

●コメントを追加する

共有ドキュメントを開いておく

1 コメントを追加したいテキストをドラッグして選択

2 ［コメントを追加］をクリック

3 コメントを入力

4 ［コメント］をクリック

コメントが追加された

●編集を提案する

「提案モード」では編集内容を提案できる

1 ［編集モード］をクリック

2 ［提案］をクリック

3 編集を提案したいテキストをドラッグして選択

4 編集内容を入力

該当部分に取り消し線が表示された

コメントで提案内容が追加される

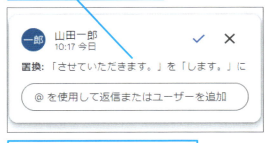

該当部分の文章はこのような表示になる

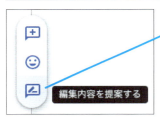

テキストを選択した状態で［編集内容を提案する］をクリックしても提案モードに移行できる

300　お役立ち度 ★★★

Q コメントを相手に通知したい

A 「@」を入力してメールアドレスを入力します

ドキュメント内で特定のユーザーの意見や確認を求めたいときは、コメントの割り当て機能を使うと便利です。特に、チームでの共同作業やプロジェクトの進行中に、重要なポイントについて意見を求める場合に有効です。メールアドレスを間違えないように注意しましょう。また、コメントを入力した後に[割り当て]を必ずクリックしましょう。

ワザ299を参考にコメントを入力しておく

1 コメント欄に半角の「@」とコメントを通知したいユーザーのメールアドレスを入力

2 コメントを入力

3 [[ユーザー名]に割り当て]をクリック

4 [割り当て]をクリック

選択したユーザーにコメントが通知される

301　お役立ち度 ★★★

Q 編集の提案を確認したい

A 文字の色が変わっている部分を確認します

[提案モード]を使うと、変更箇所が緑色で表示されるため、一目でどこが変更されたかを把握できます。提案内容が問題ない場合は[提案を承認]をクリックすると、提案内容通りに変更されます。チームでの共同作業やプロジェクトでの文書作成において、全員の意見を取り入れることができるため、最終的なドキュメントの質を高めることができます。

1 提案モードで編集されたテキストをクリック

提案内容が表示される

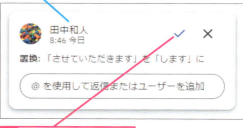

2 提案を承認する場合はチェックマークをクリック

提案が承認され、提案内容が反映された

拒否した場合は提案前のテキストに戻る

ドキュメントの共有機能

302

お役立ち度 ★★☆

Q カレンダーへアクセスして予定を添付したい

A ［会議メモ］として添付できます

カレンダーに［会議メモ］を添付することで会議や予定に関連する情報を一元管理できます。この機能は、会議の議事録やメモを事前に準備し、関係者全員と共有する際に便利です。また、定期的なミーティングやプロジェクトの進捗管理など、計画的に情報を整理し、スムーズに進行させたいビジネスシーンで役立ちます。

カレンダーの予定に添付したいドキュメントを開いておく

1 ドキュメントの先頭に半角の「@」を入力

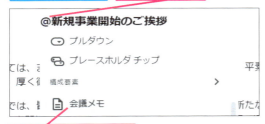

2 ［会議メモ］をクリック

3 表示される予定の中から、ドキュメントを添付したい予定を選択

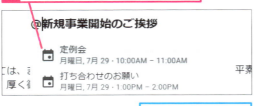

4 ［添付］をクリック

選択したドキュメントが予定に添付される

303

お役立ち度 ★★★

Q 過去を含めすべてのコメントを確認したい！

A ［すべてのコメントを表示］で確認しましょう

コメントを一覧表示すると、ドキュメント全体のフィードバックを把握する際に便利です。チームで共同編集を行っている場合や、レビューの段階で各コメントを1つずつ確認したいときに役立ちます。必要に応じて各コメントに返信したり、解決済みとしてマークすることで、フィードバックの処理がより効率的に行えます。

コメントを確認したいドキュメントを開いておく

1 ［すべてのコメントを表示］をクリック

ドキュメントのすべてのコメントが一覧表示された

各コメントをクリックして内容を確認できる

コメントは［未解決］［解決済み］に分けて表示もできる

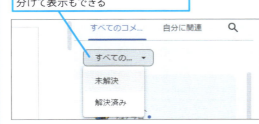

304

お役立ち度 ★★

Q ドキュメントをオンラインで画面共有したい

A [新しいミーティングを開始]を使いましょう

Googleドキュメントをビデオ会議ツールのMeetで画面共有することで、複数の参加者とリアルタイムで共同作業ができます。Meetにアクセスしてドキュメントを画面共有する方法が一般的ですが、以下のようにドキュメントの機能でMeetの画面を表示し、参加者を招待してビデオ会議を行うことができきます。

ワザ297を参考にドキュメントの共有設定で[一般的なアクセス]を[リンクを知っている全員]に設定しておく

1 ここをクリック

2 [新しいミーティングを開始]をクリック

画面右にGoogle Meetが起動する

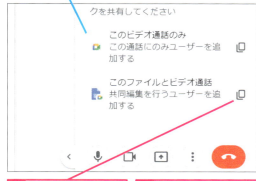

3 [このファイルとビデオ通話]の[リンクをコピー]をクリック

4 コピーしたリンクをメールなどで共有したいユーザーに知らせる

リンクを送信したユーザーがリンクをクリックすると通知が届く

5 [表示]をクリック

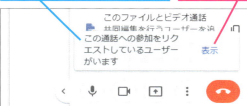

6 [承諾]をクリック

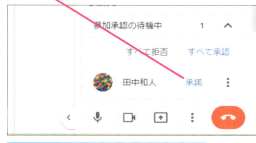

ドキュメントをオンラインで画面共有できた

第10章 表計算はこれだけで OK! スプレッドシートの便利ワザ

スプレッドシートの基本

スプレッドシートは無料で使える表計算アプリですが、グラフ、関数、ピボットテーブルなど非常に強力な機能を備えています。ここでは基本的な操作方法から紹介します。

305　お役立ち度 ★★★

Q Google スプレッドシートの基本を知りたい！

A リアルタイムで共同編集できる表計算アプリです

Google スプレッドシートはデータ整理・分析、リアルタイム共同編集を目的に使用されます。プロジェクト進捗、財務報告、出席者リストなど多岐にわたる用途があり、チームでの情報共有にも適しています。また、表・関数・グラフ・ピボットテーブルなどの基本機能に加え、他の Google Workspace アプリとの連携も便利です。

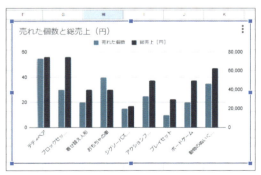

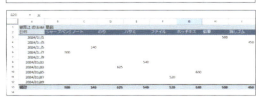

二軸グラフやピボットテーブルの作成も簡単に行える

306　お役立ち度 ★★

Q スプレッドシートの画面構成を確認したい

A それぞれの役割を確認しましょう

Google スプレッドシートの画面構成を理解すると、必要な機能を素早く使うことができます。すべての機能は画面上部の[メニューバー]にあり、よく使う機能は[ツールバー]にあります。また、画面右上から[最終編集](変更履歴)や[すべてのコメントを表示]にアクセスできます。画面下部にあるシート名をクリックすると表示シートを変更できます。

❶ファイル名　❷メニューバー　❸ツールバー

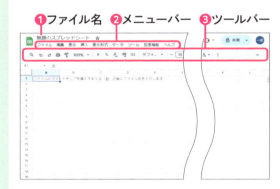

❶ファイル名
ファイル名はここに表示される
❷メニューバー
各メニューがカテゴリごとにまとめられている
❸ツールバー
よく使うツールがまとめられている

307

お役立ち度 ★★★

Q スプレッドシートにデータを入力したい

A 空白のスプレッドシートのセルをクリックします

データを視覚的に整理したいときやチームで情報を共有したいときにはスプレッドシートの表を作成すると便利です。スプレッドシートのホーム画面を表示してから［空白のスプレッドシート］をクリックして空白のセルにデータを入力します。

［Googleアプリ］をクリックして［スプレッドシート］をクリックしておく

1 ［空白のスプレッドシート］をクリック

スプレッドシートが開いた

セルにデータを入力する

308

お役立ち度 ★★

Q ファイル名を変更するには

A 画面の左上をクリックして入力します

ファイル名を変更するには画面左上の［無題のスプレッドシート］をクリックして名称を入力します。［空白］から作成したファイルのファイル名は、初期状態では［無題のスプレッドシート］となるため、ファイル一覧時に識別できるように適切な名称に変更します。ファイル名を再度変更したい場合も同じ操作で可能です。

スプレッドシートを開いておく

1 ファイル名をクリック

2 変更したい名前を入力

3 Enterキーを押す

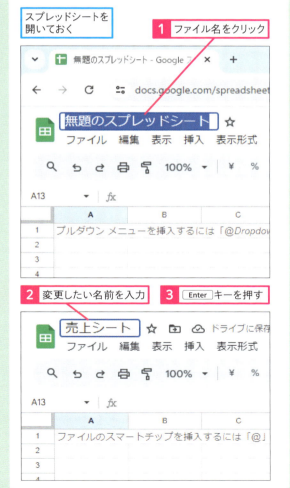

309 フォントや文字サイズを変更するには

Q フォントや文字サイズを変更するには

サンプル　お役立ち度 ★★★

A メニューバーの[フォント]などで設定します

フォントを変更するには、対象のセルを選択し[フォント]をクリックして変更したいフォントをクリックします。文字サイズを変更するには、対象のセルを選択し[フォントサイズ]をクリックして変更したいサイズをクリックします。

① フォントや文字サイズを変えたいセルをクリック
② [フォント]をクリック

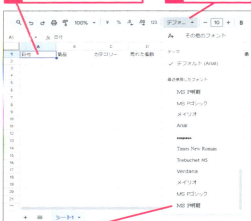

③ [MS P明朝]をクリック
フォントの種類が変わった

④ [フォントサイズ]をクリック
⑤ [14]をクリック
文字の大きさが変わった

310 セル内の文字揃えを変更したい

Q セル内の文字揃えを変更したい

サンプル　お役立ち度 ★★★

A 左右中央のどれかに指定できます

セル内の文字位置を調整するには、対象のセルを選択し[水平方向の配置]または[垂直方向の配置]をクリックして、一覧の中から希望する配置をクリックします。これにより、表やリストの見た目が整います。

① 位置を変えたいセルをクリック

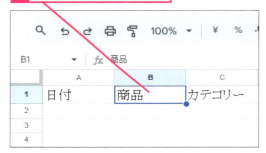

② [水平方向の配置]をクリック

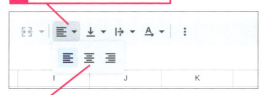

③ [中央]をクリック
文字の位置が変わった

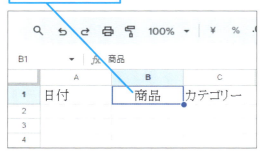

311

サンプル　お役立ち度 ★★★

Q セル内でテキストを折り返したい！

A ［テキストを折り返す］を適用します

セル内のテキストが長く表示しきれない場合、［テキストを折り返す］をクリックしてテキストをセル内に収めます。これにより、情報が見やすく整理され、特にデータの文字数が多いスプレッドシートでの視認性が向上します。

1 折り返したいセルをクリック

2 ［テキストを折り返す］をクリック

3 ［折り返す］をクリック

テキストが折り返された

312

サンプル　お役立ち度 ★★

動画で見る

Q セル内の文章を改行するには？

A [Alt]または[Ctrl]キーを押しながら改行します

セル内の途中で改行するには、セルをダブルクリックしてから改行したい位置にカーソルを移動して、[Alt]キーまたは[Ctrl]キーを押しながら[Enter]キーを押します。

1 改行したいセルをクリック

2 セルをダブルクリック

3 改行したい位置をクリック

4 改行したい位置で[Ctrl]＋[Enter]キーを押す

[Alt]＋[Enter]キーでもよい

文章が改行された

313 セルの幅を変更したい

A 列や行を選択してドラッグします

セルの幅を調整するには列の右端の境界線をドラッグし、左または右へ動かします。同様に、行の下端の境界線をドラッグして上下に動かすことで行の高さを調整することもできます。また、行や列の境界線をダブルクリックすると、最も長い文字列に合わせて幅を自動調整できます。

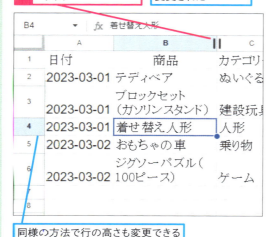

314 表に枠線を引きたい

A ［枠線］をクリックして引きたい線を選びます

表に枠線を追加してデータの視認性を高めることで情報の把握が容易になります。枠線を追加したい範囲をドラッグして選択し、［枠線］をクリックして［すべての枠線］をクリックします。また［枠線の色］や［枠線のスタイル］をクリックして装飾することもできます。

表に枠線が引かれた

［枠線の色］をクリックすると枠線の色を変更できる

315

サンプル　お役立ち度 ★★

Q シートに画像を配置したい！

A セル内またはセルの上に配置できます

画像をセルの中に追加するには［挿入］をクリックし［画像］をクリックして、［セル内に画像を挿入］をクリックします。画像のサイズを変更するには、セルの大きさを変更します。また、セルの上に画像

役立つ豆知識

対応している画像の種類と容量

シートに配置できる画像の種類は「gif」「JPEG」「PNG」形式となっています。また、画像の容量は50MB未満であることが条件となります。セル内に配置する画像などは、あらかじめサイズを小さくしておくとスムーズに作業できます。

を配置することも可能です。その場合は画像の周囲に表示されるハンドルをドラッグして大きさを変更します。

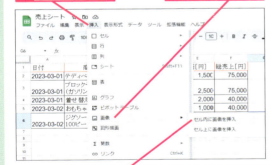

1 画像を配置したいセルをクリック
2 ［挿入］をクリック
3 ［画像］をクリック
4 ［セル内に画像を挿入］をクリック

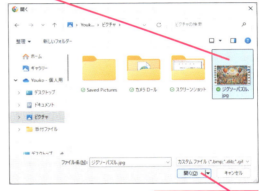

7 画像を選択
8 ［開く］をクリック

挿入したい画像をアップロードする
5 ［アップロード］をクリック
6 ［参照］をクリック

選択したセルに画像が挿入された

操作4で［セル上に画像を挿入］をクリックするとシート上に挿入される

316

サンプル　お役立ち度 ★★☆

Q セルを結合したい

A 結合方法を選択して決定します

セルを結合するには、結合したいセル範囲を選択し［結合タイプを選択］をクリックして、統合する方向を選択します。ただし、結合すると左右に結合した場合は一番左上、上下に結合した場合は一番上に位置するセルデータのみが保持され、他は失われるため注意が必要です。

1 結合したいセルの範囲をドラッグして選択

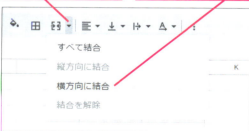

2 ［結合タイプを選択］をクリック
3 ［横方向に結合］をクリック

横方向にセルが結合された

317

サンプル　お役立ち度 ★★★

Q 日付の表示形式を変更したい！

A ［表示形式の詳細設定］で設定します

日付の表示形式を変更するには、対象のセルを選択し［表示形式の詳細設定］をクリックし、［数字］をクリックして［日付］をクリックします。表示形式はセルに入力された数値を変更せずに見た目を変えることができます。日付以外にも、［通貨］（￥）や［パーセント］（％）などの表示を設定できます。

1 表示形式を変更したいセルをドラッグして選択

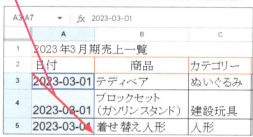

2 ［表示形式の詳細設定］をクリック
3 ［日付］をクリック

日付の表示形式が変更された

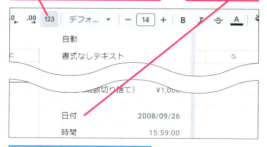

318 セルにリンクを挿入するには

サンプル　お役立ち度 ★★★

A リンクを検索して挿入します

セルにリンクを挿入するには、セルを選択して［リンクを挿入］をクリックします。［テキスト］にリンクの文字列を入力し、［リンクを検索］にURLを入力して［適用］をクリックします。リンクの上にマウスカーソルを置くとプレビューが表示されます。セルに文字列が入っている場合は、リンクの文字列に使用されます。

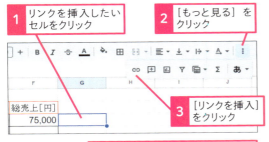

1 リンクを挿入したいセルをクリック
2 ［もっと見る］をクリック
3 ［リンクを挿入］をクリック
4 リンクに表示するテキストを入力
5 リンク先のURLを入力
6 ［適用］をクリック

リンクが挿入された

マウスカーソルを合わせるとリンク先のページがプレビューされる

319 チェックボックスを追加したい！

サンプル　お役立ち度 ★★★

A ［挿入］から追加します

シートにチェックボックスを追加するには、対象のセルを選択し［挿入］をクリックして、［チェックボックス］をクリックします。チェックボックスはタスクの完了状況を視覚化できるため、特にプロジェクトやイベントの進捗管理をする際に便利です。

1 チェックボックスを追加したいセルをクリック

2 ［挿入］をクリック

3 ［チェックボックス］をクリック

チェックボックスが追加された

クリックするとチェックマークが付く

320 グラフを作成したい

A データを選択してグラフを挿入します

グラフを作成するには、表のデータ範囲を選択し、[挿入]をクリックして[グラフ]をクリックします。グラフの種類を変更するには、画面右側にある[グラフエディタ]の[設定]をクリックし、「グラフの種類」をクリックして、一覧から選択します。

1 グラフにしたい表のデータ範囲を選択
2 [挿入]をクリック

3 [グラフ]をクリック
4 [グラフエディタ]の[設定]をクリック
5 [グラフの種類]で[円グラフ]をクリック

表のデータが円グラフで表示された
[縦棒グラフ]を選択すると棒グラフで表示できる

321 二軸グラフを作成したい!

A [グラフエディタ]でカスタマイズできます

二軸グラフを作成するには、[グラフの種類]を選択した後、[カスタマイズ]をクリックし、[系列]をクリックして右軸に設定する系列を選択します。続けて[軸]をクリックして[右軸]をクリックします。

[売れた個数]を表示して二軸グラフにしたい

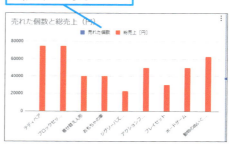

グラフをダブルクリックして[グラフエディタ]画面を表示しておく

1 [カスタマイズ]をクリック
2 [売れた個数]を選択
3 [軸]の[右軸]をクリック

二軸グラフにできた

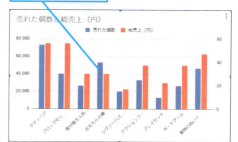

322 〔サンプル〕 お役立ち度 ★★★

Q フィルタを使って数字を並べ替えたい！

A ［フィルタの作成］でフィルタを作成します

フィルタを使用するには、フィルタを適用したい範囲を選択してから［データ］をクリックし、［フィルタを作成］をクリックします。並べ替えたい列の1行目のフィルタをクリックし、例えば［降順で並べ替え］をクリックすると、フィルタを適用した範囲を1行目の数値などの大きい順に並べ替えることができます。データをさまざまな切り口から分析するときに便利です。

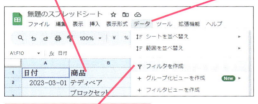

323 〔サンプル〕 お役立ち度 ★★

Q セル単位で更新履歴を確認するには

A 誰が更新したかセルごとに確認できます

セルの更新履歴を表示すると、誰がいつ何を編集したかを把握することができます。確認したいセルの上で右クリックし、［編集履歴を表示］をクリックします。［前の編集］をクリックする度に1つ前の履歴を確認できます。

🛈 役立つ豆知識

ファイルの更新履歴とどう違うの？

スプレッドシート、ドキュメントなどのアプリは［ファイル］をクリックして［変更履歴］をクリックし、［変更履歴を表示］をクリックするとファイル全体の更新履歴が一覧で表示できます。こちらは更新があった部分をすべて確認できるので、重要なセル以外の更新を確認したいときに使うと便利です。

スプレッドシートの便利機能

スプレッドシートはExcelファイルを編集できるほか、テーブルやスライサーを使ってデータを素早く操作できます。ここではその方法を紹介します。

324　サンプル　お役立ち度 ★★★

Q Excelファイルをそのまま編集したい！

A ファイル形式を保ったまま編集できます

Excelファイルをスプレッドシートで編集するには、Excelファイルをドライブにアップロードし、ダブルクリックをして開きます。これだけでスプレッドシートと同様な編集ができますが、一部の関数でExcelと異なるものがあり、書式設定や関数の演算結果などが正しいか確認が必要です。

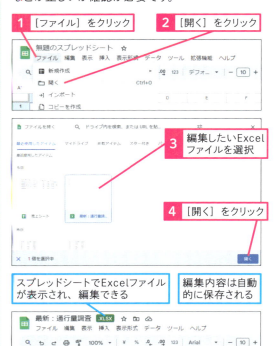

1 [ファイル]をクリック
2 [開く]をクリック
3 編集したいExcelファイルを選択
4 [開く]をクリック

スプレッドシートでExcelファイルが表示され、編集できる

編集内容は自動的に保存される

325　サンプル　お役立ち度 ★★

Q Excelファイルをスプレッドシートに変換したい

A ファイル形式を変えて保存できます

Excelファイルを Google スプレッドシートに変換するには、[ファイル]をクリックし、[Google スプレッドシートとして保存]をクリックします。なお、スプレッドシートで保存をしても、元のExcelファイルが削除されることはありません。

スプレッドシートに変換したいExcelファイルを開いておく

1 [ファイル]をクリック

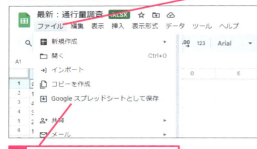

2 [Googleスプレッドシートとして保存]をクリック

新しいウィンドウでファイルが開かれる

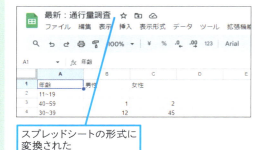

スプレッドシートの形式に変換された

326 〔サンプル〕 お役立ち度 ★★★

Q スプレッドシートを
Excel形式で保存したい！

A 形式を指定してダウンロードします

Google スプレッドシートをExcel形式で保存するには、[ファイル] をクリックし [ダウンロード] をクリックして、[Microsoft Excel(.xlsx)] をクリックします。デバイスにダウンロードしたファイルはExcel形式となっています。

役立つ豆知識

Excel形式のほかに選べる形式

[ダウンロード] で選べる形式は、Excel形式以外にOpenDocument（.ods）、ウェブページ（.html）、カンマ区切り形式（.csv）などが選択できます。用途に合わせて形式を選択しましょう。また、ダウンロードで指定できるファイル形式は、PDF形式、HTML形式を除きスプレッドシートで開くことが可能です。

327 〔サンプル〕 お役立ち度 ★★★

Q スプレッドシートを
PDFにしたい

A ダウンロードまたは印刷で
PDFにできます

スプレッドシートをPDFで保存するには、[ファイル] をクリックし [ダウンロード] をクリックして、用紙サイズなどを適切に調整し、[エクスポート] をクリックします。また、[ファイル] をクリックして [印刷] からPDFで保存することもできます。

●編集画面からPDF化する

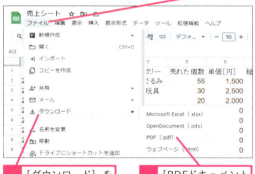

●印刷画面からPDF化する

328

サンプル　お役立ち度 ★★★

Q 合計値や平均値を素早く計算したい！

A 画面右下を参照しましょう

合計値や平均値を簡易的に計算したいときは、対象のセル範囲を選択し、画面右下の［合計：］をクリックします。合計や平均だけでなく最大値や最小値、個数も表示できます。

1 合計値や平均値を計算したいセルの範囲をドラッグして選択

画面右下に選択したセルの数値の合計値が表示された

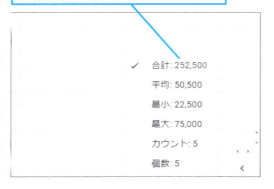

合計値の右端にある［▼］をクリックすると平均値や最小／最大値なども表示できる

329

サンプル　お役立ち度 ★★

Q テキストを縦書きにできる？

A ［テキストの回転］で指定できます

セルの中で文字の方向を縦書きにしたいときは、セルを選択して［テキストの回転］をクリックし、［縦書き］をクリックするとテキストが縦向きになります。表やリストなどでスペースを有効活用したいときに便利です。

1 テキストを縦書きにしたいセルの範囲をドラッグして選択

2 ［テキストの回転］をクリック

3 ［縦書き］をクリック

選択したセルのテキストが縦書きになった

330 区切り文字のあるテキストを分割したい

サンプル　お役立ち度 ★★★

A 自動的に検出して分割できます

テキストを列に分割するには、入力されたテキストを選択し、[データ]をクリックして、[テキストを列に分割]をクリックします。区切り文字は自動的に検出されますが、検出できないときは[カスタム]をクリックし、特定の文字を指定することもできます。

1 テキストを分割したいセルを選択

2 [データ]をクリック

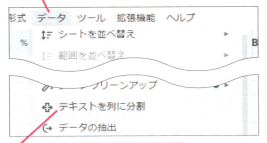

3 [テキストを列に分割]をクリック

自動的に区切り文字が検出され、テキストが分割される

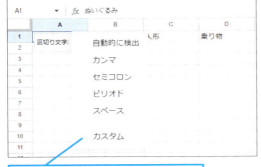

区切り文字が自動で検出されない場合は区切り文字を指定して分割できる

---

331 重複しているデータを削除したい！

サンプル　お役立ち度 ★★★

A [データクリーンアップ]の機能を使います

重複するデータを削除したいときは、データの範囲を選択してから[データ]をクリックし、[データクリーンアップ]をクリックして、[重複を削除]をクリックします。確認画面で必要な項目のチェックボックスをクリックして、[重複を削除]をクリックします。

1 削除したい重複が含まれるセルの範囲をドラッグして選択

2 [データ]をクリック

3 [データクリーンアップ]をクリック

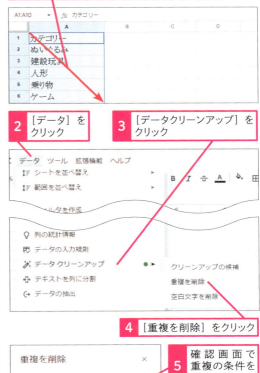

4 [重複を削除]をクリック

5 確認画面で重複の条件をチェック

6 [重複を削除]をクリック

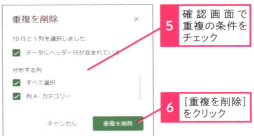

332 空白文字を削除したい！ サンプル お役立ち度 ★★

A 文字の前後のものを削除できます

前後の空白文字を削除するには、対象のセル範囲を選択し、[データ]をクリックし、[データクリーンアップ]をクリックして、[空白文字を削除]をクリックします。空白文字は全角、半角の両方が対象となります。また「小林　圭」のように文字の途中に入っている空白は削除されません。

1 削除したい空白文字が含まれるセルの範囲をドラッグして選択

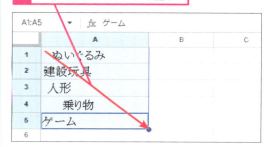

2 [データ]をクリック
3 [データクリーンアップ]をクリック

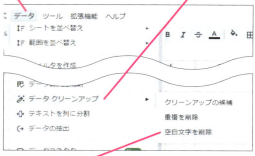

4 [空白文字を削除]をクリック

5 [OK]をクリック

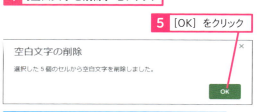

選択した範囲のセルから空白文字が削除された

333 データの統計情報を確認したい サンプル お役立ち度 ★★★

A [列の統計情報]で一覧にできます

データの統計情報を確認するには、確認したい列を選択し[データ]をクリックし、[列の統計情報]をクリックします。画面右側に列の統計情報が表示され、上部の[日付]などをクリックすることで確認する列を変更できます。

1 統計情報を知りたい行の先頭のセルをクリック

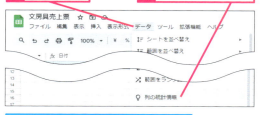

2 [データ]をクリック
3 [列の統計情報]をクリック

画面右に各列の統計情報が表示される

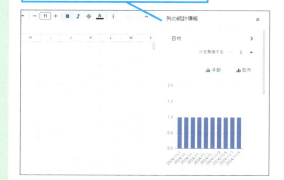

334

サンプル　お役立ち度 ★★★

Q ピボットテーブルを作成するには？

A ［挿入］から［ピボットテーブル］をクリックします

ピボットテーブルを使うと、さまざまなデータのクロス集計を手軽に行えます。ピボットテーブルを作成するには［挿入］をクリックして［ピボットテーブル］をクリックし、［データ範囲］および［挿入先］を設定します。続けて[作成]をクリックして右側のピボットテーブルエディタで行、列、値を設定します。

ピボットテーブルを作成したいスプレッドシートを開いておく

1 ［挿入］をクリック
2 ［ピボットテーブル］をクリック

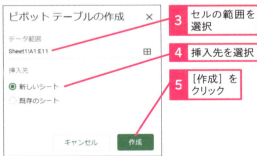

3 セルの範囲を選択
4 挿入先を選択
5 ［作成］をクリック

新しいシートにピボットテーブルが作成された

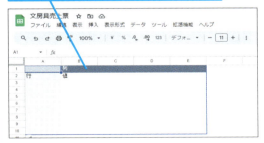

6 ［行］の［追加］をクリックして日付を追加

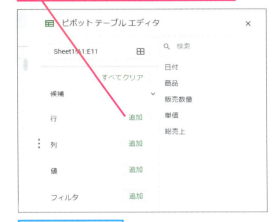

［日付］が追加された

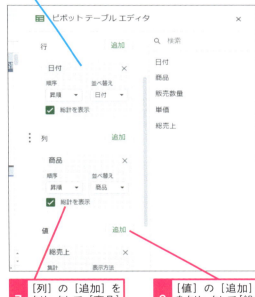

7 ［列］の［追加］をクリックして［商品］を追加
8 ［値］の［追加］をクリックして［総売上］を追加

設定に基づいてピボットテーブルが作成された

335

サンプル　お役立ち度 ★★★

Q 表のデータを整えて入力・更新を効率化したい

A テーブルに変換して視認性を向上させましょう

スプレッドシートのテーブル機能を使うと見やすい書式を設定した表を素早く作成できます。列ごとの集計機能なども備えており、データの整理に役立ちます。操作はテーブルに変換したい表のいずれかのセルを選択してから［表示形式］をクリックして、［テーブルに変換］をクリックします。

1 テーブルに変換したい表のいずれかのセルをクリック

2 ［表示形式］をクリック

3 ［テーブルに変換］をクリック

選択した表のセルの範囲がテーブルに変換された

336

サンプル　お役立ち度 ★★☆

Q テーブルのデータをグループ化したい

A テーブル内の項目でグループ化できます

テーブルのデータを同じもの同士でまとめてグループ化するには、［データ］をクリックし、［グループ化ビューを作成］をクリックして、どの列のデータでグループ化するかを選択します。これにより、クロス集計の結果を手軽に表示できます。

1 ［データ］をクリック

2 ［グループ化ビューを作成］をクリック

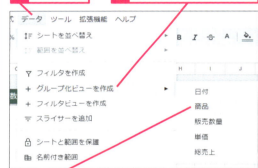

3 ［商品］をクリック

商品ごとにグループ化された

337

サンプル　お役立ち度 ★★★

Q スライサーを設定したい！

A 表のセルを選択してスライサーを追加します

情報を絞り込む機能「スライサー」をツールとして画面上に表示させるには、[データ]をクリックし、[スライサーを追加]をクリックします。画面に表示されたスライサーの左端の三本線をクリックし、画面右側の[スライサー画面]で列をクリックします。続けてスライサーの[すべて]をクリックし条件を指定します。

1 絞り込みたいデータが含まれた表のいずれかのセルをクリック
2 [データ]をクリック

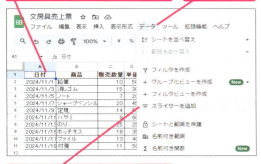

3 [スライサーを追加]をクリック

スライサーとスライサーを設定する画面が表示される

4 スライサーを設定する画面で[列]に[販売数量]を選択

5 スライサーの[すべて]をクリック

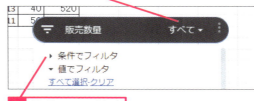

6 [条件でフィルタ]をクリック

7 [以上]をクリック

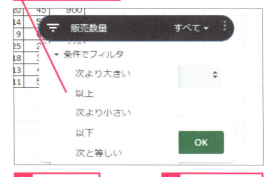

8 「10」と入力
9 [OK]をクリック

販売数量列にスライサーが設定された

338

Q シートのタブの色を変更したい！

A カラーパレットで指定できます

シートのタブに色を付けることで、複数のシートを視覚的に区別できます。色を付けたいシートのシート名の右にある▼をクリックし、[色を変更]をクリックして色をクリックします。

> タブの色を変更したいスプレッドシートを開いておく

1 色を付けたいスプレッドシートのタブを右クリック

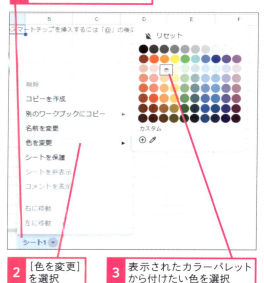

2 [色を変更]を選択

3 表示されたカラーパレットから付けたい色を選択

> タブが選択した色に変更された

339

Q シートを非表示にするには

A シートをクリックして設定します

意図しない変更を避けるためにシートを非表示にするには、非表示にしたいシートのシート名の右にある▼をクリックし、[シートを非表示]をクリックします。再表示するには[表示]をクリックし、[非表示のシート]をクリックして一覧から再表示したいシートをクリックします。

> 非表示にしたいシートがあるスプレッドシートを開いておく

1 非表示にしたいシートのタブを右クリック

2 [シートを非表示]をクリック

> 選択したシートが非表示になった

> 非表示にしたシートを再表示するには[表示]をクリックして[非表示のシート]から選択する

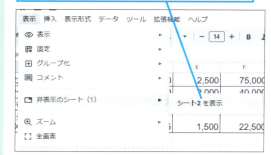

340

サンプル　お役立ち度 ★★★

Q シートを保護するには

A 編集権限を設定できます

シートの内容を指定したユーザー以外に変更できないようにすることを「保護」と呼びます。シート全体に保護を設定するには、シート名の右にある▼をクリックし［シートを保護］をクリックして［権限を設定］をクリックします。続けて［この範囲を編集できるユーザーを制限する］をクリックし、［カスタム］をクリックして編集者のチェックボックスをクリックし［完了］をクリックします。

保護したいシートがあるスプレッドシートを開いておく

1 保護したいシートのタブを右クリック

2 ［シートを保護］をクリック

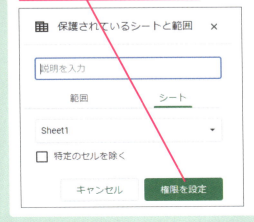

3 ［保護されているシートと範囲］で［権限を設定］をクリック

4 ［この範囲を編集できるユーザーを制限する］をクリック

5 ［カスタム］を選択

6 編集者を選択

7 ［完了］をクリック

●保護設定を削除する

1 ［保護されているシートと範囲］でゴミ箱をクリック

2 ［削除］をクリック

スプレッドシートの便利機能　できる　233

341　すべてのシートを一覧で表示したい！

A 先頭のシートの左側をクリックします

シート数が多いときに特定シートを素早く見つけ出し表示するためには、[すべてのシート] をクリックし、表示したいシートをクリックします。なお、ワザ339で非表示にしたシートはシート名が灰色で表示されます。一覧でクリックすると、素早く再表示できます。

1 [すべてのシート] をクリック

スプレッドシートにあるすべてのシートが一覧表示された

役立つ豆知識

シートのタブからコメントを開く

シートにコメントが付いているときに、シートのタブの名称の先頭にコメントの数が表示されます。数値の上にカーソルを置くと、コメントの付いたセル番号が表示され、それをクリックするとその場所に移動し、コメントの付いたセルが色付きで表示されます。

342　セルの背景色を交互に変えたい

A 範囲を選択して数クリックで変更できます

背景色を付けてデータの可読性を向上するためには、[表示形式] をクリックし、[交互の背景色] をクリックします。[デフォルトスタイル] から1つをクリックして [完了] をクリックします。スプレッドシート独自の機能として、色の組み合わせは [カスタムスタイル] で変更できます。

1 背景色を変えたいセルの範囲をドラッグして選択

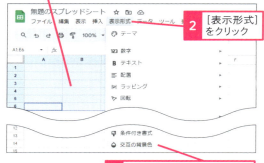

2 [表示形式] をクリック

3 [交互の背景色] をクリック

4 「交互の背景色」からスタイルと変更したい色を選択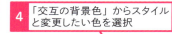

5 [完了] をクリック

選択したセルの範囲内で交互に背景色が変更された

343

サンプル　お役立ち度 ★★★

Q 条件によってセルの背景色を変えたい！

A ［条件付き書式］を設定します

数値の大きさによってセルの色を変え、データの読み取りを容易にするためには、データの範囲を選択して［表示形式］をクリックし、［条件付き書式］をクリックします。［カラースケール］をクリックし、［書式ルール］で塗りつぶしの色の組み合わせを設定します。最後に［完了］をクリックします。

1 背景を変えたいセルの範囲をドラッグして選択

2 ［表示形式］をクリック

3 ［条件付き書式］をクリック

4 ［カラースケール］をクリック

5 ［書式ルール］で塗りつぶしの色を選択

6 ［完了］をクリック

条件に従ってセルの範囲が選択した背景色に変わった

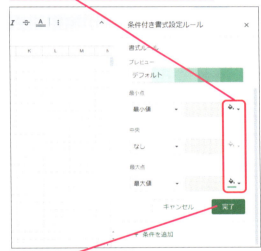

344 お役立ち度 ★★★

Q 関数一覧を確認したい

A メインメニューから表示できます

スプレッドシートの関数を一覧で表示するには、[挿入]をクリックし[関数]をクリックします。関数の種類ごとにメニューが表示されるので、クリックして関数を選びましょう。

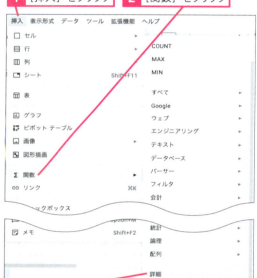

1 [挿入]をクリック
2 [関数]をクリック
3 [詳細]をクリック

Chromeで新しいタブが開き「Googleスプレッドシートの関数リスト」が一覧表示される

役立つ豆知識

Google 専用の関数を教えて！

[関数]の中には[Google]という特別なカテゴリがあります。そこにはワザ345、346で紹介している関数もありますが、他には、セルに画像を挿入できるIMAGE関数や1つのセル内にミニグラフを作成できるSPARKLINE関数などがあります。

345 お役立ち度 ★★★

Q 他のファイルデータを抽出して表示したい

A IMPORTRANGE関数を使います

他のスプレッドシートからデータを読み込むには、IMPORTRANGE関数を使用し、リアルタイムにデータを参照できます。関数内の2つの引数はそれぞれ「"」（ダブルクオート）で囲みます。初回読み込み時は[アクセスを許可]をクリックする必要があります。

1 読み込んだデータを表示するセルをクリック
2 「=IMPORTRANGE」と入力

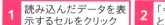

入力中に関数の候補が表示される（Smart Fill機能）ので[IMPORTRANGE]を選択してもよい

3 「=IMPORTRANGE(」の後に、読込元のURLと読込範囲の文字列を入力

読込元の指定した範囲のデータが表示された

346

サンプル　お役立ち度 ★★★

Q 関数で他言語に翻訳したい！

A GOOGLETRANSLATE関数を使います

テキストを他言語に自動翻訳し言葉の壁を越えた情報共有を行うためには、GOOGLETRANSLATE関数を使用します。関数内の[ソース言語]と[ターゲット言語]を指定することで翻訳できます。

1 翻訳結果を表示するセルをクリック
2 「=GOOGLETRANSLATE」と入力

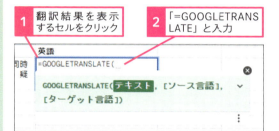

3 「=GOOGLETRANSLATE(」の後に翻訳するテキストのセル（A2）とその言語（ja）、翻訳する言語（en）を入力

翻訳元の日本語テキストが英語に翻訳された

関連 345	他のファイルデータを抽出して表示したい	▶ P.236
関連 347	シート内の計算を自動更新したい	▶ P.237

347

サンプル　お役立ち度 ★★

Q シート内の計算を自動更新したい

A ファイルの設定を変更します

シート内のデータ変更時に自動計算を実行するように設定するには、[ファイル]をクリックして[設定]をクリックします。続けて[計算]をクリックして、[変更時と毎時]をクリックして[設定を保存]をクリックします。これにより[NOW][TODAY]などの関数の更新頻度が設定されます。

計算を自動更新したいシートがあるスプレッドシートを開いておく

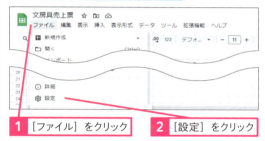

1 [ファイル]をクリック
2 [設定]をクリック
3 [計算]をクリック
4 [再計算]から設定したい計算頻度を選択

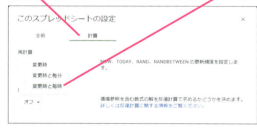

5 [設定を保存]をクリック

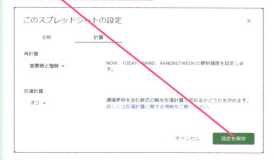

348 ガントチャートを作成するには？

サンプル　お役立ち度 ★★

A 予定を入力したシートから作成します

プロジェクト管理などにガントチャートを利用するには、シート上に開始日と終了日を含めた予定表を作成しておきます。予定表を範囲選択して［挿入］をクリックし、［タイムライン］をクリックして［データ範囲の選択］を確認します。［OK］をクリックすると新しいシートとしてガントチャートが作成されます。

> ガントチャートを作成したいスプレッドシートを開いておく

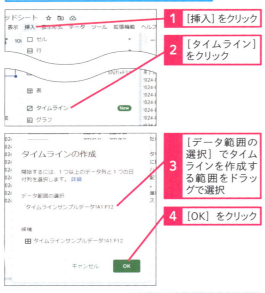

1. ［挿入］をクリック
2. ［タイムライン］をクリック
3. ［データ範囲の選択］でタイムラインを作成する範囲をドラッグで選択
4. ［OK］をクリック

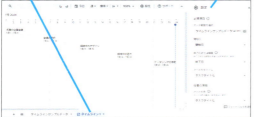

「タイムライン1」という名前の新しいシートが作成される

［設定］で［開始日］［終了日］［カードのタイトル］を設定する

349 Looker Studioでデータからレポートを作成したい！

お役立ち度 ★★★

A ［拡張機能］から設定します

データを視覚的表現に優れたLooker Studioで表示するには、［拡張機能］をクリックし［Looker Studio］をクリックして、［レポートを作成する］をクリックします。［ソースシートを選択］画面で各種設定を行い、［作成］をクリックします。

> レポートを作成したいスプレッドシートを開いておく

1. ［拡張機能］をクリック
2. ［Looker Studio］をクリック
3. ［レポートを作成する］をクリック
4. ［ソースシートを選択］でレポートを作成したいシートを指定
5. ［作成］をクリック

Chromeで新しいタブが開き、レポートが表示される

350

お役立ち度 ★★★

Q AppSheetでデータから
アプリを作成したい！

A スプレッドシートの内容から
自動的に作成できます

スプレッドシートのデータを活用しカスタムアプリを作成するには、［拡張機能］をクリックし、［AppSheet］をクリックして、［アプリを作成］をクリックします。アクセスの許可などを進めていくとAppSheetにアプリが自動作成されます。

作成するアプリの元データとなる
スプレッドシートを開いておく

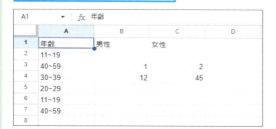

1 ［拡張機能］をクリック
2 ［AppSheet］をクリック
3 ［アプリを作成］をクリック

4 Googleアカウントでサインインする
5 ここをクリック

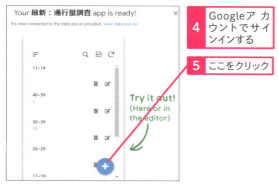

スプレッドシートのデータからAppSheetでアプリが自動作成された

● アプリを使うには

1 ［Edit］をクリック

2 「2」と入力
3 ［Save］をクリック

データが更新された

第11章 見栄えのするプレゼンが作れる Google スライドの便利ワザ

Google スライドの基本

Google スライドは Google の他のアプリと連携し、魅力的なプレゼンテーション資料を手軽に作成できるアプリです。ここでは基本的な操作について紹介します。

351　お役立ち度 ★★★

Q Google スライドの基本を知りたい

A さまざまなデバイスで利用できるプレゼンテーション用アプリです

Google スライドは、オンラインでリアルタイムに共同編集が可能なプレゼンテーションツールです。インターネット接続があればどこでも利用でき、チーム作業やリモートワークに最適です。画像や動画、アニメーションの追加が手軽に行え、Google ドライブと連携して魅力的なプレゼン資料を効率的に作成・共有できます。

テキストや図形を組み合わせて効果的なプレゼンテーション資料を作成できる

プレゼンテーション中に質問も受け付けられる

352　お役立ち度 ★★

Q Google スライドの画面構成を確認したい

A ツールバーに主要な機能が凝縮されています

メニューバーは画面上部にあり、その下にあるツールバーにすぐ使う機能が集まっています。スライドの一覧は左側、作業エリアは中央に配置されています。画面左下の[グリッド表示]をクリックすると、作成したスライドの一覧を画面全体で確認することができます。

❶メニューバー
各メニューがカテゴリごとにまとめられている

❷ツールバー
よく使うツールがまとめられている

❸作業エリア
スライドの編集を行う

❹スライド一覧
スライドの一覧が表示される

353 お役立ち度 ★★★

Q プレゼンテーションを作成したい

A テーマを試してみましょう

プレゼンテーションを作成するには、Google スライドで新しいプレゼンテーションを開き、テーマを選択してタイトルスライドを作成します。続いて新しいスライドを追加し、内容を入力して、スライドの順序を調整します。これにより、プレゼンテーションに使う資料を手軽に作成できます。スライドのレイアウトやデザインにも注意を払いましょう。

［Googleアプリ］をクリックして［スライド］をクリックしておく

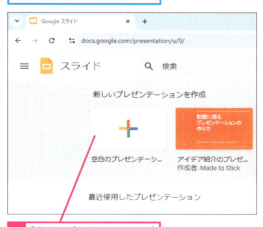

1 ［空白のプレゼンテーション］をクリック

2 ［トロピカル］をクリック

テーマが適用された

354 お役立ち度 ★★★

Q 新しいスライドを追加したい

A ［挿入］から追加します

プレゼンテーションに新しいスライドを挿入するには、画面左側のスライドパネルで挿入位置を選んで［挿入］をクリックし、［新しいスライド］をクリックします。これにより、プレゼン資料のページを増やし、情報を追加できます。位置選択に注意してスライドを追加しましょう。

1 スライドを追加したい箇所をクリック

2 ［挿入］をクリック　3 ［新しいスライド］をクリック

新しいスライドが追加された

355 Q テキストを追加したい！

A テキストボックスを挿入して大きさを調整します

スライドにテキストを追加するには、［挿入］からテキストボックスを選び、ドラッグして位置と大きさを調整します。テキストを入力すると、任意の場所にテキストを配置できます。また、テキストボックスは自由に移動やサイズ変更が可能です。

1 ［挿入］をクリック
2 ［テキストボックス］をクリック

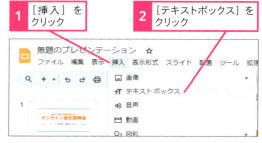

3 テキストを挿入したい場所でドラッグ

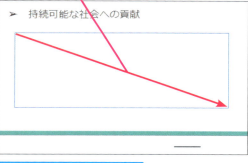

テキストボックスが作成された

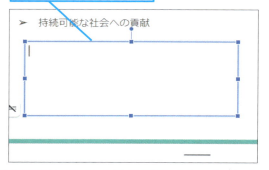

356 Q フォントの種類を変更するには

A テキストを選択して指定します

フォントを変更するには、テキストボックスをクリックし、ツールバーの［フォント］でフォントを選びます。プレゼン資料全体での統一感や視認性を保つように心がけましょう。表示されていないフォントを使いたい場合は、［その他のフォント］をクリックするとインストールできます。

1 テキストボックスをクリック

2 ［フォント］をクリック
3 ［MS P明朝］をクリック

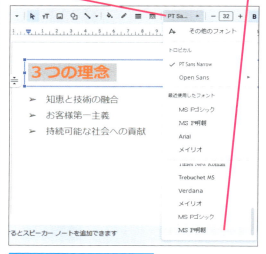

選択したフォントに変更された

357

サンプル　お役立ち度 ★★★

Q フォントの大きさを変更するには

A 数値を選ぶか数字を入力します

フォントの大きさを変更するには、テキストボックスをクリックして[フォントサイズ]からフォントの大きさを選択します。大きさを微調整したい場合は[フォントサイズ]の左右の[-][+]をクリックするか、直接数字を入力します。

1 テキストボックスをクリック

2 [フォントサイズ]をクリック　　**3** [24]をクリック

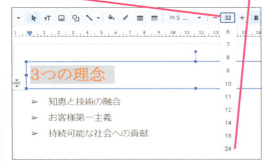

選択したサイズに変更された

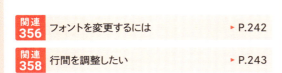

関連 356	フォントを変更するには	▶ P.242
関連 358	行間を調整したい	▶ P.243

358

サンプル　お役立ち度 ★★★

Q 行間を調整したい

A テキストボックスを選択して調整します

行間を変えるには、テキストボックスをクリックし、[もっと見る]から[行間隔と段落の間隔]をクリックします。希望する行間幅を選び、設定を確認します。行間を適切に設定することで、文書の見栄えや情報の伝わりやすさが向上します。

1 テキストボックスをクリック

2 [行間隔と段落の間隔]をクリック　　**3** [1.5行]をクリック

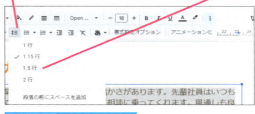

選択した行間に変更された

📖 役立つ豆知識

行を選択した場合は

行を選択して[行間隔と段落の間隔]を設定すると、選択した行の直後の行との間隔が調整されます。テキストボックスに複数の段落がある場合に使いましょう。

359 箇条書きを設定したい

A 文字を選択して［箇条書き］を適用します

箇条書きを設定するには、テキストボックスをクリックし、［もっと見る］から［箇条書き］をクリックして希望のスタイルを設定します。箇条書きを適用すると、リストや項目を視覚的にわかりやすく示せます。箇条書きの記号は数種類から選択できます。

1 テキストボックスをクリック

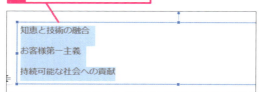

2 ［箇条書き］をクリック

選択した箇条書きのスタイルに変更された

文章が長い場合はページ幅で折り返されてインデントされる

役立つ豆知識
箇条書きのスタイルを変更できる

箇条書きを設定するときに［箇条書きメニュー］をクリックすると、箇条書きのスタイルを変更できます。最初に適用される記号や、インデントした場合に追加される記号などの組み合わせを選択可能です。

360 スライドに画像を挿入したい！

A Google ドライブやパソコン、Webからも挿入できます

スライドに画像を挿入するには、［挿入］をクリックして［画像］をクリックします。表示されたメニューから画像を選んで追加しましょう。画像はドラッグなどで配置とサイズ調整を行うことができます。なお［ウェブを検索］をクリックすると Google 画像検索で検索した画像をそのまま挿入できます。

1 ［挿入］をクリック　**2** ［画像］をクリック

3 ［ドライブ］をクリック
4 挿入したい画像を選択

5 ［挿入］をクリック

画像が挿入された

361 [サンプル] お役立ち度 ★★★

Q スライドにリンクを挿入したい

A ［挿入］をクリックして URLを入力します

リンクを挿入するには、テキストを選択するか画像をクリックし、ツールバーの［挿入］をクリックして［リンク］をクリックします。URLを入力して［適用］をクリックすると、リンクが設定されます。リンク設定後にクリックして確認しておきましょう。

1 リンクを挿入したいテキストをドラッグして選択

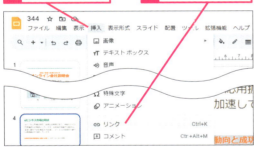

2 ［挿入］をクリック　**3** ［リンク］をクリック

4 リンク先のURLを入力　**5** ［適用］をクリック

テキストにリンクが挿入された

マウスカーソルを合わせるとプレビュー画面が表示される

362 [サンプル] お役立ち度 ★★★

Q スライドに図形を挿入したい！

A 図形の種類を選んで 位置とサイズを決めます

図形を挿入するには、［挿入］をクリックして［図形］をクリックし、希望の図形を選びます。ドラッグして描画し、位置とサイズを調整します。視覚的な要素を加えることができますが、他の要素よりも目立つ場合があるので、適切な位置とサイズにすることで、見やすさを保つことが重要です。

1 ［図形］をクリック　**2** ［矢印］をクリック

3 図形の種類を選択する

4 ドラッグして図形を描く

5 図形の色、枠線の色・太さを調整する

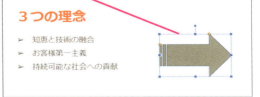

363 音声ファイルを挿入したい サンプル お役立ち度 ★★

A ドライブから挿入してアイコンを追加できます

プレゼン用に音声を入れるには、まずGoogle ドライブに音声ファイルをアップロードしておきます。次に［挿入］をクリックして［音声］をクリックし、音声ファイルを選択して［挿入］をクリックします。スライド上に表示される音声のアイコンは、位置やサイズの調整が可能です。

Googleドライブに音声ファイルをアップロードしておく　1 ［挿入］をクリック

3 音声ファイルを選択　4 ［挿入］をクリック

音声ファイルが挿入され、アイコンが追加される

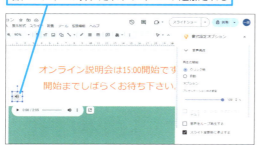

364 動画を挿入するには サンプル お役立ち度 ★★★

A ドライブ内の動画を挿入できます

動画を挿入するには、Google ドライブに動画をアップロード後、スライドに挿入します。［挿入］をクリックして［Google ドライブ］をクリックし、動画を配置してサイズ調整します。MP4、AVI、MOVなど、代表的な動画ファイル形式に対応しています。

Googleドライブに動画ファイルをアップロードしておく　1 ［挿入］をクリック

2 ［動画］をクリック

3 ［Googleドライブ］をクリック

4 動画ファイルを選択　5 ［挿入］をクリック

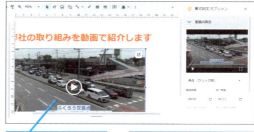

動画ファイルが挿入された　ドラッグで位置やサイズを変更できる

365 YouTube 動画を挿入するには

A 動画を検索して挿入します

YouTube 動画を挿入するには、[挿入] をクリックして [動画を挿入] 画面で [YouTube] をクリックし、キーワードで検索するかURLを貼り付けて [挿入] をクリックします。挿入後に配置とサイズを調整します。なおYouTube 動画が削除されると、挿入した動画も再生できなくなります。

ワザ364を参考に動画を挿入する画面を表示しておく

1 [YouTube] をクリック

2 動画のURLを入力　　キーワードで動画ファイルの検索も可能

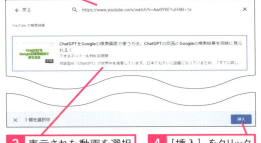

3 表示された動画を選択　　4 [挿入] をクリック

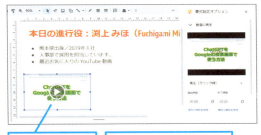

YouTube動画が挿入された　　位置やサイズはドラッグで変更できる

366 表を追加したい

A 列と行の数を指定して挿入できます

表を挿入する場合は列と行の数を指定します。セルの幅や高さはドラッグして調整できます。データを整理し、視覚的にわかりやすく表示できるように、セルの幅と高さを調整して、見やすく整った表にしましょう。スプレッドシートの表をコピー＆ペーストで連携させたまま貼り付けることもできます。

1 [挿入] をクリック　　2 [表] をクリック

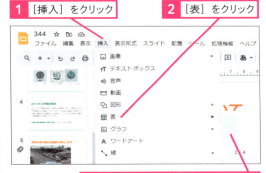

3 列と行の数をドラッグして選択する

表が追加された

4 データを入力する

セルの高さや幅はドラッグで調整できる

367

サンプル　お役立ち度 ★★★

Q グラフを追加したい

A グラフの形を選んで追加できます

スライドでは挿入したいグラフの種類を選んでから、データを入力できます。グラフを挿入するには、[挿入] をクリックして [グラフ] をクリックします。次に、表示されるグラフの種類から希望する形式を選び、[ソースデータを開く] をクリックして、スプレッドシートでデータを編集します。グラフの見た目はカスタマイズすることができます。これにより、データを視覚的にわかりやすく示すことができ、情報を効果的に伝える際に役立ちます。データの変更は自動的にグラフに反映されるため、入力ミスに注意しましょう。

1 [挿入] をクリック
2 [グラフ] をクリック
3 [縦棒] をクリック

縦棒のグラフが描写された

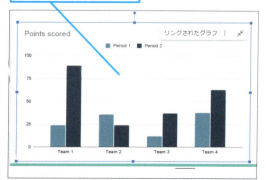

4 [リンクされたグラフ] の [オプション] をクリック

5 [ソースデータを開く] をクリック

グラフの元データはスプレッドシートで編集できる

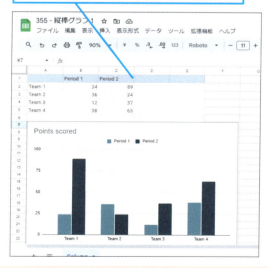

368

サンプル　お役立ち度 ★★★

Q スプレッドシートから
グラフを追加したい

A ファイルを開かずにクリックで
挿入できます

スプレッドシートからグラフを挿入するには、[挿入] をクリックして [グラフ] で [スプレッドシートから] をクリックします。続いて [グラフの挿入] 画面で挿入するグラフの元になるスプレッドシートを選択します。その後、グラフのサイズや配置を調整しましょう。

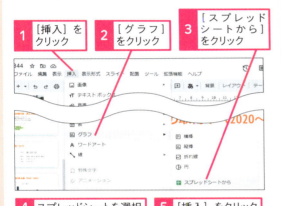

1 [挿入] をクリック
2 [グラフ] をクリック
3 [スプレッドシートから] をクリック

4 スプレッドシートを選択
5 [挿入] をクリック

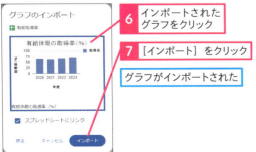

6 インポートされたグラフをクリック
7 [インポート] をクリック
グラフがインポートされた

369

サンプル　お役立ち度 ★★

Q フローチャートを作るには？

A 図形と [カギ線コネクタ] を
組み合わせます

フローチャートを作るには、図形を配置してから [線を選択] をクリックし、[カギ線コネクタ] をクリックして図形を結び付けます。プロジェクトの手順や業務の流れを視覚化し、理解しやすく説明する際に便利です。図形上に表示される紫色の点同士を正しく選んで接続しましょう。

フローチャートの作成に必要な図を作成しておく

1 [線を選択] をクリック
2 [カギ線コネクタ] をクリック
3 結び付けたい図形の片方にカーソルを合わせる
紫色の点が表示される

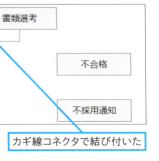

4 ここをクリック
カギ線コネクタで結び付いた

Google スライドの基本　249

370 サンプル お役立ち度 ★★★

Q レイアウトを変更したい！

A スライドごとに適用します

スライドのレイアウトを変更するには、レイアウトを変更するスライドをクリックしてから［レイアウト］をクリックし、希望のレイアウトを選びます。これにより、スライドの構成を効果的に整えられ、プレゼンテーションの見栄えが向上します。

レイアウトを変更するスライドをクリック

1 ［レイアウト］をクリック
2 利用したいテンプレートをクリック

スライドのレイアウトが変更された

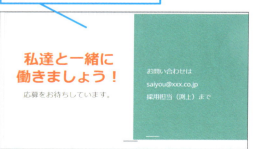

ステップアップ

レイアウトとテーマの違い

レイアウトは、個別のスライド内の各要素の配置を設定します。一方で、テーマは全体のデザイン（色、背景など）を統一するために利用します。テーマを変更すると、全てのスライドに変更が反映され、個々のレイアウトもテーマに合わせて変更されます。

●レイアウト

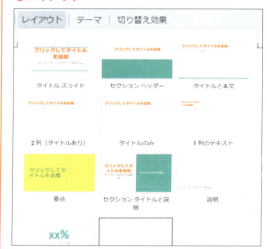

スライド上のテキストと画像の配置をセットにして適用できる

●テーマ

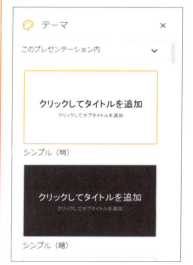

事前に設定された色、フォント、背景、レイアウトを選択して適用できる

Google スライドの便利機能

スライドにはプレゼンテーション用の機能も豊富に備わっています。ここでは見栄えのする資料の作成方法など、スライドをより活用する方法を紹介します。

371 サンプル お役立ち度 ★★★

Q PowerPointファイルを編集するには

A 空白ファイルを表示してから開きます

PowerPointファイルを Google スライドで編集するには、[空白のプレゼンテーション] を表示しておき、Google スライドの機能を使って開きます。通常のスライドと同様に編集ができるので、PowerPointのテンプレートを流用する場合に便利です。編集内容は自動保存され、編集後にダウンロードも可能です。

ワザ353を参考に [空白のプレゼンテーション] を開いておく

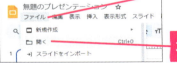

PowerPointファイルがスライドで開いた

372 サンプル お役立ち度 ★★

Q PowerPoint形式で保存するには

A ダウンロードの際に指定します

スライドをPowerPoint形式で保存するには、[ファイル] をクリックして [ダウンロード] の [Microsoft PowerPoint] をクリックします。これにより、PowerPointで編集可能なファイルが保存されます。

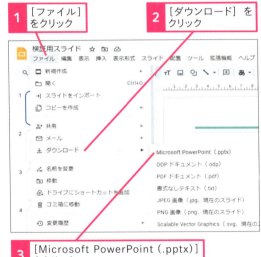

ファイルがPowerPoint形式で保存された

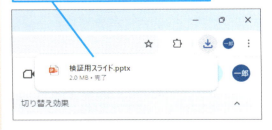

Google スライドの便利機能　できる　251

373

Q PDF化したい

A 形式を選択してダウンロードします

スライドをPDF形式で保存するには、[ファイル]をクリックして[ダウンロード]をクリックし、[PDFドキュメント]を選びます。PDF形式にすることで、文書を他の人と共有する際や印刷時に、フォーマットを保持できます。

●編集画面からPDF化する

1 [ファイル]をクリック
2 [ダウンロード]をクリック

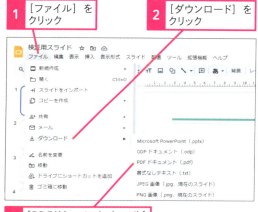

3 [PDFドキュメント（.pdf）]をクリック

●印刷画面からPDF化する

1 [PDFに保存]を選択
2 [保存]をクリック

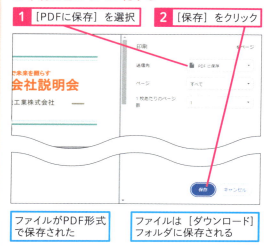

ファイルがPDF形式で保存された

ファイルは[ダウンロード]フォルダに保存される

374

Q スライドに番号を追加したい！

A スライドの右下に追加できます

スライドに番号を入れるには、[挿入]をクリックして[スライド番号]をクリックし、表示される画面で設定を[オン]にして[適用]をクリックします。削除する場合は[オフ]にして[適用]をクリックします。番号はスライドの右下に表示されます。番号を入れることで、スライドの順序を確認しやすくなります。

1 [挿入]をクリック
2 [スライド番号]をクリック
3 [オン]をクリック
4 [タイトルのスライドを除外する]をクリック
5 [適用]をクリック

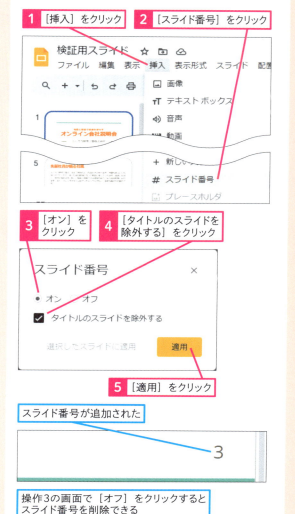

スライド番号が追加された

操作3の画面で[オフ]をクリックするとスライド番号を削除できる

375 ガイドを使ってきれいに整えたい

A ［表示］から設定します

ガイドを使うには、［表示］をクリックして［ガイド］をクリックし、［ガイドを表示］をクリックします。ガイドは、スライド内のテキストや画像を整然と配置したいときに便利です。図形などをドラッグしてガイドに吸着でき、ガイドの位置を変更することも可能です。非表示にするには、同様の操作でチェックマークを外します。

ガイドをドラッグして、テキストボックスや図形の位置を調整できる

376 スライドの背景を変えたい！

A 色を変えるほか、画像を背景にすることもできます

スライドの背景を変えるには、背景を変えたいスライドをクリックして［背景］をクリックし、［背景］画面で色や画像を選択して［完了］をクリックします。元に戻す場合は同じ画面を表示して［リセット］をクリックしてから［完了］をクリックします。スライドのデザインをカスタマイズし、内容に合った印象を与えることができます。

377 スライドテーマの詳細を確認したい

A フォントやカラーなどの設定を編集できます

スライドテーマの詳細を確認するには、[スライド]をクリックし、[テーマを編集]をクリックします。これにより、テーマを編集する画面でフォント、カラー、背景などのレイアウトを調整できます。プレゼンテーションの視覚的な統一感を高めたいときに便利です。

1 [スライド]をクリック
2 [テーマを編集]をクリック

スライドテーマの編集画面が表示された

文字のフォントや色、背景などの変更やレイアウトの調整ができる

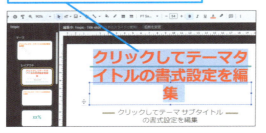

378 切り替え効果を追加したい

A いくつかの効果から細かく設定できます

スライドに切り替え効果を入れると、次のスライドに移るときに、スライドをフェードインさせたり左右から滑らせたりして、視覚的なインパクトを与えることができます。スライドの内容や目的に応じて、適切な切り替え効果を選択しましょう。

切り替え効果を追加したいスライドを選択しておく
1 [切り替え効果]をクリック

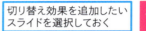

2 [スライドの移行]で[フェード]を選択

3 [再生]をクリック

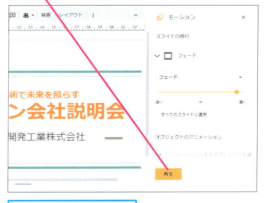

切り替え効果を確認できる

379

Q プレゼンの際に動きを付けたい

お役立ち度 ★★★

動画で見る

A ［アニメーション化］で設定します

スライド内のテキストや画像をアニメーション表示させると、テキストや画像に動きが加わります。例えば、箇条書きのテキストを一度に表示するのではなく、クリックするたびに1つずつスライド上に表示されるように設定できます。

1. アニメーション化したい画像をクリック
2. ［もっと見る］をクリック

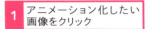

3. ［アニメーション化］をクリック
4. アニメーション化したときの動きを設定する

5. ［再生］をクリック

アニメーションが再生されるので動きを確認する

380

Q スピーカーノートを音声で入力したい！

お役立ち度 ★★
有料版

A 練習も兼ねて入力できます

スピーカーノートはプレゼンをスムーズに進めるための便利なツールです。必要な情報やメモをスピーカーノートに記入しておくと、発表中に発表者だけが確認できます。情報整理や練習時に役立ち、発表者以外には表示されないため、落ち着いて発表できます。

1. ［ツール］をクリック
2. ［スピーカーノートを音声入力］をクリック

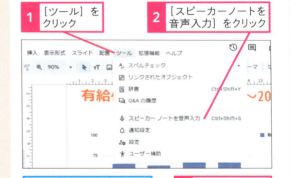

マイクの画像が表示された
3. マイクをクリック

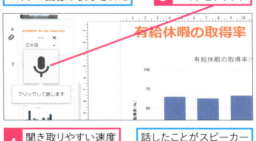

4. 聞き取りやすい速度と声量で話す

話したことがスピーカーノートに記録された

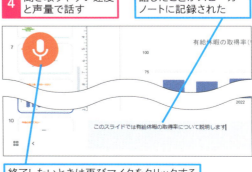

終了したいときは再びマイクをクリックする

Google スライドの便利機能　できる　255

381

有料版
お役立ち度 ★★

Q スライドをテンプレートにしたい！

A ［テンプレート ギャラリー］に送信します

スライドをテンプレート化するには、スライドを作成後、［テンプレート ギャラリー］に作成したスライドをテンプレートとして送信します。テンプレート化に

役立つ豆知識

テンプレートを削除するには

テンプレートに追加した本人または組織の管理者が削除できます。［テンプレート ギャラリー］からテンプレートを選択して［その他］から［ギャラリーから削除］をクリックします。

より、一貫性のあるスライドを手軽に使い回せるため、チーム内でのスライド作成が効率化します。

テンプレート化するスライドを作成しておく

1 スライドのホーム画面で［テンプレートギャラリー］をクリック

2 ［テンプレートを送信］をクリック

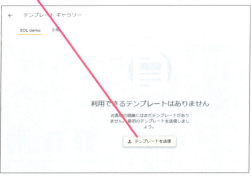

3 ［プレゼンテーションを選択］をクリック

4 テンプレートにしたいスライドを選択

5 ［開く］をクリック

6 ［カテゴリ］をクリックしてテンプレートのカテゴリを選択

7 ［送信］をクリック

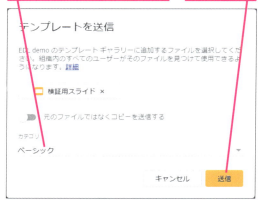

テンプレートギャラリーにスライドが追加された

382 プレゼンテーションを開始するには

Q プレゼンテーションを開始するには

A ［スライドショー］をクリックします

画面右上の［スライドショー］をクリックすると、プレゼンテーションが全画面表示されます。スライドの進行はマウスをクリックするか→キーで行います。←キーで前のスライドに戻ることも可能です。プレゼンテーションを終了するにはEscキーを押してください。

1 画面右上の［スライドショー］をクリック

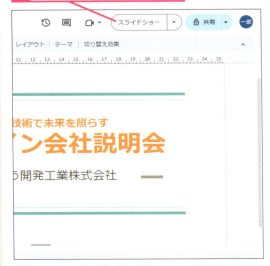

スライドが全画面表示される

←→キーでスライドのページ操作（進む／戻る）ができる

Escキーでスライドショーを終了

383 発表者用の画面を表示したい

Q 発表者用の画面を表示したい

A スピーカーノートなどを別画面で表示できます

プレゼンター表示を利用するには、［スライドショー］の右にある▼をクリックして［プレゼンター表示］をクリックします。これにより、スピーカーノートや経過時間が別ウィンドウで表示され、発表中に補足情報や進行状況を確認できます。

1 ［スライドショー］の横にある［▼］をクリック

2 ［プレゼンターを表示］をクリック

別ウィンドウでプレゼンター用の画面が表示される

スライドのページ操作、経過時間やスピーカーノートを確認できる

3 ［閉じる］をクリック

384

プレゼンテーションを録画したい！

有料版　お役立ち度 ★★

A 練習用や社内向けに録画してドライブに保存できます

プレゼンテーションを録画するには、画面右上の［録画したスライドショーを表示、作成します］（Rec）をクリックして［新しい動画を撮影してください］をクリックします。録画用の画面が表示されたら、［録画］を押し、表示の許可を選んで録画を開始します。最後に［ドライブへの保存］をクリックすると、動画が保存されます。

ワザ382を参考にプレゼンテーションを開始しておく

1 ここをクリック

2 ［新しい動画を撮影してください］をクリック

スライドにカメラビューが埋め込まれた

3 ［記録を開始］をクリック

タブの表示を確認する画面が表示される

4 ［許可する］をクリック

録画が開始される

録画を終了する　5 ［録音を一時停止］をクリック

6 ［ドライブへの保存］をクリック　録画が終了してドライブに保存された

［Rec］をクリックすると保存した録画を確認できる

385 [サンプル] お役立ち度 ★★★

Q 作成した一部のスライドをスキップさせたい

A スライドを右クリックして設定します

スライドショー中に特定のスライドをスキップするには、スライドを選び右クリックで[スライドをスキップ]を選択します。スキップマークが付き、プレゼン中に自動でスキップされます。特定のスライドを除外したい場合に便利です。

●スライドをスキップする

1 スキップしたいスライドを選択

2 [スライド]をクリック　　3 [スライドをスキップ]をクリック

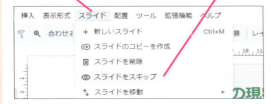

スライドが非表示になった

スライドにマウスカーソルを合わせて右クリックしても操作できる

●スライドのスキップを解除する

1 [スライド]をクリック　　2 [スライドのスキップを解除]をクリック

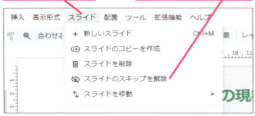

386 [サンプル] お役立ち度 ★★★

Q レーザーポインタを活用したい！

A [オプション]から設定します

スライドショーを開き[オプション]をクリックして[レーザーポインタをオンにする]をクリックします。これで特定のポイントを視覚的に強調できます。具体的な部分を強調したいときに便利です。ショートカットキー L でも表示されます。

ワザ382を参考にスライドをプレゼンテーション状態にしておく

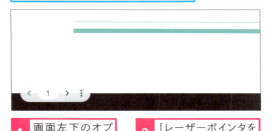

1 画面左下のオプションをクリック　　2 [レーザーポインタをオンにする]をクリック

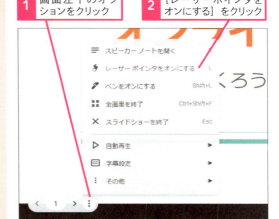

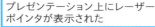

プレゼンテーション上にレーザーポインタが表示された

Google スライドの便利機能　259

387 プレゼンをしながら質問を受け付けたい

サンプル　お役立ち度 ★★★

A 専用のURLで質問を募集できます

スライドショーの[プレゼンター表示]を表示して[ユーザーツール]を使うと、質問受付用のURLが生成され、質問をリアルタイムで受け付けられます。発表者は別ウィンドウで質問や「いいね」数を確認し、スライドに表示することも可能です。質問の受付は[オン]をクリックして[オフ]にして締め切ります。

ワザ383を参考にスライドをプレゼンターで表示しておく

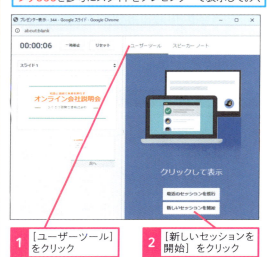

1 [ユーザーツール]をクリック
2 [新しいセッションを開始]をクリック

プレゼンテーション中の画面に「質問を投稿: (URL)」と表示される

視聴者がURLをクリックすると質問を投稿できる画面が表示される

質問が投稿された
3 [表示]をクリック

質問内容をプレゼンテーションに表示できる
4 [オン]をクリック

質問の受け付けが終了する

視聴者は質問ができなくなる

388

サンプル　お役立ち度 ★★★　有料版

Q 発表者を目立たせたい！

A スライド上に発表者の映像を表示できます

［スピーカースポットライト］を使うと発表者の姿をスライド上に表示できます。ツールバーから設定し、スライドショー中に発表者の映像を表示し、臨場感を高めることができます。カメラの設定を確認して、映像が正しく表示されるようにしましょう。

プレゼンテーションのスライドを開いておく

1　［挿入］をクリック

2　［スピーカースポットライト］をクリック

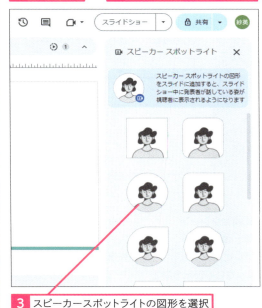

3　スピーカースポットライトの図形を選択

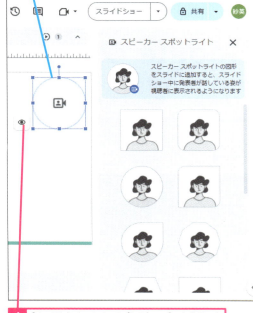

スピーカースポットライトがスライドに表示される

位置やサイズを変更できる

4　［カメラをオンにしてプレビュー］をクリック

5　［スライドショーでカメラを使用］をクリック

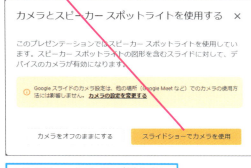

スライドショーにカメラが挿入され、発表者が表示される

第12章 回答しやすいアンケートを作る フォームの便利ワザ

Google フォームの基本

Google フォームは手軽にアンケート作成、分析、共有が可能なアプリです。Google の各サービスと連携し、素早く回答を収集できます。ここでは基本的な操作方法を紹介します。

389　お役立ち度 ★★★

Q　Google フォームの基本を知りたい

A　オンラインのアンケート用アプリです

Google フォームは、オンラインでアンケートや申し込みフォームを簡単に作成し、リアルタイムで回答を収集・分析・共有できるツールです。ビジネスでは顧客満足度調査やマーケットリサーチ、教育現場では生徒アンケートやクイズ作成に便利で、迅速な意思決定に役立ちます。フォーム作成時には、質問形式やデザインを適切に設定し、Google スプレッドシートとの連携で視覚的なデータ分析も可能です。

アンケートのほか、クイズや申し込みフォームも作成できる

390　お役立ち度 ★★

Q　Google フォームの画面構成を確認したい

A　質問セクションを中心に覚えましょう

Google フォームの使い方を理解するためには、まず画面構成を把握することが重要です。ワザ413を参考にタイトルや説明を追加し、質問セクションで質問を設定します。サイドバーではツールやオプションを選択できます。これにより、アンケートや申し込みフォームを手軽に作成でき、情報収集が効率よく行えます。

❶質問セクション
質問を設定します
❷プレビュー
クリックして表示を確認できます
❸サイドバー
入力に必要なツールが表示されています

391

お役立ち度 ★★★

Q アンケートを作成したい！

A 空白のフォームから作成します

Google フォームでアンケートを作成するには、フォームを開き、空白のフォームを選択します。タイトルと説明を入力し、質問を追加して回答形式を設定し、選択肢を入力します。フォームが完成したら送信します。これにより、顧客満足度調査や在庫管理など、情報収集が効率的に行えます。質問の設定やプレビュー機能を活用して、効果的なアンケートを実施しましょう。

［Googleアプリ］をクリックして［フォーム］画面を表示しておく

1 ［空白のフォーム］をクリック

フォーム画面が表示された

2 タイトルを入力　**3** フォームの説明を入力

4 質問を入力　**5** ［オプション1］をクリック

6 回答の選択肢を入力　**7** 選択肢を追加して入力

8 ［必須］をクリック

回答が必須項目になった

9 ［プレビュー］をクリック

アンケートのプレビューが表示された　アンケートは自動でホーム画面とドライブに保存される

392

Q テンプレートを使いたい

お役立ち度 ★★★

A [テンプレートギャラリー] から選びましょう

Googleフォームにはさまざまなテンプレートが用意されています。利用するには、ホーム画面で[テンプレートギャラリー]をクリックし、用途に応じたテンプレートを選択します。質問やデザインを基にしたフォームを素早く作成でき、効率的なアンケート作成が可能です。なおテンプレートはカスタマイズもできます。

ワザ391を参考にフォームのホーム画面を表示しておく

①[テンプレートギャラリー]をクリック

さらに多くのテンプレートが表示された

用途に応じたテンプレートを選択する

質問やデザインは自由にカスタマイズできる

393

Q プルダウン形式の質問を追加したい！

お役立ち度 ★★★

A [ラジオボタン] をクリックして変更します

フォームの回答形式は初期状態では[ラジオボタン]になっています。変更するには、まず編集したい質問をクリックします。次に「ラジオボタン]をクリックして回答形式を設定します。[プルダウン]をクリックするとプルダウン形式が設定されるので、選択肢を追加しましょう。変更内容は自動的に保存されるので、手動で保存する必要はありません。

①質問を入力　②[ラジオボタン]をクリック

③[プルダウン]をクリック

④回答の選択肢を入力

プレビュー画面で確認すると回答の方法がプルダウン形式になっていることがわかる

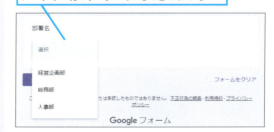

394 複数選択できる質問の回答形式に変更したい！

A ［チェックボックス］を選択して選択肢を入力します

複数選択が可能な回答方式であるチェックボックスをクリックすると、質問文や形式を修正し、選択肢を追加・削除できます。変更内容は自動的に保存されるので、手動で保存する必要はありません。なお、質問を複製したい場合は質問をクリックし、下側に表示される［コピーを作成］をクリックします。

1 質問を入力　　**2** ［チェックボックス］をクリック

3 回答の選択肢を入力

プレビュー画面で確認すると回答の方法がチェックボックス形式になっていることがわかる

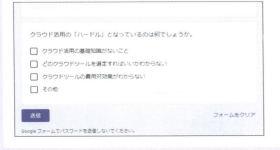

395 質問に補足の説明文を追加したい

A ［その他のオプション］から追加します

質問にさらに説明文を追加するには、右下の［その他のオプション］をクリックし、［説明］をクリックして質問の下に表示された部分に必要な情報を入力します。回答者が質問の意図を正確に理解できるよう追記することができます。質問の背景や具体的な回答条件などを詳しく説明し、正確な回答が得られます。

1 質問を入力　　**2** ［記述式］をクリック

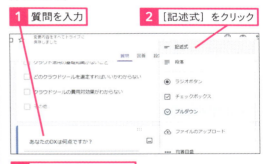

3 ［その他のオプション］をクリック

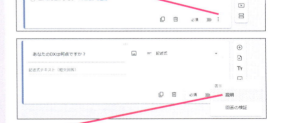

4 ［説明］をクリック　　**5** 説明文を入力

396

サンプル　お役立ち度 ★★

Q 質問に画像を入れたい

A パソコンからアップロードします

質問に画像を追加するには、質問の横にある［画像を追加］をクリックし、［挿入］をクリックします。その後、画像の大きさや位置を調整し、プレビューで確認します。これにより、視覚的に情報を伝え、回答者の理解を深めることができます。

画像を用意しておく

1 ［画像を追加］をクリック

2 ［参照］をクリック　　画像をアップロードする

質問に画像が挿入された

397

サンプル　お役立ち度 ★★★

Q 質問に動画を入れたい！

A YouTube動画を表示できます

質問に動画を直接追加することはできません。質問の横にある［動画を追加］をクリックし、［動画を選択］をクリックします。［動画を選択］画面でYoutubeから動画を検索し、［挿入］をクリックすると、質問の直下に動画がセクションに追加されます。プレビューで確認して、最適な状態に編集しましょう。

1 ［動画を追加］をクリック

YouTubeから動画を選択する画面が表示された

2 YouTubeのURLを入力　　**3** Enterキーを押す

4 動画をクリック　　**5** ［挿入］をクリック

質問に動画が挿入された

フォームの便利機能

フォームはシンプルな質問・回答だけでなく、質問に資料を添えたり、回答形式を指定したりすることが可能です。ここではフォームの便利な機能を紹介します。

398 サンプル　お役立ち度 ★★★

Q 質問にサイトやファイルへのリンクを含めたい

A ［リンクを挿入］でURLを挿入します

質問にURLを追加するには、［リンクの挿入］をクリックします。これにより、回答者は必要な参照情報に簡単にアクセスでき、質問の目的や内容をより理解しやすくなります。URLが正しく機能することを確認し、誤入力を避けましょう。リンクの内容を説明する文も追加することで、ビジネスや教育のシーンで有用です。

1 URLを追加したい部分をドラッグで選択
2 ［リンクを挿入］をクリック

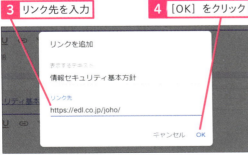

3 リンク先を入力
4 ［OK］をクリック

質問にURLが追加された

399 サンプル　お役立ち度 ★★★

Q 回答を数字に限定したい

A 半角数字のみに制限できます

記述質問の回答を数字のみに制限することができます。質問形式を［記述式］に設定した上で［その他のオプション］をクリックして［回答の検証］をクリックし、［数値］を設定します。これは年齢や数量、評価点など数値データの正確な収集に便利です。

1 ［その他のオプション］をクリック
2 ［回答の検証］をクリック

回答を検証する画面が表示された
3 ［次より大きい］をクリック

4 ［数字］に設定
5 エラーテキストを入力

空白または全角数字で回答するとエラーが表示される

400 お役立ち度 ★★★

Q 回答文字数を制限したい！

A 質問の設定で［長さ］を設定できます

入力文字数を制限するには、質問設定で［長さ］を選択し、［最大文字数］を設定します。これにより、回答者が指定された文字数以上を入力できなくなります。文字数制限は適切な文字数を確保し、過剰な情報を防ぐために有用です。

ワザ399を参考に回答を検証する画面を表示しておく

1　［長さ］に設定　　**2**　「30」と入力

3　エラーテキストを入力

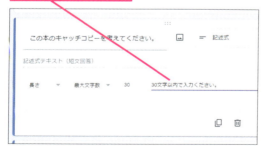

30文字以上入力するとエラーが表示される

401 サンプル お役立ち度 ★★★

Q メールアドレスを回収したい

A メールアドレスのみを入力できる項目を設定します

メールアドレスの入力に限定するには、質問設定を［テキスト］に設定し、［メールアドレス］を選択します。これにより、正しく記述されたメールアドレスのみ収集可能となります。正確な連絡先情報の収集に便利です。

ワザ399を参考に回答を検証する画面を表示しておく

1　［テキスト］に設定　　**2**　［メールアドレス］に設定

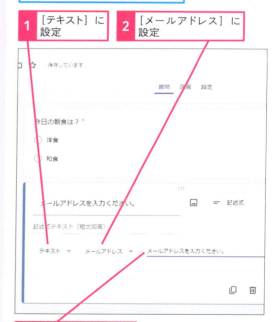

3　エラーテキストを入力

メールアドレス以外で回答するとエラーが表示される

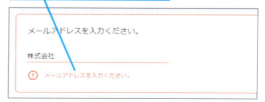

402 テキスト内容によってエラーを表示したい サンプル お役立ち度 ★★

A 正規表現で指示します

入力データの形式を制御するには、正規表現機能を使います。回答の設定でまず[正規表現]を[含む]に設定し、パターンに含む内容を入力します。次に、カスタムのエラーメッセージを入力して、エラー時に表示されるメッセージを設定します。この設定により、誤った回答の入力を防ぎ、回答の品質を向上させることが可能です。

> ワザ399を参考に回答を検証する画面を表示しておく

1 [正規表現]に設定　**2** [含まない]に設定

3 「ない」と入力

4 エラーテキストを入力

5 [必須]をクリック

> 「ない」という回答や空白の場合にエラーが表示される

403 回答者がファイルを提出できるようにするには サンプル お役立ち度 ★★★

A アップロード用の項目を追加します

回答にファイルを添付させるには、質問設定で[ファイルのアップロード]を選択します。次にファイルの種類やサイズを設定し、回答者が指定条件でファイルを添付できるようにします。ビジネスでの契約書や教育現場での課題提出に便利です。

1 [ラジオボタン]をクリック

2 [ファイルのアップロード]を選択

> アップロードの許可を確認する画面が表示された

3 [次へ進む]をクリック

4 ファイルの数やサイズを設定する

> プレビュー画面で[ファイルを追加]ボタンを確認できる

フォームの便利機能　できる　269

404 アンケートフォームにセクションを追加したい

 お役立ち度 ★★★

A [セクションを追加]をクリックします

セクションとは、フォームの要素（質問、タイトルと説明、画像など）を一括りにした「区切り」のことです。フォームにセクションを追加するには、質問の横にある[セクションを追加]をクリックします。これにより、フォームが長くなる場合や、異なるテーマの質問が含まれる場合、セクションを活用することで回答者が迷わず回答を進めることができます。

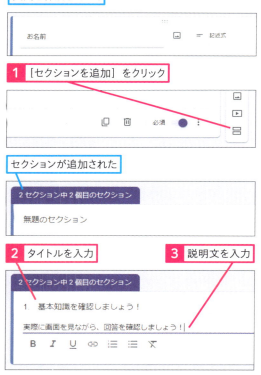

405 回答に応じて異なる質問を表示させたい！

 お役立ち度 ★★★

A セクションに移動するように設定します

ラジオボタンやプルダウンの選択で回答によって次の質問を分岐させるには、回答形式で[ラジオボタン]または[プルダウン]を選択し、[その他のオプション]をクリックして[回答に応じてセクションに移動]をクリックします。これにより回答者の選択に応じて適切なセクションへ誘導するナビゲーションを提供可能になります。

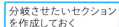

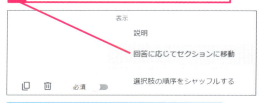

406 回答後のメッセージを編集できるようにしたい

サンプル　お役立ち度 ★★★

A ［確認メッセージ］の内容を変更します

すべての質問に回答後、表示するメッセージをカスタマイズすることができます。［設定］から［表示設定］の内容をクリックして表示し、［確認メッセージ］の［編集］をクリックして内容を編集します。これにより、回答が終わった回答者に感謝や次のアクションを案内できます。メッセージは簡潔にし、リンクや連絡先を明記すると効果的です。

1 ［設定］をクリック　　［設定］画面が表示された

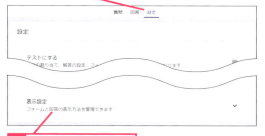

2 ［表示設定］をクリック

3 ［確認メッセージ］の［編集］をクリック

4 文章を入力　　**5** ［保存］をクリック

回答後に入力した文章が表示される

---

407 フォームの受付を停止したい

サンプル　お役立ち度 ★★

A ［回答を受付中］をオフにします

フォームの受付を停止するには、［回答］をクリックしてから［回答を受付中］をクリックしてオフにします。これにより、新しい回答は受け付けられなくなります。フォームにアクセスすると、受付が終了したメッセージが表示されます。

1 ［回答］をクリック

2 ［回答を受け付け中］をクリック

「回答を受け付けていません」と表示された

回答者には受け付けが終了したことを知らせるメッセージが表示される

408

お役立ち度 ★★★

Q フォームに回答期限を設けたい！

A アドオンを使いましょう

フォームに回答期限を設定し、自動でフォームを閉じたい場合には、アドオンの［FormLimiter（フォームリミッター）］をインストールし、設定画面で回答期限を指定します。これにより、期限後は新しい回答を受け付けなくなります。

1 ［その他］をクリック

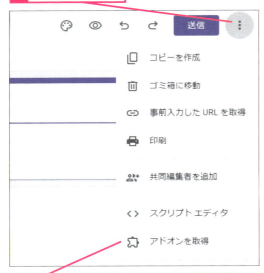

2 ［アドオンを取得］をクリック

Google Workspace Marketplaceが開かれた

3 ［アプリを検索］をクリック

4 「FormLimiter」と入力

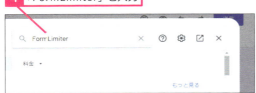

5 ［インストール］をクリック

FormLimiterがインストールされた

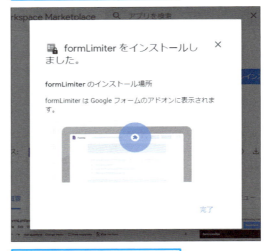

回答期限の設定が行えるようになる

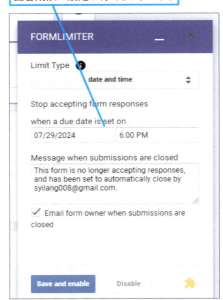

409　サンプル　お役立ち度 ★★

Q フォームのテーマを変えたい

A ［テーマをカスタマイズ］をクリックします

フォームのデザインを変更し、トーンや色をカスタマイズするには、まず［テーマをカスタマイズ］をクリックします。次に色や背景の設定を行います。設定が終わったら、プレビューで変更内容を確認します。これにより、フォームの見た目を改善し、回答者に与える印象を調整することができます。

1 ［テーマをカスタマイズ］をクリック

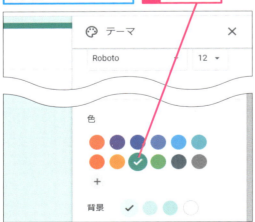

テーマを変更できる画面が表示された

2 色をクリック

選択した色のテーマになった

410　サンプル　お役立ち度 ★★★

Q フォームのヘッダーに画像を追加するには

A テーマを編集して追加します

フォームのヘッダーに画像を追加して視覚的な魅力を高めるには、［テーマをカスタマイズ］をクリックし、［画像を選択］をクリックします。画像を選んでヘッダーに反映すると、色や背景も自動的に変更されます。ヘッダーを解除するには、［テーマをカスタマイズ］で［ヘッダー］の［画像をアップロード］をクリックして削除します。

ワザ409を参考にテーマを変更できる画面を表示しておく

1 ［画像を選択］をクリック

ヘッダー画像を選択できる画面が表示された

2 画像をクリック　　3 ［挿入］をクリック

ヘッダー画像が追加された　　合わせてテーマの色も変更された

411 有料版

お役立ち度 ★★

Q よく使うフォームをテンプレート化したい

A ［テンプレートギャラリー］に追加します

フォームをテンプレート化するには、［テンプレートギャラリー］を表示して［テンプレートを送信］をクリックし、登録するフォームを選択します。これにより、他のプロジェクトでも同じフォーマットを再利用できます。テンプレートが多い場合はカテゴリ選択で絞り込みましょう。

ワザ391を参考にフォームのホーム画面を表示しておく

1 ［テンプレートギャラリー］をクリック

2 ［テンプレートを送信］をクリック

3 テンプレートにしたいフォームを選択

4 ［カテゴリ］を設定

5 ［送信］をクリック

フォームがテンプレートギャラリーに登録された

412

お役立ち度 ★★★

Q キーボードショートカットで作業効率を上げたい！

A よく使うものを覚えましょう

キーボードショートカットを利用して、フォームの作成や編集を素早く行うことができます。［その他］をクリックしてショートカット一覧を表示し、よく使うショートカットを覚え、作業時間を短縮しましょう。

1 ［その他］をクリック

2 ［キーボードショートカット］をクリック

キーボードショートカットの一覧が表示された

413 フォームの結果をドキュメントに貼り付けたい！

サンプル　お役立ち度 ★★

A 回答のグラフを表示してリンクをコピーします

フォームの結果をグラフとして表示し、そのリンクをドキュメントやスライドに貼り付けることができます。まずGoogle フォームの回答を開き、グラフを表示します。次にリンクをコピーし、ドキュメントやスライドに貼り付けます。フォームとリンクさせた場合は、回答結果がリアルタイムで貼り付けたグラフに反映されます。

●グラフをコピーする

1 ［回答］をクリック
2 ［コピー］をクリック

グラフがコピーされた

●コピーしたグラフを貼り付ける

コピーしたグラフを貼り付けようとすると確認画面が表示される

1 ［フォームにリンク］をクリック
2 ［貼り付け］をクリック

グラフが貼り付けられた

［リンクされたグラフ］をクリックするとフォームのリンクが表示される

414 過去に作成した質問を流用して時短したい

お役立ち度 ★★★

A ［質問をインポート］を使います

過去に作成した質問をインポートし、新しいフォームに再利用するには［質問をインポート］をクリックし、過去のフォームを選択して［挿入］をクリックします。［質問をインポート］画面で質問を選び、再度［質問をインポート］をクリックします。過去に作成した質問を新しいフォームにインポートすることで、質問作成の手間を省きます。

1 ［質問をインポート］をクリック

2 インポートしたい質問のあるフォームをクリック
3 ［挿入］をクリック

インポートする質問は選択できる

Google フォームを共有しよう

フォームを複数のユーザーと共同編集することで、多彩な質問項目を盛り込むことができます。ここではフォームの共同編集、メールでの周知などについて紹介します。

415　お役立ち度 ★★★

Q フォームを共同編集するには

A ［その他］から共同編集者を追加します

フォームを複数のユーザーと共同で編集するには、［その他］をクリックし、［共同編集者を追加］を選びます。これにより、チームでの作業効率が向上し、複数の視点から内容を充実させられます。ただし共同編集者の権限は［編集者］のみとなります。結果のみ共有する場合はスプレッドシートで共有しましょう。

1 ワザ408を参考に［その他］をクリック
2 ［共同編集者を追加］をクリック

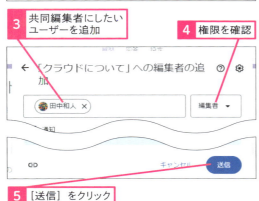

3 共同編集者にしたいユーザーを追加
4 権限を確認
5 ［送信］をクリック

共同編集者にしたいユーザーにメールが送信された

416　お役立ち度 ★★

Q フォームを送信するときに短縮URLを使用したい

A 送信前の画面で短縮URLを取得できます

アンケートフォームのURLを短縮URLで共有するには、［送信］をクリックし、［フォームを送信］画面でリンクのアイコンをクリックします。次に、［URLを短縮］をクリックしてチェックマークを付けます。Google フォームのURLが短縮され、［コピー］をクリックでコピーでき、手軽に共有できます。

1 ［送信］をクリック

フォームの送信方法を選択する画面が表示された

2 ［リンク］をクリック

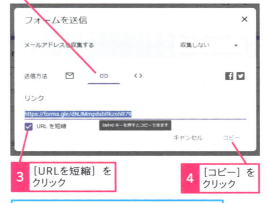

3 ［URLを短縮］をクリック
4 ［コピー］をクリック

短縮したURLがクリップボードにコピーされた

417

お役立ち度 ★★★

Q メールでフォームへの回答を依頼したい

A フォームの機能からメールを直接送信できます

フォームのURLをメールで知らせるには、[フォームを送信] 画面で [メール] をクリックし、宛先、件名、メッセージを入力して送信します。すると別途メーラーなどを立ち上げなくても共有できます。また [フォームをメールに含める] をオンにすると回答者は受け取ったメールから直接も回答が可能になります。

> ワザ416を参考に [フォームを送信] 画面を表示しておく

1 [メール] をクリック
2 メールアドレスを設定
3 [送信] をクリック
メールが送信された

受信メールの「GOOGLEフォームに記入」をクリックするとフォームが開き、アンケートに回答することができる

418

お役立ち度 ★★

Q フォームをWebサイトに埋め込むには

A 幅と高さを設定してコードを取得します

フォームをWebサイトに埋め込むには、フォームの送信画面で [HTML] をクリックして、フォームをWebサイトに表示する幅と高さを設定し、埋め込みコードをコピーします。訪問者がその場でフォームに回答でき、ユーザーフィードバックを直接収集できます。

> ワザ416を参考に [フォームを送信] 画面を表示しておく

1 [HTML] をクリック
フォームのHTMLコードが表示された

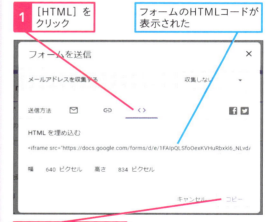

2 [コピー] をクリック

HTMLコードがクリップボードにコピーされた

Webサイトに埋め込むとフォームのデザインのまま表示される

Google フォームの回答を設定しよう

フォームの回答結果は即時集計され、また関係者間で共有することができます。ここでは回答の設定に活用できる便利なワザを紹介します。

419　お役立ち度 ★★★

Q　リアルタイムで集計したい！

A　[回答]に表示されます

フォームの回答をリアルタイムで集計するには、[回答]をクリックします。これにより、全回答の集計結果が即座に表示されます。[個別]をクリックすると個々の回答を確認することができ、詳細な分析が可能です。イベントの出席確認や顧客フィードバック収集など、リアルタイムのデータ分析が必要な場合に便利です。

1 [回答]をクリック
2 [質問]をクリック

個別の回答が表示された

420　お役立ち度 ★★★

Q　回答をスプレッドシートに転送したい

A　[スプレッドシートにリンク]を使います

フォームの回答をスプレッドシートに出力するには、[回答]を表示して、[スプレッドシートにリンク]をクリックします。次に、[新しいスプレッドシートを作成]を選び、[作成]をクリックします。この機能は、回答データを整理・分析したい場合や、他のチームメンバーとデータを共有したいときに便利です。

ワザ419を参考に個別の回答画面を表示しておく
1 [スプレッドシートにリンク]をクリック

2 [新しいスプレッドシートを作成]をクリック
3 [作成]をクリック

回答がスプレッドシートにまとめられた

421

お役立ち度 ★★

Q スプレッドシートのリンクを解除したい

A ［フォームのリンクを解除］で設定します

フォームとスプレッドシートのリンクを解除するには、まず［回答］画面で右側のメニューをクリックします。次に［フォームのリンクを解除］をクリックして、［リンクを解除］をクリックします。この操作は、特定のプロジェクトが終了した際や、新しいデータ収集を行うために有用です。データの重複を避け、クリーンな状態で新たなアンケートを実施できます。

ワザ419を参考に個別の回答画面を表示しておく

1 ここをクリック

2 ［フォームのリンクを解除］をクリック

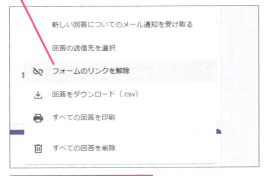

3 ［リンクを解除］をクリック

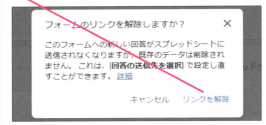

422

サンプル　お役立ち度 ★★★

Q アンケートに回答されたらメールを受信したい

A 通知を設定します

フォームで回答が送信されたときに通知メールを受け取るには、［回答］画面で、右側のメニューをクリックします。次に、［新しい回答についてのメール通知を受け取る］をクリックします。この設定により、回答が送信されるたびにメールで通知を受け取れるため、迅速に対応ができます。

ワザ419を参考に個別の回答画面を表示しておく

1 ここをクリック

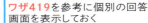

2 ［新しい回答についてのメール通知を受け取る］をクリック

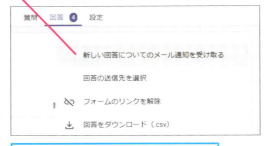

新しい回答が送信されると通知メールが届く

423

サンプル　お役立ち度 ★★★

Q 回答の際に Google への ログインを必須にしたい

A ［メールアドレスを収集する］の 設定を変更します

フォームで回答者が Google アカウントにログインして回答するよう設定するには、まず［設定］をクリックし、次に［回答］の［メールアドレスを収集する］を［確認済み］に変更します。この設定は、社内に限定した調査やアクセス制限が必要なアンケートで特に有用です。

ワザ406を参考に［設定］画面を表示しておく

① ［収集しない］をクリック

② ［確認済み］をクリック

回答者は自分のGoogleアカウントの表示が必須になる

424

サンプル　お役立ち度 ★★

Q 回答者に回答内容を 送信したい

A 常に送信するか、希望した場合に 送信するように設定できます

フォームで回答者に自身の回答内容を送信するには、まず、フォームの設定画面を開き、［回答］で［メールアドレスを収集する］を［確認済み］または［回答者からの入力］に変更します。次に、［回答のコピーを回答者に送信］を［リクエストされた場合］または［常に表示］に設定します。この機能は、回答者が自身の回答を確認できるようにする場合に便利です。

ワザ406を参考に［設定］画面を表示しておく

① ［オフ］をクリック

② ［リクエストされた場合］をクリック

回答者のフォームに自分の回答のコピーを送信できるボタンが付いた

425

サンプル　お役立ち度 ★★★

Q 2回以上回答できない ようにしたい！

A ［回答を1回に制限する］を 設定します

フォームで回答を1回に制限するには、まず、フォームの設定画面を開き、［回答］をクリックします。その後、［回答を1回に制限する］をクリックしてチェックボックスをオンにします。これにより、回答者は1回しか回答できなくなります。この機能は、公正なデータ収集が必要なアンケートや調査で特に有用です。

ワザ406を参考に［設定］画面を表示しておく

1 ［回答を1回に制限する］をクリック

回答が1回に制限された

回答者は2回以上回答できなくなる

426

サンプル　お役立ち度 ★★★

Q 回答結果を共有したい

A ［結果の概要を表示する］で 公開できます

フォームの回答結果を一般に公開するには、フォームの設定画面にある［表示設定］をクリックし、［結果の概要を表示する］をクリックしてチェックボックスをオンにします。これにより、誰でも集計結果を閲覧できるようになります。

ワザ406を参考に［設定］画面を表示しておく

1 ［結果の概要を表示する］をクリック

結果が共有されるようになった

回答者は［前の回答を表示］から回答の概要を確認することができる

427

サンプル　お役立ち度 ★★★

Q 回答の進行状況を表示するには

A ［進行状況バー］を表示します

フォームで回答の進行状況を表示するには、［設定］から［表示設定］をクリックし、［進行状況バー］をオンにします。これにより、回答者が全体の進行状況を視覚的に把握できるようになります。

ワザ406を参考に［設定］画面を表示しておく

1 ［進行状況バーを表示］をクリック

進行状況が表示されるようになった

回答フォームの最下部に進行状況バーが表示されるようになった

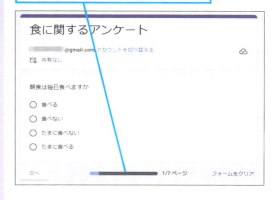

428

サンプル　お役立ち度 ★★

Q 質問の順序をシャッフルするには

A ［表示設定］から変更します

フォームで質問の順序をランダムにするには、［設定］から［表示設定］をクリックし、［質問の順序をシャッフルする］をオンにします。これにより、フォームが表示されるたびに異なる順序で質問が表示されます。

ワザ406を参考に［設定］画面を表示しておく

1 ［質問の順序をシャッフルする］をクリック

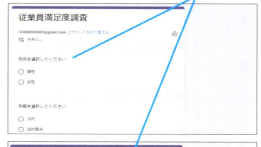

質問がシャッフルされるようになった

フォームが表示されるたびに質問の順序が変わる

429 回答提出後も修正できるようにしたい

お役立ち度 ★★★ サンプル

A ［回答の編集を許可する］をオンにします

Googleフォームは、回答者が回答を提出した後でも内容を編集できる設定にできます。［設定］から［回答］をクリックし、［回答の編集を許可する］をオンにします。これにより、回答者はフォームのリンクから再度開いて自身の回答を修正できます。

ワザ406を参考に［設定］画面を表示しておく

1 ［回答の編集を許可する］をクリック

回答後も編集できるようになった

回答者は回答後に内容を編集できる

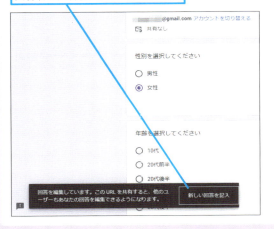

430 集計を削除したい

お役立ち度 ★★

A ［すべての回答を削除］で削除します

フォームで既存の回答データを削除してリセットするには、［回答］の右側のメニューをクリックし、［すべての回答を削除］をクリックします。アンケート結果をリセットする際に便利で、新しい調査やテストを始めるときに使用します。回答データを削除すると元に戻せないため、必要なデータはスプレッドシートに出力するか、バックアップを取っておきましょう。

ワザ419を参考に［回答］画面を表示しておく

1 ［回答］をクリック　　**2** ここをクリック

3 ［すべての回答を削除］をクリック

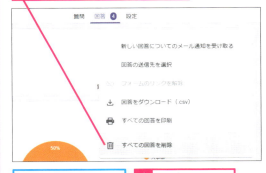

確認画面が表示された　　**4** ［OK］をクリック

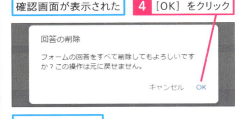

集計が削除された

Google フォームをテストにする

Google フォームの機能を利用して、テストやクイズを作って採点することができます。正答を設定することを忘れずに行いましょう。

431 [サンプル] お役立ち度 ★★★

Q テスト問題を作成したい！

A [テストにする]を設定します

フォームを利用して、テストやクイズを作成するには、[空白のフォーム]を開いて、[設定]をクリックし、[テストにする]をオンにします。成績の発表方法は[送信直後]、[正解]がオンになっていることを確認します。選択式の質問を作成する際は、回答形式で[ラジオボタン]を選び、質問と解答を入力します。続けて[解答集を作成]をクリックし、正解を設定して[完了]をクリックします。この機能は教育現場やトレーニングに便利です。学生や社員がすぐに成績を確認できるため、学習効果が向上します。

ワザ391を参考に空白のフォームを表示しておく

1 [設定]をクリック　**2** [テストにする]をクリック

3 [質問]をクリック

4 問題を作成する

5 [解答集を作成]をクリック

正解を登録する　**6** 正解の選択肢をクリック

7 [完了]をクリック

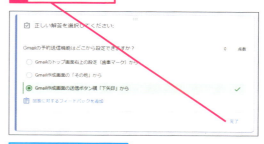

テスト問題が作成された

432 テストの配点と得点を表示したい

A ［点数］をオンにして設定します

フォームで作成したテストの点数を表示するには、［設定］で、［点数］をオンにします。これにより、回答者はテスト完了後に得点を確認できます。質問ごとの詳細設定は、各質問の［解答集を作成］から行います。配点を設定し、正解を指定することで、正確な採点が可能になります。

ワザ406を参考に［設定］画面を表示しておく

1 ［不正解だった質問］をクリック

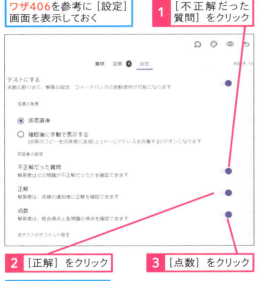

2 ［正解］をクリック　　3 ［点数］をクリック

回答者には回答後にスコアを確認できる

配点と得点を確認できる

433 回答に対するフィードバックを設定したい

A 解答集を作成する際に追加できます

アンケートフォームで各質問に対してフィードバックを設定するには、［不正解だった質問］と［正解］をオンにし、質問の［解答集を作成］をクリックします。続けて、［回答に対するフィードバックを追加］をクリックし、不正解、正解それぞれにコメントを入力し「保存」します。リンクや動画も挿入可能です。

ワザ431を参考に問題を作成し正解を登録する画面を表示しておく

1 ［回答に対するフィードバックを追加］をクリック

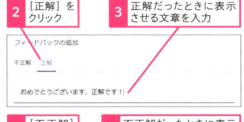

フィードバックを追加する画面が表示された

2 ［正解］をクリック　　3 正解だったときに表示させる文章を入力

4 ［不正解］をクリック　　5 不正解だったときに表示させる文章を入力

6 ［保存］をクリック

フィードバックが設定された

第13章 情報を強固に守るセキュリティの便利ワザ

セキュリティ強化・認証の基本

オンラインでの仕事が浸透し、企業ネットワークのセキュリティ強化は必須の課題となっています。ここでは組織で活用する際に必須となる管理コンソールの基本的な知識から紹介します。

434　セキュリティ情報を確認するには

有料版　お役立ち度 ★★★

Q セキュリティ情報を確認するには

A 管理コンソールからチェックできます

セキュリティ情報を確認するためには、管理コンソールで［アラートセンター］や［セキュリティ］をチェックします。これにより、ドメインに影響を与える問題を素早く把握し、対応することが可能です。ユーザーデータの保護や早期対応が求められる業務に役立ちます。各レポートのデータを正確に理解し、不必要な対応をしないように注意しましょう。

1　［Googleアプリ］をクリック

2　［管理］をクリック

［管理コンソール］画面が表示された

3　［セキュリティ］をクリック

4　［アラートセンター］をクリック

［アラートセンター］が表示された

5　［レポート］をクリック

6　［ユーザーレポート］をクリック

7　［セキュリティ］をクリック

［ユーザーレポート］画面が表示された

ユーザーのデータが漏洩して不正使用される危険性を確認できる

435 セキュリティチェックリストを確認したい

有料版 お役立ち度 ★★☆

Q セキュリティチェックリストを確認したい

A サポートページから入手しましょう

セキュリティチェックリストとは、ユーザーのアカウントやデータの安全性を確保するための推奨事項をまとめたリストで、Googleのサポートページから入手できます。ユーザー数100名を目安に、専任のIT管理者がいない小規模組織向けと、より規模の大きい組織や、特別なセキュリティ要件がある組織向けの2つに分かれています。組織のセキュリティ対策を強化し、潜在的なリスクを最小限に抑えることが可能です。

> 以下のURLを開いておく

▼URL
https://support.google.com/a/answer/9184226?hl=ja

> チェックリストは2種類が用意されている

1 [チェックリストを開く] をクリック

> 内容を確認する

436 Cookieをリセットして不正アクセスを防ぎたい！

有料版 お役立ち度 ★★★

Q Cookieをリセットして不正アクセスを防ぎたい！

A [ディレクトリ] でユーザーを選択します

ユーザーのCookieをリセットすることで、第三者からの不正アクセスを防ぎ、アカウントの安全を確保します。Cookieをリセットすると、ユーザーは再度ログインが必要になるため、事前にユーザーへ通知しておくと混乱を避けられます。

> ワザ434を参考に [管理コンソール] 画面を表示しておく

1 [ディレクトリ] をクリック
2 [ユーザー] をクリック

3 Cookieをリセットしたいユーザーをクリック

4 [セキュリティ] をクリック

5 [ログイン Cookie] をクリック

6 [リセット] をクリック

437

お役立ち度 ★★★　有料版

Q 第三者によるドメインメールのなりすましを防ぐには？

A ［なりすましと認証］を有効にします

第三者が組織のドメインを偽装してメールを送信することを防ぐには、管理コンソールからGmailの［なりすましと認証］設定を有効にします。これにより、第三者によるなりすましメールを防止し、メール通信の安全性が向上します。不正なメールを防ぐことで、ビジネスの信頼性を守る役割も果たします。

ワザ434を参考に［管理コンソール］画面を表示しておく

1 ［アプリ］をクリック
2 ［Google Workspace］をクリック

3 ［Gmail］をクリック
4 ［安全性］をクリック

Gmailの安全性に関する画面が表示された

5 ［なりすましと認証］をクリック

6 ［類似したドメイン名に基づくドメインのなりすましに対する保護機能］をクリック

7 ［従業員名のなりすましに対する保護機能］をクリック

8 ［受信メールによるドメインのなりすましに対する保護機能］をクリック

9 ［保存］をクリック

438

有料版　お役立ち度 ★★☆

Q 組織外アカウントからのサービス利用を制限するには

A ユーザーとブラウザに対して設定します

組織外アカウントからのサービス利用を制限するには、管理コンソールでユーザーとブラウザの設定を行います。これにより、Chrome ブラウザや Chromebook で組織外アカウントからのアクセスが制限され、セキュリティが強化されます。ユーザーへの影響を最小限に抑えるため、事前の検証と、制限を適用する日時の周知を忘れないようにしましょう。

> ワザ434を参考に［管理コンソール］画面を表示しておく

1 ［デバイス］をクリック　　2 ［Chrome］をクリック

3 ［設定］をクリック

4 ［フィルタを追加、または検索］をクリック

5 「予備のアカウントにログインする」と入力

6 ［全文含む"予備のアカウントにログインする"］をクリック

7 ［予備のアカウントにログインする］をクリック

8 ［ユーザーに以下のGoogle Workspaceドメインへのログインのみを許可する］をクリック

9 許可するドメインに組織のドメインを入力

10 ［保存］をクリック

439 パスワードの長さを設定したい

有料版 お役立ち度 ★★★

A ［パスワードの管理］で長さを設定できます

ユーザーがログインに使用するパスワードの文字数は、管理コンソールの［セキュリティ］から設定します。文字数は最低8文字から指定できます。この設定により、セキュリティが強化され、簡単に推測されにくいパスワードの作成が促されます。

> ワザ434を参考に［管理コンソール］画面を表示しておく

1 ［セキュリティ］をクリック
2 ［認証］をクリック

3 ［パスワードの管理］をクリック
4 最小パスワード長を設定

5 ［保存］をクリック

440 パスワードに有効期限を設けたい！

有料版 お役立ち度 ★★★

A 30日から365日まで設定できます

ユーザーがログインに使用するパスワードに有効期限を設定できます。これにより、定期的なパスワードの更新が促され、セキュリティが強化されます。定期的なパスワードの更新が求められることを、事前にユーザーに周知しておきましょう。

> ワザ439を参考に［パスワードの管理］画面を表示しておく

1 ［有効期限なし］をクリック

2 有効期限を設定

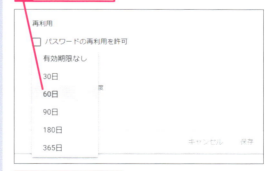

3 ［保存］をクリック

441

有料版
お役立ち度 ★★★

Q 2段階認証を利用するには

A ［認証］から設定します

2段階認証は、アカウントへのログイン時に、パスワードとは別の認証手段（スマートフォンのショートメッセージなど）を追加してセキュリティを強化する仕組みです。これにより、アカウントの安全性が大幅に強化され、不正アクセスのリスクが減少します。ユーザーには事前に2段階認証の利点と設定方法を周知することで、スムーズな導入が可能です。

ワザ439を参考に［パスワードの管理］画面を表示しておく

1 ［セキュリティ］をクリック
2 ［認証］をクリック

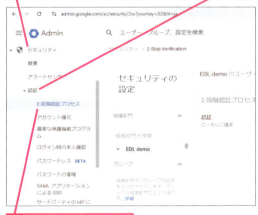

3 ［2段階認証プロセス］をクリック

4 ［ユーザーが2段階認証プロセスを有効にできるようにする］をクリック

適用タイミングを設定する

5 ［指定日以降に強制］に日付を設定

適用日付が設定された

適用の方法を選択する

6 ［テキストメッセージまたは音声通話で受け取った確認コード以外］をクリック

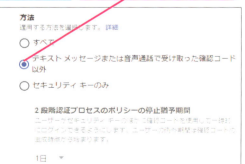

7 ［保存］をクリック

442

有料版
お役立ち度 ★★★

Q バックアップコードを取得したい

A 2段階認証プロセスから設定できます

バックアップコードを作成しておくと、ログインパスワードを忘れた場合や、通常の2段階認証プロセスでGoogleアカウントにログインできない場合（電話番号の変更やスマートフォンの紛失など）に、バックアップコードを使用してアカウントにログインできます。作成したコードは、他人に見られないような安全な場所に保管しましょう。なおバックアップコードは複数作成できますが、それぞれ1回のみの使用となります。

●バックアップコードを取得する

1 ［Googleアカウントを管理］をクリック

2 ［セキュリティ］をクリック

3 ［2段階認証プロセス］をクリック

4 ［バックアップコード］をクリック

5 ［バックアップコードを入手しましょう］をクリック

バックアップコードが表示された

［コードを印刷］をクリックするとバックアップコードを印刷できる

［コードをダウンロード］をクリックするとバックアップコードをダウンロードできる

●バックアップコードでログインする

ログイン画面を表示しておく

1 パスワードを入力

2 ［8桁のバックアップコードのいずれかを入力する］をクリック

バックアップコードのうち1つを選択して入力する

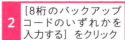

セキュリティ強化・認証の便利機能

マルウェアやフィッシングメールによる被害、パスワードの漏洩などセキュリティへの脅威は多彩になっています。ここではセキュリティを強化する方法を紹介します。

443　Gmailの添付ファイルからの被害を防ぎたい

有料版　お役立ち度 ★★★

A おすすめの設定を自動的に適用しましょう

Gmailの添付ファイルによる被害とは、悪意のある添付ファイルからパソコンにウイルスが入ったり、情報が盗まれたりする危険のことです。これを防ぐには、管理コンソールからGmailの安全性について[今後のおすすめの設定を自動的に適用]されるように設定します。最大レベルの保護が自動で適用され、パソコンや情報を守ることができます。

ワザ437を参考に[アプリ]の Gmailの設定画面を表示しておく

1 [安全性]をクリック

2 [添付ファイル]をクリック

3 この2つににチェックが付いているか確認

4 [今後のおすすめの設定を自動的に適用]にチェックが付いているか確認

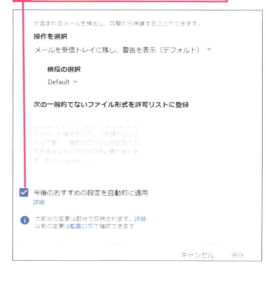

444 ユーザーのパスワードの安全度を監視したい！

有料版　お役立ち度 ★★★

Q ユーザーのパスワードの安全度を監視したい！

A ［ユーザーレポート］で一覧にして確認できます

安全性の低いパスワードによる不正アクセスや情報漏洩のリスクを防ぐために、ユーザーのパスワードの安全度を監視しましょう。安全性の低いパスワードを使用しているユーザーがいる場合は、パスワードの見直しを促すようにしましょう。

ワザ434を参考に［管理コンソール］画面を表示しておく

1 ［レポート］をクリック
2 ［ユーザーレポート］をクリック
3 ［セキュリティ］をクリック

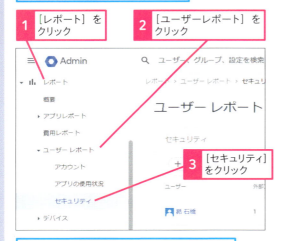

各ユーザーのパスワードの安全度を確認できる

445 Gmailの外部リンクや画像によるメールフィッシングを防ぎたい！

有料版　お役立ち度 ★★☆

Q Gmailの外部リンクや画像によるメールフィッシングを防ぎたい！

A 自動で最大レベルの保護を設定できます

受信したメールに含まれるリンク先の画像に悪質な内容がないか自動で調べたり、信頼できないサイトへのリンクをクリックしたときに警告が表示されるように設定しましょう。管理コンソールから、自動で最大レベルの保護の適用を設定できます。

ワザ437を参考に［アプリ］のGmailの設定画面を表示しておく

1 ［リンクと外部画像］をクリック

［今後のおすすめの設定を自動的に適用］にチェックが付いているか確認

446 有料版 お役立ち度 ★★★

Q Google Meet への参加に制限をかけたい

A 予定を作成する際に設定できます

Google Meet への参加を制限するには、カレンダーで予定を作成するときに［ビデオ通話オプション］を設定します。会議へのアクセスの種類を［信頼済み］か［制限付き］にすると、Google Meet の参加者を管理できます。

> ワザ180を参考にGoogleカレンダーで新しい予定を作成しておく

1 ［Google Meetのビデオ会議を追加］をクリック

2 ［ビデオ通話オプション］をクリック

3 ［信頼済み］をクリック

4 ［保存］をクリック

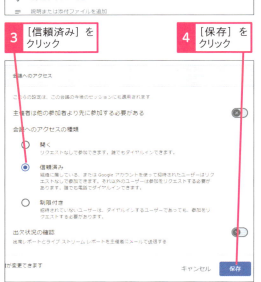

---

447 有料版 お役立ち度 ★★★

Q 外部へのメッセージに制限をかけたい

A 管理コンソールで禁止できます

Google チャットで外部ユーザーへのメッセージ送信を制限するには、管理コンソールから外部とのチャットを無効にします。または、許可リストに登録された外部ドメインのユーザー相手の場合に限りチャットを送信できるように設定します。

> ワザ437を参考に［アプリ］のGoogleチャットの設定画面を表示しておく

1 ［外部とのチャット］をクリック

2 ［オフ］をクリック

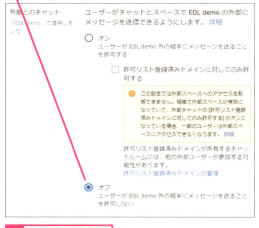

3 ［保存］をクリック

448 有料版 お役立ち度 ★★

Q GDPR対応を確認したい！

A Google Workspace の
コンプライアンスを参照しましょう

GDPR（一般データ保護規則）はヨーロッパの個人情報保護ルールで、ヨーロッパで事業を行う企業は、GDPRに従い個人情報を慎重に扱わなければならず、違反すると罰金が科せられます。Googleは、Google Workspace を利用する企業がGDPRに準拠できるよう、セキュリティ強化や情報提供を通じてサポートしています。

1 以下のURLを表示する

▼Google Workspace の法とコンプライアンス
https://support.google.com/a/answer/10209882

2 [GDPRとGoogle Cloud] をクリック

GDPR対応について記されたページが表示された

449 有料版 お役立ち度 ★★

Q セキュリティとプライバシーの
保護について確認したい

A プライバシーポリシーを
確認しましょう

Google Workspace は、強固なセキュリティ対策とプライバシー保護機能を備え、大切なデータを安全に保管します。高度な暗号化技術や多要素認証で不正アクセスを防ぎ、情報漏洩のリスクを低減します。ユーザーのデータは厳格に管理され、広告には利用されません。透明性の高いプライバシーポリシーで、安心してご利用いただけます。

セキュリティについては以下のURLで確認できる

▼URL
https://support.google.com/googlecloud/answer/6056693

プライバシーについては以下のURLで確認できる

▼URL
https://support.google.com/googlecloud/answer/6056650

450 有料版 お役立ち度 ★★★

Q ユーザーのデバイスを管理するには

A 管理コンソールの［デバイス］から確認しましょう

企業や組織にとって、デバイス管理は情報漏洩リスクの低減、コンプライアンス遵守、管理コスト削減、BYODへの柔軟な対応などを可能にし、セキュリティと効率性を向上させます。ユーザーが使用するデバイスを管理するには、管理コンソールから管理したいデバイスを選択します。デバイスのOSやバージョン、最終同期の日時を確認できます。必要な場合はログアウトや削除を行います。定期的にデバイスの利用状況を見直しましょう。

ワザ434を参考に［管理コンソール］画面を表示しておく

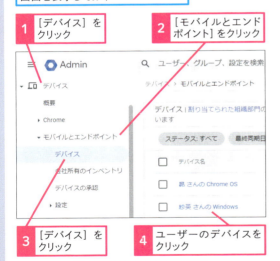

1 ［デバイス］をクリック
2 ［モバイルとエンドポイント］をクリック
3 ［デバイス］をクリック
4 ユーザーのデバイスをクリック

ユーザーのデバイスの詳細を確認できる

451 有料版 お役立ち度 ★★★

Q モバイルからのアクセスを管理するには

A 管理コンソールでブロックできます

紛失や盗難にあったスマートフォンやタブレットを迅速にブロックすることで、機密データの流出を防止できます。ブロックすると、その端末からアカウントにログインできなくなります。管理コンソールから対象となるモバイル端末を選択して対処しましょう。

ワザ450を参考にユーザーデバイスの一覧画面を表示しておく

1 管理したいデバイスにマウスカーソルを合わせる
2 ここをクリック

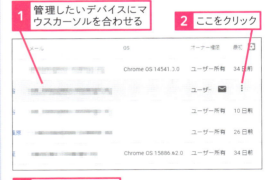

3 ［デバイスを削除］をクリック

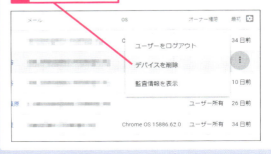

452 有料版 お役立ち度 ★★★

Q Google ドライブユーザーの共有権限を設定するには

A 共有ルールを一括適用できます

Google ドライブの画面から設定する場合と異なり、管理コンソールから設定する場合、管理者が参加していない共有ドライブも、そのドライブにアクセスできるユーザーを管理できます。組織全体の共有状況を把握し、共有ルールを一括適用できます。外部共有の制御も可能で、組織の情報管理を強化します。管理者の立場から組織内外への情報の取り扱いを管理する際に有用です。

ワザ437を参考に[アプリ]のドライブとドキュメントの設定画面を表示しておく

1 [共有ドライブの管理]をクリック

2 [メンバーを管理]をクリック

共有権限を確認できる   **3** [完了]をクリック

453 有料版 お役立ち度 ★★☆

Q Google Workspace の安全基準を確認したい！

A ホワイトペーパーで確認できます

Google Workspace はデータの暗号化、脅威からの保護、アクセスの制御など、多層的で強固なセキュリティ対策を備え、ユーザーのデータを保護しています。さらに、独立した第三者機関による認定と証明書を取得し、信頼性を確保しています。詳細は公開資料『Google Workspace セキュリティ ホワイトペーパー』で確認できます。

安全基準については以下のURLで確認できる

▼URL
https://static.googleusercontent.com/media/workspace.google.com/ja/intl/ja/files/google-apps-security-and-compliance-whitepaper.pdf

📖 役立つ豆知識

第三者機関による認定とは

Google は、顧客や政府機関からの要請に応え、定期的に外部の専門機関によるチェックを受けています。このチェックは、Google のセキュリティ対策が国際的な基準を満たしているかを確認するために、情報セキュリティ・クラウドセキュリティ・プライバシー保護などの分野で、世界的に認められた基準により評価されます。

454

有料版　お役立ち度 ★★☆

Q 削除したユーザーのデータを保管しておくには

A 削除する際に設定できます

削除したユーザーのデータを保管するには、ユーザーのアカウントを復元する必要があります。アカウントの復元ができるのは削除から20日以内です。その後、データのオーナー権限を他のユーザーに移行するか、アーカイブユーザーとして残す設定を行います。

ワザ434を参考に[管理コンソール]画面を表示しておく

1 [ディレクトリ]をクリック
2 [ユーザー]をクリック

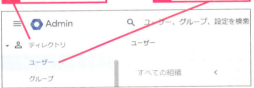

3 [その他のオプション]をクリック

4 [ユーザーを削除]をクリック

削除するユーザーのデータの移行先を設定できる

455

有料版　お役立ち度 ★★★

Q Gmailを情報保護モードで使いたい

動画で見る

A メールの作成時に設定できます

Gmailの情報保護モードでは、メール作成時に有効期限とパスコードを設定し、受信者のアクセスを制限できます。これにより、情報の漏洩リスクを抑え、指定期間後にメールを自動でアクセス不可にするほか、コピーや印刷も防止できます。

ワザ026を参考にメールの作成画面を表示しておく

1 [情報保護モードを切り替え]をクリック

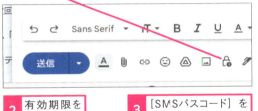

2 有効期限を設定
3 [SMSパスコード]をクリック

4 [保存]をクリック

Gmailが情報保護モードで使用できるようになった

第14章 ノーコードでアプリを作成するAppSheetのワザ

AppSheetの基本

AppSheetはスプレッドシートやフォームのデータから手軽にアプリを作成できるノーコードツールです。ここではスプレッドシートからタスク管理用アプリを作成します。

456　お役立ち度 ★★★

Q AppSheetとは

A 無料で使えるノーコードツールです

AppSheetは、プログラミング不要でアプリを作成できるツールです。見た目や操作感を調整し、アプリを直感的に構築できます。スプレッドシートやSQLと連携し、データの変更はリアルタイムで反映されます。無料版は10名以内での利用が可能で、Google Workspace有料プランのユーザーは追加費用なしで有料版のAppSheetを利用できます。

ノーコードでアプリを手軽に作成できる

デバイスごとのプレビューも行える

457　お役立ち度 ★★★

Q AppSheetを始めるには

A 専用のWebページから開始します

他のGoogle Workspaceアプリと異なり、AppSheetは専用のWebページからサインインして利用します。GoogleアカウントでサインインしAppSheetを連携させましょう。連携させることで、そのアカウントで作成したスプレッドシートなどとAppSheetを連動できます。

1. AppSheetのWebサイト（https://about.AppSheet.com）を表示する

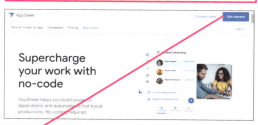

2. [Get started]をクリック

3. アカウントの認証を行う

AppSheetの操作画面が表示される

458

お役立ち度 ★★★

Q AppSheetの操作画面を確認したい

A 英語表記のまま使いましょう

AppSheetの開発画面は英語で表記されており、日本語表示には対応していません。ブラウザの翻訳機能などを使用すると、本来の意味とかけ離れた翻訳になる場合もあるので、英語表記のまま使用することを推奨します。なお、項目やアプリ名は日本語で入力しても問題ありません。AppSheetで設定できる項目は非常に多岐に渡るため、ここではシンプルなタスク管理アプリを作る想定で解説をします。

ワザ457を参考にアプリ作成画面を表示する

1 [Create]をクリック

アプリ開発用画面が表示された

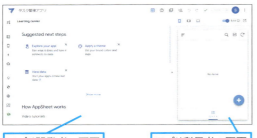

アプリ開発者の画面 / アプリ利用者の画面

Data	AppSheetとデータのやりとりを定義
Views	アプリの外観と操作性をカスタマイズ
Action	画面中のアイコンをクリックしたときの動作
Automation	特定のタスクを自動化できるモジュール式ボットを作成
Intelligence	光学式文字認識などの機械学習をアプリに組み込む
Security	セキュリティ機能を定義
Settings	各種設定を行う
Manage	アプリのデプロイ（公開）などを行う
Learn	AppSheetについて学ぶ

459

お役立ち度 ★★★

Q アプリを作成するためのデータを用意するには

A 最初の行だけ入力したデータを作りましょう

最初にスプレッドシートを準備します。AppSheetがデータを適切に読み取れるように、最初の行に項目を入力します。この章で作成するのはタスク管理アプリなので、タスクに対応した画像やファイルを添付できるように項目を増やします。

AppSheetで使用するGoogleスプレッドシートを準備しておく

AppSheetがデータを適切に読み取れるように、列ヘッダーは最初の行に配置する

役立つ豆知識

テンプレートを試してみよう

AppSheetのアプリ開発を何から始めればいいか迷ったら、サンプルアプリとテンプレートを活用してみましょう。AppSheetには様々な業務に対応できるサンプルアプリや、業務効率化をサポートするテンプレートが豊富に用意されています。

これらを実際に触ることで、基本操作の習得、機能の理解、デザインの参考、カスタマイズの練習など、様々なメリットがあります。まずはサンプルアプリを動かしてみたり、テンプレートを元にアプリを作成してみましょう。

これらの実践的な経験を通して、AppSheetの理解を深め、アプリ開発のスキルを向上させることができます。AppSheetの公式サイトやヘルプページにアクセスして、業務に役立つアプリを見つけてみてください。

460

Q データソースからアプリ開発を始めるには　　お役立ち度 ★★★

A データの種類を指定します

作成したスプレッドシートをデータソースとしてAppSheetに読み込ませましょう。AppSheetのホーム画面から操作していくと、編集画面を表示できます。最初にアプリ名を入力しますが、このアプリ名は後から変更できます。

>ワザ459の続きから操作する

1 [Create] をクリック
2 [App] をクリック

3 [Start with exisiting data] をクリック

4 作成するアプリの名前を入力　／　アプリの名前は日本語でもよい

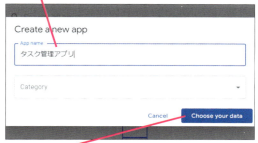

5 [Choose your data] をクリック

>スプレッドシートを読み込ませる

6 [Google Sheets] をクリック

7 ワザ459で作成したスプレッドシートをクリック
8 [Select] をクリック

>アプリを作成する準備ができた

9 [閉じる] をクリック

>新規アプリ開発用画面が表示された

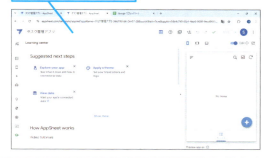

302　できる　AppSheetの基本

461

お役立ち度 ★★★

Q 入力するデータに合わせて形式を変更するには

A ［TYPE］でファイルごとに指定します

読み込んだスプレッドシートは［Data］に反映されます。［TYPE］の列を表示して、画像は［Image］、ファイルは［File］と、各データの形式に合わせて設定します。ここで形式を適切に設定することが、アプリの完成度に直結します。

ワザ460の続きから操作する

1 ［Data］をクリック

読み込んだデータの編集画面が表示された

ここではそれぞれの種類（TYPE）を編集する

2 ［画像］の［Text］をクリック

3 ［Image］をクリック

TYPEが変更された

4 同様に［リンク］を［Url］、［添付ファイル］を［File］に変更する

462

お役立ち度 ★★★

Q 画面に表示するものを選択するには

A ［LABEL?］で設定します

タスク一覧の画面で、各タスクの件名と添付画像が表示されるようにします。［LABEL?（ラベル）］でチェックボックスをオンにした項目が画面に表示されるので、ここでは［タスク］と［画像］行の［LABEL?］のチェックボックスをオンにします。

ワザ461の続きから操作する

1 クリックしてチェックマークを外す

2 クリックしてチェックマークを付ける

［Task ID］の［LABEL］のチェックマークが外れ［タスク］と［画像］の［LABEL］にチェックマークが付いた

463

Q 画面に表示しない項目を指定するには

お役立ち度 ★★★

A 条件式を追加します

タスクの進捗が完了か未完了かで画面が分かれるような構成にします。そのために［進捗］という項目がありますが、タスク作成時の［進捗］は必ず［未完了］なので、タスク作成の画面には［進捗］が表示されないように設定します。

ワザ462の続きから操作する

条件を追加する

1 ［進捗］の［Edit］をクリック

2 ここをクリック

3 ［Show ?］の［=］をクリック

条件を追加する

4 「CONTEXT("ViewType")<>"Form"」と入力

5 ［Save］をクリック

条件が追加された

6 ［Done］をクリック

追加した条件が保存された

464

お役立ち度 ★★★

Q 項目の自動入力を設定するには

A [INITIAL VALUE] で設定します

自動で［進捗］のステータスが［未完了］と入力されるように設定するには［INITIAL VALUE］の項目を埋めます。［INITIAL VALUE］は［初期値］を意味します。文字を入力する場合は"未完了"のように二重引用符で囲みます。

ワザ463の続きから操作する　　進捗が完了か未完了かで表示させるページを変える設定を追加する

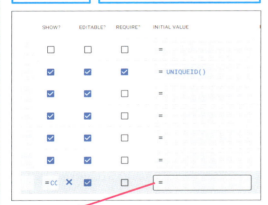

1 ［進捗］の［INITIAL VALUE］をクリック

2 "未完了"と入力

3 ［Save］をクリック　　初期値（INITIAL VALUE）が「未完了」となった

465

お役立ち度 ★★★

Q データを仕分けるにはどうすればいいの？

A Slice を作成します

［進捗］のステータスによって、タスクを［完了］［未完了］で仕分けるための設定をします。具体的にはSlice（スライス）を作成します。Sliceは指定した条件でデータを切り出す（スライスする）ことができます。まずは Slice を新規作成します。

ワザ464の続きから操作する　　Sliceを追加する

1 ［シート1］の［Add Slice to filter data］をクリック

2 ［Create a new slice for シート1］をクリック

Sliceが追加された

466

お役立ち度 ★★★

Q Sliceを追加したい

A タスクの状況に合わせて2つ作成します

Slice を新規作成したら、その Slice でどんなデータを抽出するのかわかるように名前を付けましょう。［完了］と［未完了］をそれぞれ仕分ける Slice が必要なので、Slice を2つ作成します。

| ワザ465の続きから操作する | Sliceに名前を付けてさらに追加する |

1 ［New Slice］をクリック　　**2** 「未完了」と入力

| Slice ［未完了］が追加された | **3** ［シート1］にマウスカーソルを合わせる |

4 ［Add Slice to filter data］をクリック

| Sliceを追加する画面が表示される | **5** 同様にSlice「完了」を作成 |

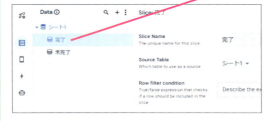

467

お役立ち度 ★★★

Q Sliceに合わせてデータを抽出するには

A 等号を使ってデータ抽出の条件を設定します

［完了］と名付けた Slice には［完了］のデータが抽出されるように条件を設定します。文字を何で囲むかに注意しましょう。［進捗］など、元のスプレッドシートで設定した項目（カラム）は半角の鍵カッコで囲みます。

| ワザ466の続きから操作する | Slice［完了］に振り分ける条件を設定する |

1 ［Describe the expression in your own words］をクリック

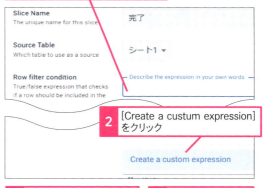

2 ［Create a custum expression］をクリック

3 「［進捗］="完了"」と入力　　**4** ［Save］をクリック

| 振り分けの条件が設定された |

468 お役立ち度 ★★★

Q 条件を満たさないデータを抽出するには

A 不等号を使ってデータ抽出の条件を設定します

次に［未完了］と名付けた Slice に［未完了］のデータが抽出されるよう条件を設定します。この設定では、［進捗］が［完了］ではないデータを抽出したいので、不等号を使用します。不等号は<>を使って記述します。

ワザ467の続きから操作する

［未完了］のSliceを表示しておく　　Slice［未完了］に振り分ける条件を設定する

1 ［Describe the expression in your own words］をクリック

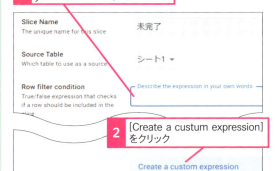

2 ［Create a custum expression］をクリック

3 「［進捗］<>"完了"」と入力　　4 ［Save］をクリック

振り分けの条件が追加された

469 お役立ち度 ★★★

Q Sliceが変更されないようにするには

A 読み取り専用に設定します

タスクのデータは、完成したアプリ画面からも修正や削除が可能です。ですが、完了したタスクは編集や修正の必要がないので、［完了］を読み取り専用の Slice として設定します。［Update Mode］で［Read-Only］をクリックします。

ワザ468の続きから操作する

［完了］のSliceを表示しておく　　1 ここをクリックして下にスクロール

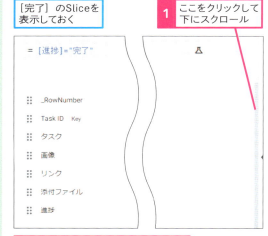

2 ［Update mode］の［Read-Only］をクリック

読み込み専用（Read-Only）になった

470

お役立ち度 ★★★

Q View（画面）を追加したい！

A ［PRIMARY NAVIGATION］から追加します

データ関係の設定が終わったら、次は完成したアプリの画面表示を設定します。AppSheetのViewは［画面］を表しています。今回は［タスクの作成］［タスクの確認］という2個のViewのあるアプリを作ります。メイン画面に表示するViewの追加は、［PRIMARY NAVIGATION］の右にある［＋］から行います。

ワザ469の続きから操作する

1 ［Views］にマウスカーソルを合わせる
2 ［Views］をクリック

［Views］画面が表示された

3 ［PRIMARY NAVIGATION］の［Add View］をクリック

4 ［Create a new view］をクリック

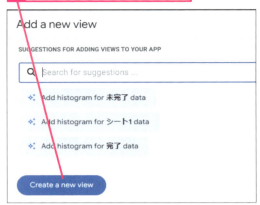

Viewが作成された

5 ［View name］の［New View］をクリック

6 「新しいタスク」と入力

Viewの名前が変更された

471 お役立ち度 ★★★

Q Viewの種類とアイコンを設定するには

A ［Display］から選択します

Viewの種類とアイコンを設定します。新規タスクを作成するために必要な情報を入力する画面なので、フォーム形式の［form］を選択します。アイコンも利用者の画面に表示できるので、利用者の視点から直感的にわかりやすいものを選びましょう。

| ワザ470の続きから操作する | Viewの種類を変更してアイコンを追加する |

1 ［View type］の［form］をクリック

2 ［Position］の［first］をクリック

3 ［Display］をクリック　　［Display］は画面下部にある

アイコンが表示された　　**4** ［plus］と入力

5 表示されたアイコンをクリック　　アイコンが追加された

---

472 お役立ち度 ★★★

Q タスク一覧の画面を追加したい

A Viewを追加しましょう

［タスク一覧］のViewを新規作成します。Viewによって目的や役割が異なるので、［View type］から適切なものを選択しましょう。今回は画像が添付されている場合にタスクの内容と合わせて表示されるように［deck］を選択します。

| ワザ471の続きから操作する | **1** ［View type］の［deck］をクリック |

2 ［シート1］をクリック

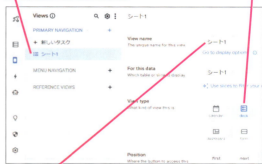

3 ［View name］の［シート1］をクリック

4 「タスク一覧」と入力

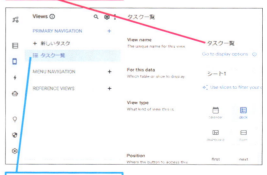

Viewの名前が変わった

473

お役立ち度 ★★★

Q メイン画面に表示しない
Viewを設定するには

A [REFERENCE VIEWS] から
追加します

[タスク一覧] Viewの中で [完了] [未完了] 2個の
Viewを表示できるようにします。こういった、メイ
ン画面に表示しないViewの作成は [REFERENCE
VIEWS] の右にある [Add Views] から行います。

ワザ472の続きから操作する

[完了] [未完了] のViewを追加する

1 [REFERENCE VIEWS] の [Add View] をクリック

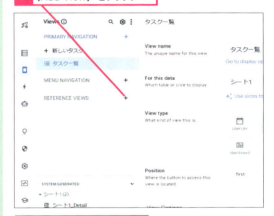

2 [Create a new view] をクリック

Viewが作成された

3 [View name] に「完了」と入力

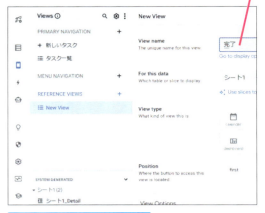

[完了] のViewが作成された

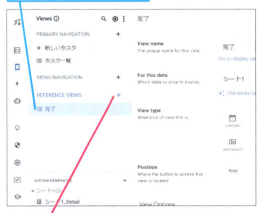

4 [REFERENCE VIEWS] の [Add View] をクリック

5 [View name] に「未完了」と入力

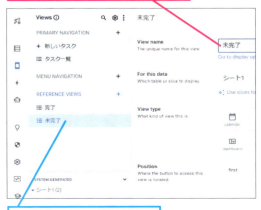

[未完了] のViewが作成された

474 お役立ち度 ★★★

Q Viewに表示するデータの参照元を設定するには

A 特定のSliceを指定します

[REFERENCE VIEWS]のREFERENCEは参照という意味です。そのViewに表示するデータの参照元として、特定のSliceを指定します。[完了]のViewは[完了]のSliceを参照するように設定しましょう。

> ワザ473の続きから操作する
> [完了]のView編集画面を表示しておく

1 [For this data]の[シート1]をクリック

2 [完了]をクリック

> [For this data]が「完了」になった

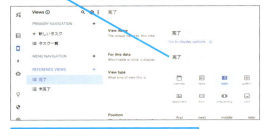

> 同様に[未完了]の[For this data]を「未完了」に設定する

475 お役立ち度 ★★★

Q Viewの表示形式を選択するには

A ダッシュボードの表示形式にします

[タスクの確認]Viewの中で[完了][未完了]2個のViewを表示するには、[View type]でダッシュボードの表示形式[dashboard]を選択します。複数の情報を一画面でまとめて表示できるため、全体像が一目でわかります。

> ワザ474の続きから操作する
> [完了]のView編集画面を表示しておく

1 [View type]の[table]をクリック

2 [タスク一覧]をクリック

3 [View type]の[dashboard]をクリック

> [完了][タスク一覧]のView typeが変更された

AppSheetの基本　できる　311

476 1個のViewに複数のViewを表示させるには

お役立ち度 ★★★

A タブで切り替えられるようにします

［View entries］の［Add］をクリックして、ダッシュボード上に表示するViewを追加します。パソコンやタブレットの広い画面ではViewを横並びで表示できます。スマートフォンからの利用も想定している場合は、Viewをタブで切り替えられる設定を追加しましょう。アプリ利用者の使いやすさも考慮した画面構成にすることが大切です。

> ワザ475の続きから操作する
>
> ［タスク一覧］のView編集画面を表示しておく

1 View Optionsの［Add］をクリック

2 ［シート1_Detail］をクリック

3 ［未完了］をクリック

4 ［Add］をクリック

5 ［シート1_Detail］をクリック

6 ［完了］をクリック

> スマートフォンでタブ表示できる設定を追加する

7 ［Use tabs in mobile view］をクリック

> ［タスク一覧］のViewの設定ができた

477

お役立ち度 ★★☆

Q 特定の処理を実行するボタンを作るには

A Actionを設定します

「このボタンをクリックすると、このような処理を実行する」という設定をします。AppSheetでは[Action]と表現されます。ここでは「未完了のタスクの進捗を完了に変更する」というActionを行うためのボタンを作成します。1回のクリックで複数の処理を実行することもできるので、作業の自動化・効率化の実現に欠かせない設定です。

ワザ476の続きから操作する

1 [Actions]をクリック
2 [Add Action]をクリック

3 [Create a new action]をクリック

[Actions] 画面が表示された
ここからアクション（ボタン）を追加できる

4 [Action name] に「完了にする」と入力

5 [Set these columns] の [Task ID] をクリック
6 [進捗]をクリック

7 ここをクリック

8 「"完了"」と入力

9 [Save] をクリック

ボタンをクリックしたときのアクションが設定された

ワザ471を参考にアイコンを設定する

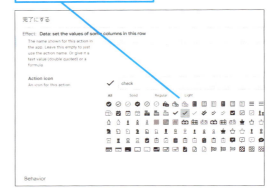

478

お役立ち度 ★★☆

Q ボタンが画面上に表示されないようにするには

A Actionの詳細で指示します

[Action]の詳細を設定します。[未完了のタスクの進捗を完了に変更する]ボタンは、完了したタスクを表示する[View]には不要です。なので、未完了のタスクを表示しているときだけボタンが表示されるようにします。

> ワザ477の続きから操作する

> [完了にする]のActions編集画面を表示しておく

> アクションの作用する条件を設定する

1 [Behavior]をクリック

2 ここをクリック

3 「[進捗]="未完了"」と入力

4 [Save]をクリック

> アクションの作用する条件が追加された

479

お役立ち度 ★★★

Q アプリを検証する画面を表示したい！

A プレビューで確認しましょう

プレビュー機能は、アプリの表示や動作を確認するために重要です。これにより、レイアウトや動作の問題を早期に発見し、修正できます。プレビュー画面の表示はパソコン・タブレット・スマートフォンを切り替えできます。

> ワザ461を参考にデータの編集画面を表示しておく

1 [Open right panel]をクリック

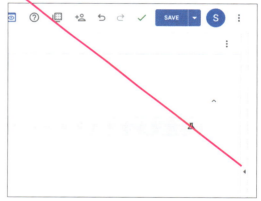

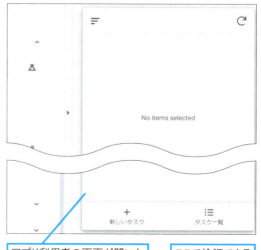

> アプリ利用者の画面が開いた

> ここで検証できる

480

お役立ち度 ★★★

Q 作成したアプリの挙動を試してみたい

動画で見る

A プレビュー機能で試用できます

アプリケーションが完成したら、プレビュー機能で実際に使ってみましょう。サンプルアプリも、利用者の画面だけでなく、開発画面を見ることができます。そのため、アプリがどう作られていて、どの機能が利用されているかを学ぶことができます。AppSheetのアプリテンプレートにも、65以上のアプリの例が公開されています。

動作を検証する前に［Save］をクリックしてデータを保存しておく

ここではタブレットの画面でアプリの動作検証を行う

1 ［Tablet］をクリック

2 ［新しいタスク］をクリック

［Task ID］は自動で表示される

3 タスクの内容を入力

4 ［Save］をクリック

5 ［未完了］のタスクをクリック

［未完了］にタスクが表示された

6 ［完了にする］をクリック

7 ［タスク一覧］をクリック

［進捗］が［完了］になった

［完了］にタスクが移動した

第15章 さらに仕事を快適にするアプリの便利ワザ

Google Keep の基本

Google Keep は他のアプリと連携しつつ手軽にメモを作成し、スケジュールやタスクの管理に役立つアプリです。ここでは基本的な操作方法を紹介します。

481　お役立ち度 ★★★

Q Google Keep を使いたい！

A アプリの一覧か画面の右側から起動できます

Google Keep はクラウドに手軽にメモを保存できるアプリです。画像や図形描画の追加ができ、スマートフォン用のアプリでは音声メモを追加することができます。また、リマインダーを設定することでタスクの見落としを防ぐことができる上、他のユーザーとメモの共有や共同編集も可能です。

1　ワザ013を参考に［Googleアプリ］の一覧から［Keep］をクリックする

Googleカレンダーなどの［Keep］をクリックしても開くことができる

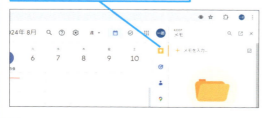

482　お役立ち度 ★★★

Q リストを使ってタスク管理を効率化したい！

A ［リストアイテム］から作成できます

Keep はチェックボックスを挿入してリストを作成し、タスク管理を効率化できます。プロジェクト管理や日常業務に便利で、チームメンバーとメモを共有することで、互いに進捗を確認できます。タスクを適切なバランスで作成し、リストが煩雑にならないよう注意しましょう。

1　［新しいリスト］をクリック

リスト作成画面が表示された　　2　［リストアイテム］をクリック

3　リスト名を入力　　4　Enterキーを押す

チェックボックス付きのリストが作成できた

483

お役立ち度 ★★☆

Q 手描きの図形で視覚的に情報を整理したい

A ［図形描画付き新規メモ］を作成します

手描きの図形を作成することで、文字だけでは表現できない情報を視覚的に整理できます。ブレインストーミングやプロジェクトの構想、会議やプレゼンテーションの準備に役立ちます。

1 ［図形描画付き新規メモ］をクリック

図形が描画できる画面が表示された

2 描画ツールをクリック

3 色をクリック

4 太さをクリック

5 ドラッグして図形を描画

画像として保存できる

484

お役立ち度 ★★★

Q ラベルを使って情報に優先順位を付けたい

A ［その他のアクション］から設定します

ラベルの機能を使ってメモをカテゴリ分けすると、必要な情報を迅速に見つけることができ、プロジェクト管理に効果的です。ただし、ラベルが多すぎると管理が煩雑になるため、シンプルに保つことが重要です。ラベル名をわかりやすく設定し、一貫性を保ちましょう。ラベルは複数付けることができます。

1 ［その他のアクション］をクリック

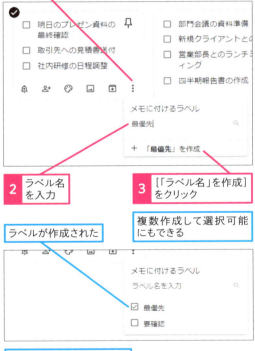

2 ラベル名を入力

3 ［「ラベル名」を作成］をクリック

ラベルが作成された

複数作成して選択可能にもできる

ラベル名ごとに整理される

485

お役立ち度 ★★★

Q メモに色を付けて視覚的に整理したい！

A ［背景オプション］で設定します

メモに色や背景を付けて整理すると、重要な情報やタスクを一目で認識できます。優先度やカテゴリごとに色分けし、プロジェクトの進捗状況や会議の議事録などを効率的に管理しましょう。色の使いすぎを避け、重要なメモにのみ色を付けることがポイントです。

1 ［背景オプション］をクリック

2 ［ピーチ］をクリック

メモに色が付いた

色を変更する場合は［背景オプション］を再度クリックして変更する

486

お役立ち度 ★★★

Q 重要なメモを固定表示したい

A ［メモを固定］で上部に表示します

重要なメモを固定表示することで、見逃しを防ぐことができます。固定したメモは常に上部に表示され、重要な情報やタスクを常に確認可能です。頻繁に確認する必要があるタスクや、会議のアジェンダ、プロジェクトの進捗確認が効率的にできます。

1 メモの上にマウスカーソルを合わせる　**2** ［メモを固定］をクリック

メモがホーム画面の上部に固定された

［メモを固定］を再度クリックすると固定が解除される

487

お役立ち度 ★★☆

Q 不要なメモをアーカイブしたい

A ［アーカイブ］で非表示にできます

メモをアーカイブすると、非表示にできます。一覧が整理され、必要な情報にアクセスしやすくなるため、不要なメモをアーカイブし、重要なメモを見やすくしましょう。アーカイブしたメモは［アーカイブ］に格納されるため、再表示したい場合はそこを確認しましょう。

メモが［アーカイブ］フォルダに移動した

同様の手順で［アーカイブ］を再度クリックするとアーカイブが解除される

488

お役立ち度 ★★★

Q リマインダーを設定したい！

A 日付と時刻を使って設定できます

Keepの機能でリマインダーを設定できます。後日見返したいタスクを日時だけではなく場所を指定してリマインダーを設定できます。また、繰り返す頻度も設定可能です。作成したリマインダーは［メモ］の一覧にも表示されます。

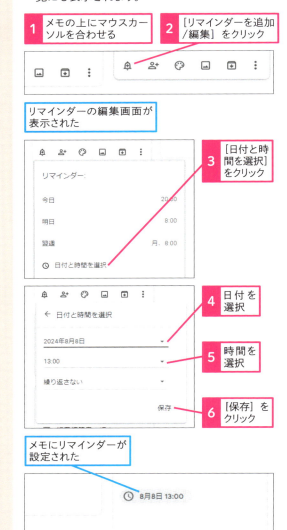

メモにリマインダーが設定された

Google Keep の基本　できる　319

489 メモをリアルタイムで共同編集したい

お役立ち度 ★★

A ［共同編集者］の設定を使います

［共同編集者］の設定を行うと、複数のメンバーが同時にメモを編集でき、リアルタイムでの共同作業が可能になります。また［変更履歴］で変更箇所を確認できるため、誰がどの部分を編集したか把握できます。追加された共同編集者のアイコンはメモに表示されるので、誰と共有しているのかも把握できます。

1 メモの上にマウスカーソルを合わせる
2 ［共同編集者］をクリック

3 共同編集者のメールアドレスを入力
4 ［保存］をクリック

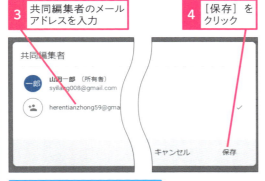

メモに共同編集者が追加された

490 撮影した写真にメモを追加したい！

お役立ち度 ★★★

A ［画像付きの新しいメモ］を作成します

メモに写真を追加することで、視覚的な情報と説明をまとめて保存できます。現場調査や、デザインフィードバックなどに便利です。スマートフォン用アプリの場合は、メモを作成してから写真を撮影できます。なおPDFファイルは追加できません。

1 ［画像付きの新しいメモ］をクリック

2 画像を選択

3 ［開く］をクリック

画像付きのメモが作成された

4 必要な情報を入力
5 ［閉じる］をクリック

491

お役立ち度 ★★★

Q 音声で素早く入力したい

A スマートフォンのアプリを使いましょう

スマートフォン用アプリの Google Keep では音声メモの作成が可能です。音声で素早くメモを取ることでタイピングの手間を省くことができます。また、音声データとともにAIでテキストに変換されて保存されるので、後で見返す際に便利です。運転中や移動中でも効率的にメモを取れます。

Google Keepのスマートフォン用アプリを起動しておく

1 ここをタップ

音声入力が可能になる　　2 入力したい内容を話す

話した内容がテキストとして登録された

音声ファイルも登録された

492

お役立ち度 ★★

Q 画像内のテキストを抽出したい！

A OCR機能を使いましょう

Keepには簡易的なOCR機能が備わっており、画像内の文字を認識してテキストデータとして保存できます。手書きしたメモや印刷物のテキストを効率的にデジタル化でき、Webリンクも読み込んでくれるため、名刺管理にも適しています。

ワザ490を参考にテキストを抽出したい画像付きのメモを作成しておく

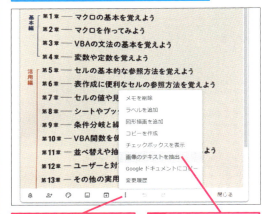

1 ［その他のアクション］をクリック　　2 ［画像のテキストを抽出］をクリック

画像のテキストが抽出された

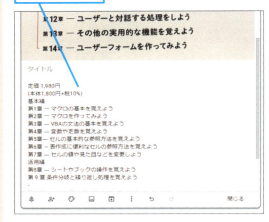

493 お役立ち度 ★★★

Q Google ドキュメントに転記したい

A ［Google ドキュメントにコピー］で書き出します

Keep のメモをドキュメントに書き出すことで、会議の議事録やプロジェクト報告書などの作成に役立ちます。文字だけでなく画像も書き出すことができます。転記したメモは、新しいドキュメントに入力されます。必要に応じて編集し、保存しましょう。

1 ［その他のアクション］をクリック
2 ［Googleドキュメントにコピー］をクリック

Googleドキュメントにコピーされた
3 ［ドキュメントを開く］をクリック

Googleドキュメントが起動して内容を確認できる

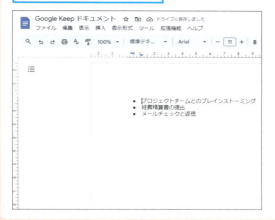

494 お役立ち度 ★★★

Q メモをグループ化して一括操作したい！

A 選択してグループ化できます

複数のメモをグループ化することで、アーカイブ、固定、リマインダー設定などを一括で行うことができます。個別に操作する必要がなくなるため、メモの管理に効率的です。操作を行う前にメモの内容を確認し、重要なメモや無関係なメモを操作しないように注意しましょう。

1 グループ化したいメモの上にマウスカーソルを合わせる
2 ［メモを選択］をクリック

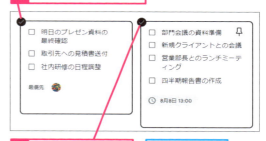

3 同様に［メモを選択］をクリック
メモがグループ化された

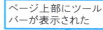

ページ上部にツールバーが表示された
4 ［背景オプション］をクリック

5 色を選択

グループ化されたメモを一括で編集できた

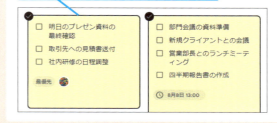

Google サイトの基本

Google サイトを使うと、ワープロソフトのような手軽な操作でシンプルなWebサイトを作成できます。専用のURLにアクセスし、ログインして始めましょう。

495

お役立ち度 ★★★

Q Google Workspace でWebサイトを作ってみたい！

A 専用のURLから開始しましょう

Google サイトを使うと、直感的な操作でページを作成でき、Google ドキュメントやスプレッドシートなど他のファイルを埋め込むことも可能です。社内ポータルサイト、プロジェクト紹介ページ、イベント情報の共有などに活用しましょう。また、サイト公開範囲を設定する際は、機密情報が含まれていないか確認し、適切な共有設定を行いましょう。

以下のURLを表示しておく

▼ Google サイト
https://sites.google.com/

1 ［空白のサイト］をクリック

サイトの編集画面が表示された

2 ［ページのタイトル］をクリック

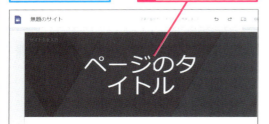

3 ページのタイトルを入力

4 ページのタイトルをダブルクリック
5 ［フォント］をクリック

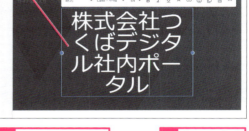

6 ［Open Sans］をクリック
7 ［中字］をクリック

フォントの種類が変わった

8 ［フォントサイズ］をクリックして［30］に変更

9 ［太字］をクリック

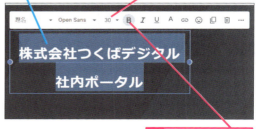

496

お役立ち度 ★★★

Q サイトに文字を追加したい

A ［テキストボックス］を作成します

Googleサイトはワープロソフトのように手軽に文字の大きさやフォント、色を変えることができます。文字にめりはりを付けて情報をわかりやすく伝えましょう。また、重要なポイントを強調することで、読み手の注意を引きやすくなります。

ワザ495の続きから操作する

1 ［挿入］をクリック

2 ［テキストボックス］をクリック

テキストボックスが表示された

3 ボックスの中をクリック

4 文字を入力

5 1行目を選択

6 ［フォントサイズ］をクリック

7 ［18］をクリック

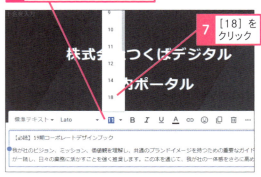

文字の大きさが変わった

8 ［太字］をクリック

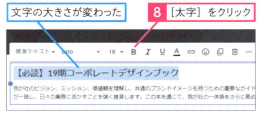

文字が太字になった

9 ［テキストの色］をクリック

10 #ff0000を選択

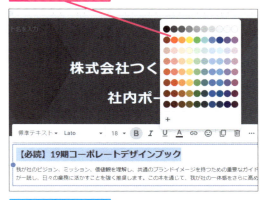

文字の色が変わった

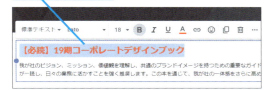

497

お役立ち度 ★★★

Q サイトにスライドを配置したい！

A ［挿入］からスライドを選択します

ページにスライドを追加することで、プレゼンテーション資料を直接サイトで表示できます。インタラクティブなコンテンツが提供でき、訪問者の理解が深まります。スライドの共有設定を適切に行い、誰でもアクセスできるようにしておくことが重要です。

ワザ496の続きから操作する

配置したいスライドをGoogleスライドに保存しておく

1 ［挿入］をクリック

2 ［スライド］をクリック

3 挿入したいスライドを選択

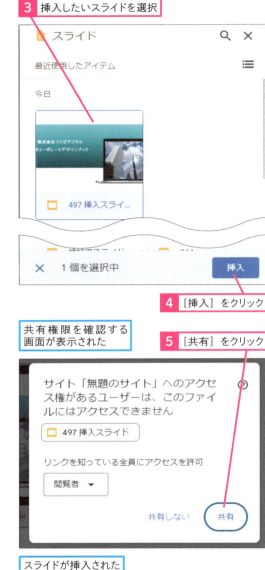

4 ［挿入］をクリック

共有権限を確認する画面が表示された

5 ［共有］をクリック

スライドが挿入された

498

お役立ち度 ★★★

Q サイトのセクションを複製したい

A 文字や画像などをまとめてコピーできます

文字や画像などの固まりをGoogle サイトでは「セクション」として扱います。セクションを複製することで、同じレイアウトやデザインを再利用でき、時間を節約しつつ一貫性を保つことができます。複製したセクションの内容を適切に更新し、重複や誤解を避けるように注意しましょう。

ワザ497の続きから操作する

1 セクションをクリック

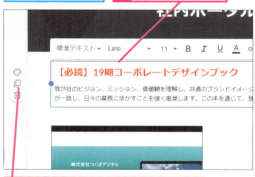

2 ［セクションのコピーを作成］をクリック

セクションが複製された

3 セクションにマウスカーソルを合わせる

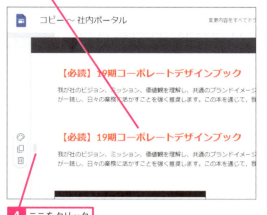

4 ここをクリック

5 ドラッグして下に移動

セクションが移動した

6 ここをクリック

内容を編集できる

499

お役立ち度 ★★

Q サイトにスプレッドシートを埋め込みたい！

A 編集可能な状態で挿入しましょう

編集可能なスプレッドシートをページに埋め込むことで、リアルタイムのデータ更新と共同編集が可能になり、データを共有したチームのコラボレーションが強化されます。スプレッドシートを埋め込む際には、アクセス権限を適切に設定し、編集できる範囲を限定することが重要です。また、更新状況は定期的に確認しましょう。

ワザ498の続きから操作する

配置したいスプレッドシートをGoogleドライブに保存しておく

1 [挿入] をクリック

2 [スプレッドシート] をクリック

3 挿入したいスプレッドシートを選択

4 [挿入] をクリック

共有権限を確認する画面が表示された

5 [閲覧者] をクリック

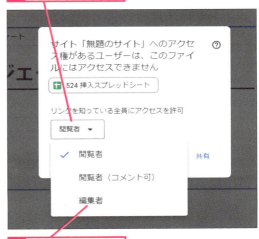

6 [編集者] をクリック

スプレッドシートが別のタブで開いて編集可能になった

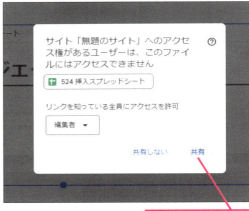

7 [共有] をクリック

スプレッドシートが挿入された

500

お役立ち度 ★★★

Q サイトにカレンダーを追加したい！

A カレンダーを準備して挿入しましょう

サイトに Google カレンダーを追加すると、イベントや予定を共有でき、チーム全体のスケジュール管理が容易になります。カレンダーの公開範囲を適切に設定し、機密情報が漏れないように注意しましょう。また、予定の変更などは常にカレンダーに反映し、最新の状態に保つことが大切です。

ワザ195を参考に追加したいカレンダーを作成しておく

ワザ499の続きから操作する

1 ［挿入］をクリック

2 ［カレンダー］をクリック

サイドパネルにGoogleカレンダーが表示される

3 追加したいカレンダーをクリック

4 ［挿入］をクリック

カレンダーが追加された

501

お役立ち度 ★★★

Q サイトのカレンダーの設定を変更したい

A ［設定］で詳細を変更できます

サイトの目的に合わせてカレンダーの表示方法を［月］［週］［予定リスト］のいずれかに変更することができます。また、サイトの訪問者が何のカレンダーかを把握できるように、タイトルを表示しましょう。タイトルはカレンダー名がそのまま使用されます。適切な設定を行うことで、閲覧者にとってわかりやすいサイトになります。

ワザ500の続きから操作する

1 カレンダーをクリック
2 ［設定（確定）］をクリック

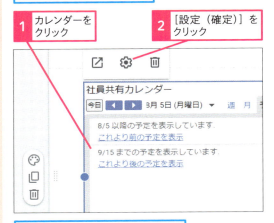

カレンダーの設定画面が表示された

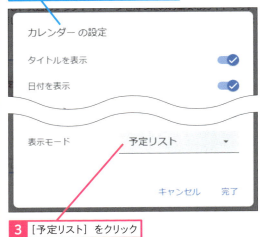

3 ［予定リスト］をクリック

4 ［月］をクリック

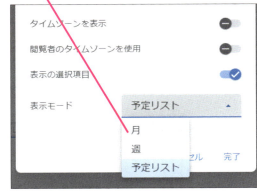

5 ［完了］をクリック

カレンダーが月の表示に変わった

Google サイトの基本　できる　329

502

Q サイトにページを追加したい

A [ページ]の「+」から操作します

サイトにページを追加することで、コンテンツを整理し、情報を体系的に提供できます。また、ナビゲーションメニューに自動的に反映されるため、訪問者が必要な情報を簡単に見つけられるようになります。企業サイトでのサービス紹介や製品情報、プロジェクトごとの詳細ページなど、情報提供を効率化できます。ページの名前をわかりやすく設定し、サイト全体のナビゲーションが一貫するように心がけましょう。

お役立ち度 ★★★

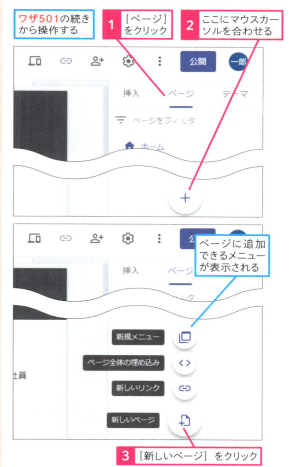

1 [ページ]をクリック
2 ここにマウスカーソルを合わせる
ワザ501の続きから操作する
ページに追加できるメニューが表示される
3 [新しいページ]をクリック

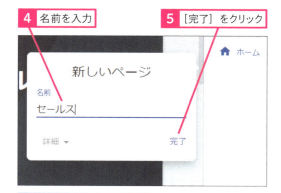

4 名前を入力
5 [完了]をクリック

新しいページが作成された

6 [ホーム]をクリック

サイトのホーム画面に戻った

503

お役立ち度 ★★★

Q ナビゲーションメニューの位置や色を変えたい！

A ［ナビゲーションの設定］で変更します

ナビゲーションメニューの位置や色をカスタマイズして、サイトのテイストに合わせます。これにより、統一感のある見た目と、使いやすいインターフェースを提供できます。企業のブランドイメージに合ったデザインでユーザーに安心感を与えましょう。

ワザ502の続きから操作する

1 ［ナビゲーションの設定］をクリック

ナビゲーションメニューを設定する画面が表示された

2 ［上］をクリック

3 ［横］をクリック

4 ［色］の［白］をクリック

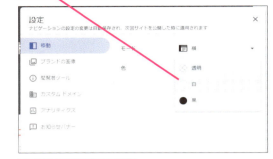

5 ［閉じる］をクリック

6 ［サイドバーを表示］をクリック

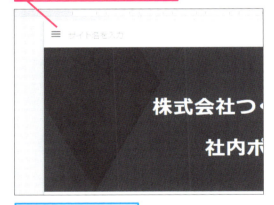

ナビゲーションメニューが表示された

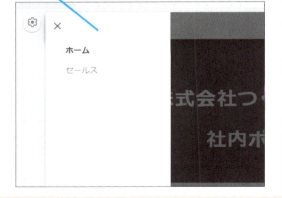

504

お役立ち度 ★★★

Q テーマを変更したい！

A 一覧から選択して適用できます

サイトのテーマを変更してデザインをカスタマイズすることができます。ブランドイメージや用途に合わせてデザインを適用しましょう。色の組み合わせやフォントの調整も可能です。テーマ変更後の全ページの見栄えを確認し、必要に応じて個別ページの調整を行いましょう。

ワザ503の続きから操作する

1 [テーマ] をクリック

テーマの一覧が表示された

2 [Vision] をクリック

テーマが変更された

📖 役立つ豆知識

色やフォントスタイルも調整できる

[テーマ] の内容は色やフォントなどの組み合わせを細かくカスタマイズすることができます。フォントスタイルはテーマによって適用できるものが異なり、色は任意の色をカラースケールで選択して指定することもできます。いろいろな組み合わせを試してみましょう。

505　お役立ち度 ★★★

Q サイト名を入力したい

A 先頭のページの［サイト名を入力］に入力しましょう

サイト名を入れることで、訪問者にサイトの内容や目的を明確に伝えられます。サイトのコンセプトに合ったサイト名にしましょう。長すぎると覚えにくく、検索エンジンに表示される際に切れる可能性があるため、簡潔で意味のある名前を選びましょう。

ワザ504の続きから操作する

1 ［サイト名を入力］をクリック

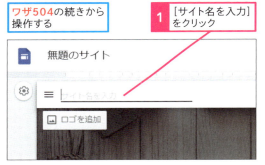

2 名前を入力

サイトの名前が変わった

自動的にファイル名も変わった

506　お役立ち度 ★★★

Q コンテンツブロックを利用したい

A 一覧からページに適したものを選びましょう

コンテンツブロックはサイトに適用できるテンプレートです。これを使用することで、統一感のあるデザインを簡単に実現できます。テキスト、画像、動画を整然と配置でき、訪問者にとって見やすいレイアウトが作成可能です。また、テンプレート化されたブロックを利用することで、時間の節約にもなります。

ワザ495を参考にサイトの編集画面を開いておく

1 ［挿入］をクリック

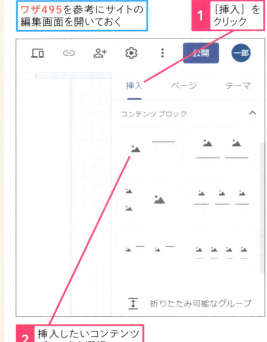

2 挿入したいコンテンツブロックを選択

コンテンツブロックが挿入された

507

お役立ち度 ★★★

Q ロゴやファビコンを設定したい！

A ［ロゴを追加］から設定します

ロゴやファビコンを設定することでブランドの一貫性が保たれ、サイトが認識されやすくなります。ファビコンとはサイトのシンボル・イメージとして用いられるアイコンのことです。ブックマークやショートカット、ホーム画面にそのアイコンが設置されるので目印になります。

ワザ505の続きから操作する

1 サイト名にマウスカーソルを合わせる

ロゴを設定する画面が表示された

2 ［ロゴを追加］をクリック

ここではGoogleドライブに保存されている画像を使用する

3 ［選択］をクリック

4 ロゴに使用したい画像をクリック

5 ［挿入］をクリック

6 ［代替テキスト］に名前を入力

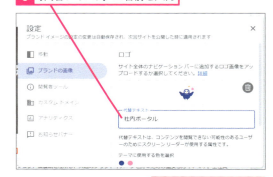

7 ［閉じる］をクリック

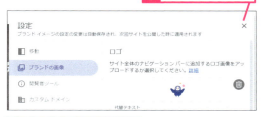

ファビコンも同様の手順で設定できる

画像がロゴに設定された

508 社内で情報共有用のサイトとして活用したい

有料版　お役立ち度 ★★★

A イントラ用のアドレスを入力します

社内に限定公開したサイトを手軽に内製できます。重要なファイルやリソースを一元管理することで、組織内の情報を効率的に共有できます。社内ニュースや部署ごとのアナウンスなど、目的に応じてサイトを構築し、担当者が直接情報を更新しましょう。なお公開範囲を適切に設定し、機密情報が外部に漏れないよう注意することが重要です。

ワザ495を参考にサイトの編集画面を開いておく

1 ［公開］をクリック

2 ウェブアドレスを入力
3 ［公開］をクリック

役立つ豆知識

社内限定公開と一般公開の違い

このワザで紹介している社内に限定した公開は、有料版のみの機能となります。また、Webサイトの管理者のみが可能な操作です。操作画面はほぼ同じですが、内容が異なるので注意しましょう。

509 完成したサイトを公開したい

お役立ち度 ★★★

A ドメインを用意しておきましょう

サイトを一般公開すると、誰でもアクセスできるようになり、プロモーションや情報発信などが可能です。企業のWebサイトや製品紹介ページ、イベント案内ページなど多様な用途に活用しましょう。公開前にサイト全体を確認し、コンテンツの誤りやリンクの機能をチェックしましょう。また、公開用のドメインも用意しておきましょう。

ワザ495を参考にサイトの編集画面を開いておく

1 ［公開］をクリック

2 ウェブアドレスを入力

3 ［公開］をクリック

付録 ショートカットキー一覧

※Windows 11でGoogle Chromeを使用

アプリケーション共通

操作	キー
ショートカットキーの一覧を表示	Ctrl + /
検索	Ctrl + F
印刷	Ctrl + P
直前の操作を元に戻す	Ctrl + Z
最後に元に戻した操作をやり直す	Ctrl + Y
検索窓に移動	/
コピー	Ctrl + C
切り取り	Ctrl + X
貼り付け	Ctrl + V
太字	Ctrl + B
下線	Ctrl + U
斜体	Ctrl + I

Gmail

操作	キー
新規メールを作成	C
Ccの宛先を追加する	Ctrl + Shift + C
新しいタブで新規メールを作成する	D
Bccの宛先を追加する	Ctrl + Shift + B
メールを送信する	Ctrl + Enter
一覧で選択して既読にする	Shift + I
一覧で選択して未読にする	Shift + U
一覧で選択してToDoリストにスレッドを追加する	Shift + T
返信する	R
全員に返信する	A
転送する	F

Meet

操作	キー
現在発言している人を知らせる	Ctrl + Alt + S
会議室に関する最新情報を知らせる	Ctrl + Alt + I
最近受信したリアクションを読み上げる	Ctrl + Alt + X
字幕を表示または非表示にする	C
ピクチャーインピクチャーモードを開く	Shift + M
カメラを有効または無効にする	Ctrl + E
マイクをミュートまたはミュート解除する	Ctrl + D
参加者を表示するタイルの数を増やす	Ctrl + Alt + K
参加者を表示するタイルの数を減らす	Ctrl + Alt + J
会議のチャットウィンドウを表示する	Ctrl + Alt + C
会議のチャットウィンドウを非表示にする	Ctrl + Alt + C
参加者を表示する	Ctrl + Alt + P
参加者を非表示にする	Ctrl + Alt + P
挙手する	Ctrl + Alt + H
挙手をやめる	Ctrl + Alt + H
動画フィードを最小化する	Ctrl + Alt + M
動画フィードを拡大する	Ctrl + Alt + M

To DO リスト

操作	キー
前のタスクにフォーカス	↑
次のタスクにフォーカス	↓
最初のタスクにフォーカス	Home
最後のタスクにフォーカス	End
タスクの作成	C
タスクを編集する	Enter
タスクを削除する	Delete
タスクを上に移動	Ctrl + ↑
タスクを下に移動	Ctrl + ↓
タスクを一番上に移動	Ctrl + Shift + ↑
タスクを一番下に移動	Ctrl + Shift + ↓

インデント	Ctrl +]		選択したアイテムのスターを外す	Ctrl + Alt + S
インデント解除	Ctrl + [		選択したアイテムへのショートカットを作成	Ctrl + Alt + R
[スター付き]に追加	S		選択したアイテムのURLをクリップボードにコピー	Ctrl + Alt + L
[スター付き]から削除	S		選択したアイテムのタイトルをクリップボードにコピー	Ctrl + Shift + C
メニューを開く	V		クリップボードのアイテムをショートカットとして貼り付け	Ctrl + Shift + V
編集モードを終了	Esc		設定を開く	Ctrl + Shift + S
タスクを追加	Enter			
サブタスクを追加	Ctrl + Alt + Enter		**ドキュメント**	
新しいリストを作成	L		書式なしで貼り付け	Ctrl + Shift + V
リストを上に移動	Ctrl + ↑		リンクを挿入	Ctrl + K
リストを下に移動	Ctrl + ↓		段落のインデントを増やす	Ctrl +]
リストを一番上に移動	Ctrl + Shift + ↑		段落のインデントを減らす	Ctrl + [
リストを一番下に移動	Ctrl + Shift + ↓		番号付きリスト	Ctrl + Shift + 7
			右揃え	Ctrl + Shift + R
カレンダー			左揃え	Ctrl + Shift + L
現在の日付に移動する	T		箇条書き	Ctrl + Shift + 8
次の期間を表示する	JまたはN		コメントを挿入する	Ctrl + Alt + M
カレンダーを更新する	Ctrl + R		ディスカッションのスレッドを開く	Ctrl + Alt + Shift + A
[設定]ページに移動する	S		脚注を挿入する	Ctrl + Alt + F
[日]ビューを表示	1またはD		スマートチップを挿入	@
[週]ビューを表示	2またはW			
[月]ビューを表示	3またはM		**スプレッドシート**	
[予定リスト]ビューを表示	5またはA		列を選択する	Ctrl + Space
新しい予定を作成する	C		行を選択する	Shift + Space
予定の詳細を表示する	E		リンクを挿入する	Ctrl + K
予定の詳細ページからカレンダーグリッドに戻る	Esc		新しいシートを挿入	Shift + F11
			上枠線を適用	Alt + Shift + 1
ドライブ			左枠線を適用	Alt + Shift + 2
選択したアイテムを開く	Enter		下枠線を適用	Alt + Shift + 3
選択したアイテムを新しいタブで開く	Ctrl + Enter		右枠線を適用	Alt + Shift + 4
選択したアイテムの名前を変更	F2		中央揃え	Ctrl + Shift + E
選択したアイテムを共有	Ctrl + Alt + A		右揃え	Ctrl + Shift + R
選択したアイテムを新しいフォルダに移動	Ctrl + Alt + M		左揃え	Ctrl + Shift + L
選択したアイテムにスターを付ける	Ctrl + Alt + S		書式をクリア	Ctrl + ¥

行を非表示にする	Ctrl + Alt + 9
行または列をグループ化する	Alt + Shift + →
行を再表示する	Ctrl + Shift + 9
行または列のグループ化を解除する	Alt + Shift + ←
メモを挿入する	Shift + F2
メモを編集する	Shift + F2
コメントを挿入する	Ctrl + Alt + M
コメントのディスカッションスレッドを開く	Ctrl + Alt + Shift + A

スライド

新しいスライド	Ctrl + M
リンクを開く	Alt + Enter
選択を解除する	Ctrl + Shift + A
リンクを挿入する	Ctrl + K
リンクを編集する	Ctrl + K
フォントサイズを拡大	Ctrl + Shift + >
フォントサイズを縮小	Ctrl + Shift + <
箇条書き	Ctrl + Shift + 8
オブジェクトをグループ化する	Ctrl + Alt + G
オブジェクトのグループ化を解除する	Ctrl + Alt + Shift + G
コメントを挿入する	Ctrl + Alt + M
現在のコメントを入力する	Ctrl + Enter
コメントのディスカッションスレッドを開く	Ctrl + Alt + Shift + A
スピーカーノートパネルを開く	Ctrl + Alt + Shift + S
アニメーションパネルを開く	Ctrl + Alt + Shift + B

フォーム

プレビュー	Ctrl + Shift + P
送信	Ctrl + Enter
質問を追加	Ctrl + Shift + Enter
項目を上に移動	Ctrl + Shift + K
項目を下に移動	Ctrl + Shift + J
アイテムのコピーを作成	Ctrl + Shift + D
アイテムを削除	Alt + Shift + D

メディアを左揃えで配置	Ctrl + Shift + L
メディアを中央揃えで配置	Ctrl + Shift + E
メディアを右揃えで配置	Ctrl + Shift + R

Keep

次のメモに移動	J
前のメモに移動	K
メモを次の位置に移動	Shift + J
メモを前の位置に移動	Shift + K
次のリストアイテムに移動	N
前のリストアイテムに移動	P
リストアイテムを次の位置に移動	Shift + N
リストアイテムを前の位置に移動	Shift + P
新しいメモを作成	C
新しいリストを作成	L
すべてのメモを選択	Ctrl + A
メモをアーカイブ	E
メモをゴミ箱に移動	#
メモを固定	F
メモの固定を解除	F
メモを選択	X
リストとギャラリー表示の切り替え	Ctrl + G
編集を終了	Esc
チェックボックスを切り替え	Ctrl + Shift + 8
リストアイテムのインデント	Ctrl +]
リストアイテムのインデント解除	Ctrl + [

キーワード解説

本書を読む上で、知っておくと役に立つキーワードを用語集にまとめました。なお、この用語集の中で関連する他の用語がある項目には→が付いています。併せて読むことで、初めて目にする専門用語でもすぐに理解できます。ぜひご活用ください。

数字・アルファベット

2段階認証
アカウントのセキュリティを強化するために、パスワードに加えてもう1つの認証要素を要求する機能。SMS、アプリによるコード、またはセキュリティキーを使用し、不正アクセスを防ぐ。

あ

アーカイブ
完了したメールなど一時的に必要のない情報を保管して整理する機能。アーカイブされたメモは非表示になるが、削除されるわけではなく、後で再度アクセスが可能。

アカウント管理
組織内で Google Workspace を利用するユーザーのアカウントを作成、管理、削除する作業や、アクセス権の設定、セキュリティの設定を指す。管理コンソールを使うことで、これらの作業を効率的に行うことができる。
→アクセス権、管理コンソール

アクセス権
共有するファイルやフォルダに対して、閲覧、コメント、編集などのアクセス権を設定できる機能。アクセス権の管理により、情報の安全性を確保する。
→コメント

アクティビティ
Google Meet で、会議中に利用できる追加機能のメニュー。会議をよりインタラクティブにするためのツールを提供する。有料版では、アンケート作成、Q&A、ブレイクアウトルームの設定などが使える。
→ブレイクアウトルーム

アクティビティダッシュボード
Google ドキュメント、スプレッドシート、スライドで、誰がいつファイルを閲覧・編集したかを確認できる機能。編集権限を持つユーザーが、ファイルの閲覧者や編集履歴、コメント履歴などをリアルタイムで確認できる。共同作業の効率化やファイル管理に役立つ。
→アクティビティ、コメント

アドオン
アプリなどに追加して使用する機能拡張用のソフトウェアのこと。Google Workspace Marketplace で各アプリのアドオンを検索し、インストールできる。提供元はGoogle から個人までさまざまであり、一部は有料となっている。

暗号化
データを安全に保つために、転送中や保管中の情報を暗号化する機能。メールやファイルの内容を保護し、情報漏洩を防止する。

安全なアクセス
特定のIPアドレスやデバイスからのみ Google Workspace にアクセスを許可する機能。企業内ネットワーク外からの不正アクセスを防止できる。管理コンソールで設定。

インデント
段落の開始位置や行頭を、文書の左端から一定の距離だけずらす機能。インデントを使うことで、文書の構造をわかりやすくしたり、箇条書きや引用などの特定の要素を強調したりすることができる。

閲覧者
ファイルを共有する際のアクセス権の1つ。ファイルを表示することはできるが、編集、コメントの追加、提案、共有はできない。なお閲覧者（コメント可）となっている場合はコメントの追加、提案ができる。
→アクセス権、コメント

オブジェクトのアニメーション
スライド内のオブジェクトに対して、動きやエフェクトを追加する機能。スライドショーに視覚的なインパクトを与え、情報を効果的に伝えることができる。
→スライドショー

オフラインアクセス
インターネット接続がない状態でも、Google ドライブのファイルにアクセスできる機能。出張時や外出先での作業に便利。事前に設定が必要。

オフライン編集
インターネットに接続していない状態でもドキュメントを編集できる機能。接続が復旧すると、自動的に同期されるため、場所を問わず作業が継続できる。

音声入力
音声でテキストを入力する機能。Google の音声認識技術により、正確な入力が可能。長文の入力にも対応している。Google ドキュメントと Google スライドのスピーカーノートで利用可能。

音声メモ
音声を録音してメモとして保存する機能。テキスト入力が難しい場合や、アイデアを素早く記録したいときに便利。録音した音声は自動的にテキストに変換されることもある。

か

会議リンク
Google Meetでビデオ会議を開催するためのリンク。Google カレンダーから自動生成され、参加者に共有することで簡単に会議に参加することができる。

ガイド
Google スライドのガイドとは、スライド上のオブジェクトを配置する際の目安となる線のこと。水平方向と垂直方向にガイドを引くことができ、オブジェクトをガイドに合わせて配置させることで、位置合わせや整列を簡単に行える。

回答の検証
回答者が特定の形式や条件に従って回答するよう促す機能。文字数の指定や特定の言葉を含めるように設定できる。これにより、無効な回答を防ぎ、データの精度を高めることができる。

回答の制限
フォームに回答できる回数や時間を制限する機能。特定の条件に基づいて回答者を制御し、より公平なデータ収集を実現できる。
→フォーム

会話の継続
生成AIなどでユーザーとの対話を記憶し、以前の会話を踏まえてより一貫性のあるサポートを提供する機能。連続的な対話で、ユーザー体験を向上させる。

カスタムドメイン
独自のドメイン名を使用して Google サイトを公開する機能。オリジナルなURLを使用することで、ブランドイメージの強化やプロフェッショナルな印象を与えることができる。

画像カルーセル
複数の画像をスライドショー形式で表示する機能。自動的に画像が切り替わり、訪問者に複数の画像を順番に見せることができる。
→スライドショー

画像テキスト抽出
画像内のテキストを自動的に検出して抽出する機能。手書きのノートや写真に写った文字情報をデジタル化し、検索や編集を容易にする。

画面共有
会議中に自分の画面を他の参加者に共有する機能。プレゼンテーションやデモンストレーションをリアルタイムで行える。タブ共有、ウインドウ共有、全画面共有の3つの方法がある。音声はタブ共有のみ共有可能。

カレンダー共有
カレンダーを他のメンバーと共有し、共同で予定を管理できる機能。アクセス権を設定することで、閲覧や編集の権限を制限できる。
→アクセス権

カレンダー統合
Google Workspace 内の他のサービスやサードパーティアプリとカレンダーを統合し、タスクや予定を一元管理する機能。効率的な時間管理を可能にする。

管理コンソール
Google Workspace を最大限に活用し、組織のニーズに合わせてカスタマイズするためのWebベースのツール。ユーザー管理、モバイルデバイスの管理、セキュリティ管理、サービス設定を行うことができる。

共同編集
Google Workspace のアプリで、複数のユーザーが同時に文書を編集できる機能。リアルタイムのコラボレーションが可能。
→コラボレーション

共有アイテム
他のユーザーから共有されたコンテンツを一元的に管理し、アクセスすることができる場所。

共有設定
Google ドキュメント、スプレッドシート、スライドなどの共有リンクを作成し、他のユーザーに閲覧や編集の権限を与えることができる機能。アクセス権を制限してセキュリティを確保する。
→アクセス権、共有リンク

共有ドライブ
チーム全体がファイルを保存・管理できるクラウド上の領域。個々のメンバーに所有権がなく、チーム全員でのファイルアクセスや共同編集が容易に行える。
→共同編集

共有リンク
ファイルやフォルダに対してリンクを作成し、他のユーザーと簡単に共有できる機能。共有リンクにアクセス権限を設定することで、閲覧、コメント、編集の制限が可能。アクセス権を持たないユーザーは表示できない。
→アクセス権、コメント

クイックアクセス
最近使用したファイルや重要なファイルを自動的に表示し、素早くアクセスできる機能。作業の効率化をサポートする。

グリッド表示
Google スライドで、スライド全体を小さなサムネイルとして一覧表示する機能。全体のレイアウトや順序を確認し、スライドの整理や移動が容易になる。
→レイアウト

グループ化
Google スライドのグループ化機能は、複数のオブジェクト（図形、画像、テキストボックスなど）を1つにまとめて扱う機能。グループ化することで、複数のオブジェクトを同時に移動、サイズ変更、回転などが可能になり、編集作業を効率化できる。

検索オプション
Gmail や Google ドライブで、詳細な検索条件を設定して効率的に目的のメールやファイルを見つける機能。

公開設定
サイトの公開範囲を設定し、誰がアクセスできるかを管理できる機能。プライベートなプロジェクトサイトから、一般公開のWebサイトまで、ニーズに合わせて設定を調整可能。

コメント
ドキュメント上で特定の部分に対してコメントを残し、フィードバックや指示を提供する機能。他のユーザーと共同で編集する際に便利。

コンテンツブロック
テキストや画像などの要素を1つのグループとしてまとめ、視覚的に整理されたコンテンツを作成するためのブロック。

さ

サイドパネル
Google Workspace のアプリ内で、タスク、カレンダー、Keep、あるいは特定機能の設定などを画面の右側に表示する機能。マルチタスクをサポートする。

サブタスク
複雑なタスクを細分化して管理するための機能。大きなプロジェクトを小さなステップに分割し、それぞれの進行状況を詳細に追跡できる。

シート保護
スプレッドシートで特定のシートや範囲に対して編集権限を制限する機能。重要なデータやテンプレートを保護し、誤った編集を防ぐことができる。
→テンプレート

自動集計
フォームの回答データを自動的に集計し分析する機能。さらに Google スプレッドシートに出力集計し、リアルタイムで結果を確認できる。データ分析が迅速に行えるため、フィードバックの反映がスムーズになる。
→フォーム

自動保存
編集内容が自動的に保存される機能。データの損失を防ぎ、常に最新の状態を保持する。突然のトラブルやネットワークの不具合にも対応可能。

字幕機能
Google Meet で使用可能な機能で、会議中に発言内容をリアルタイムで字幕表示する音声をテキスト化して表示することで、聴覚に障害がある人や、言語の異なる参加者にとって便利。

主催者権限
Google Meet でホストが会議中に参加者を管理するための機能。参加者のミュート、退席の指示、参加者の追加や削除が可能で、会議の円滑な進行をサポートする。

受信トレイ
メールアカウントに届いた新着メールが最初に表示されるフォルダ。すべての受信メールが一元的に管理され、確認や返信を行う主要な場所。

条件付き書式
特定の条件に基づいてスプレッドシートのセルの色やフォントを変更する機能。データの視覚的な強調が可能で、異常値やトレンドを簡単に識別できる。
→フォント

書式設定オプション
フォント、色、サイズ、配置などを変更するための設定機能。ドキュメントやスライド、メールなどで内容を見やすく、効果的に伝えるために使用される。
→フォント

書式を貼り付け
オブジェクトの書式（フォント、サイズ、色、太字、斜体など）のみをコピーして別の場所に適用する機能。内容は変更せずに、見た目を統一したい場合に便利。
→フォント

署名
メールの署名とは、連絡先情報やお気に入りの言葉などをまとめたテキストで、Gmail で設定するとメッセージの末尾に追加される。最大10,000文字を入力できる。

図形描画
Google ドキュメントや スプレッドシート、Google Keep で、テキストボックス、矢印、図形などを挿入し、ビジュアル要素を追加できる機能。視覚的に情報を整理・強調するのに役立つ。

スヌーズ
後で処理したいメールを一時的に非表示にして、見逃さないための機能。非表示にしたメールは［スヌーズ中］に格納され、指定した日時に自動で受信トレイの最上部に表示される。
→受信トレイ

スピーカーノート
発表者がプレゼンテーション中に参考にするためのメモを追加できる機能。スライドには表示されず、発表者のみが確認できる。
→音声入力

スペーサー
コンテンツ間に余白を追加して要素を適切に配置し、ページのレイアウトを整える、Google サイトの表示間隔の調整機能。ページのデザインに余裕を持たせ、見やすさを向上させる。
→レイアウト

スペース
Google チャットで利用できる、チーム全員での議論や情報共有の場。プロジェクトごとにスペースを作成し、トピックごとにスレッド化して議論を整理できる。ファイル共有やタスク管理も可能で、プロジェクト管理が効率化される。最大50万人まで参加可能。
→ファイル共有

スマートチップ
「@」を使ってドキュメント内に他のユーザー、ファイル、日付、場所などの情報を埋め込み、関連情報を即時確認でき、共同編集を効率化する機能。
→共同編集

スマートリプライ
Gmail や Google チャットで、AIが提案する返信候補をワンクリックで選択できる機能。返信が迅速に行える。

スライドショー
作成したスライドを全画面表示で順番に映し出す機能。プレゼンテーションや発表の際に使用し、スライドの切り替え効果やアニメーション、発表者ツールなどを活用して効果的な発表を支援する。
→アニメーション

スライドマスター
プレゼンテーション全体のレイアウトやデザインを統一するための基盤となるスライド。すべてのスライドに一貫したスタイルを適用でき、効率的なデザインの管理が可能になる。
→レイアウト

セキュリティダッシュボード
Google Workspace 全体のセキュリティ状況を一目で確認できるダッシュボード。セキュリティイベントの監視や分析が行え、迅速な対応が可能。

セキュリティチェック
アカウントの安全性を確認し、改善提案を提供する Google が提供するツール。潜在的な脅威を検出し、強力なパスワードや2段階認証の設定など、セキュリティ強化のためのアドバイスを提供。
→2段階認証

セクション
Google フォームの機能で、フォームを複数のページに分割できる。長いフォームを複数のページに分け、質問を整理することで、回答者の負担を軽減し、回答率向上に繋がる。
→フォーム

た

ダイレクトメッセージ
Google チャット で特定のユーザーと1対1でプライベートにメッセージをやり取りできる機能。迅速なコミュニケーションや個別の相談に便利。

タスク連携
Google チャットで他のメンバーとタスクを共有し、共同でタスクを管理できる機能。進捗状況をリアルタイムで確認し、チームでのタスク管理が効率化される。

タスク追加
新しいタスクをリストに追加し、期日や優先度を設定できる機能。タスク名に加えて詳細な説明も記載できるため、具体的な指示やメモを残すことが可能。

端末管理
管理者が企業内のデバイスを管理し、紛失や盗難に対応できる機能。リモートでデバイスをロックしたり、データを消去することで、情報の安全性を確保する。

チェックリスト
タスク管理やToDo リストを作成する際に便利な機能。各項目の前にチェックボックスが表示され、完了したタスクはチェックマークを入れることで進捗を管理できる。

チャット機能
Google Meet の会議中に参加者間でテキストメッセージをやり取りする機能。会議中に発言できない場合や、リンクや資料を共有するのに便利。

提案モード
ドキュメントの編集時に、元のテキストを保持しながら修正提案を行うモード。提案内容は承認や拒否ができ、正式な変更を行う前にレビューが可能。

データソース
AppSheet で Google スプレッドシート、SQLデータベースなどからデータを取得し、アプリを構築する機能。データの自動同期が可能で、常に最新の情報を反映。

データ損失防止（DLP）
機密データが誤って共有されるのを防ぐためのルール設定と監視機能のこと。機密情報の漏洩を防ぐために、特定のパターンやキーワードを検出し、アラートの表示やブロックを行う。

テーブル
Google スプレッドシートで表形式のデータを整理し、わかりやすく表示する機能。範囲を選択してテーブルに変換すると、自動的にヘッダー行が設定され、列ごとにデータの種類やフィルタを設定できる。テーブルはデータ範囲の自動拡張や数式の自動入力にも対応している。
→フィルタ

テーマ
プレゼンテーションの全体的なデザインを簡単に変更できるプリセットのデザインテンプレート。色、フォント、背景などを統一することで、プロフェッショナルな印象を与えるスライドを作成できる。
→テンプレート、フォント

テキストスタイル
見出しや本文に対して、統一されたテキストスタイルを適用する機能。文書全体のデザインと可読性を向上させる役割を持つ。目次を自動生成する際にも活用可能。

テンプレート
タスクリスト、ビジネス文書、レポート、Webサイトなどさまざまな用途に応じた既存の雛形を利用して、新しいコンテンツを迅速に作成できる機能。定期的な業務、プロジェクト管理、文書作成、Webサイト制作などに便利で、作業効率を大幅に向上できる。

テンプレートギャラリー
Google ドキュメント、スプレッドシート、スライドなどで、あらかじめ用意されたさまざまな書式やデザインのテンプレートを利用できる機能。これにより、書類作成の効率化やデザイン性の向上が可能になる。
→テンプレート

ドキュメントの概要アウトライン
ドキュメントの見出しを基に、画面の左側に自動生成されるアウトライン機能。文書の構造を把握しやすく、長文のドキュメントのナビゲーションが簡単に行える。

ドラッグ&ドロップ編集
Google サイトでドキュメントなどで直感的に要素を配置できる編集機能。テキスト、画像、動画、地図などを簡単に追加・配置でき、魅力的なWebページを作成できる。

な

名前リンク付き
Google チャット の名前リンク付きとは、メッセージ内で特定のユーザーを直接参照する機能。「@ユーザー名」と入力することで、そのユーザーにメンションが送られ、通知が届く。
→メンション

は

バージョン履歴
ドキュメントの過去のバージョンを自動的に保存し、いつでも以前の状態に戻せる機能。文書の進捗を追跡し、誤った編集を簡単に修正、また特定の版の複製も可能。

バーチャル背景
Google Meet のすべてのエディションで使用可能な機能で、自分の背景を好きな画像やぼかしに変更できる。プライバシーを守りながら、見栄えの良い背景で会議に参加できる。

背景オプション
Google Keep でメモの背景色を変更する機能。メモを色分けすることで、視覚的に整理しやすくし、重要度やカテゴリごとに区別するのに役立つ。

パスワード管理
強力なパスワードの設定と定期的な変更を推奨し、アカウントの安全性を保つ機能。パスワード再利用の防止や、企業全体のパスワードポリシーの適用が可能。

バックアップと同期
コンピュータやモバイルデバイスのファイルを自動的に Google ドライブにバックアップし、いつでも最新の状態を保持できる機能。ファイルの紛失を防ぐための重要な役割を持つ。

ピボットテーブル
スプレッドシートで大量のデータを集計・分析するための機能。複雑なデータセットを簡単に要約し、視覚的に理解しやすい形で表示できる。多次元的なデータ分析が可能。

表示モード
ファイルを表示する際のモードの1つで、ファイルを表示することができるが、編集やコメントの追加はできない状態のこと。ファイルへのアクセス権が閲覧者の場合は、このモードのみ選択できる。
→アクセス権、閲覧者

ピン留め
重要なメモをトップに固定して、いつでもすぐにアクセスできるようにする Google Keep の機能。特に重要なタスクや情報を目立たせることができる。

ファイル共有
チャット内で直接ファイルを共有できる機能。 Google ドライブとの連携により、ファイルの管理や共同編集が容易に行える。
→共同編集

ファイルバージョン管理
変更履歴を保存し、過去のバージョン(版)に戻して確認したり、複製したりすることができる機能。誤った編集の復元や、過去の内容を確認する際に便利。

フィルタ
特定条件のメールを自動的に振り分け処理をする機能。既読付け、ラベル付け、アーカイブ、転送など様々なアクションを設定できる。これによって受信トレイを整理し、メール処理を効率化できる。
→アーカイブ、受信トレイ、ラベル

フィルムストリップ
Google スライドで、画面左側に表示されるスライドの一覧。全体の流れを把握しながら、スライドの順序変更や編集を素早く行える。

フォーム
ユーザーから情報を収集するためのアンケートなどを作成できる機能。データ入力を効率化し、正確な情報を簡単に集めることができる。データ収集やアンケートなどに利用可能。

フォント
文字のデザインや書体。ゴシック体、明朝体、手書き風など、さまざまなデザインがある。フォントを選ぶことで、文書の雰囲気や読みやすさを大きく変更できる。

複数カレンダー
プロジェクトや個人用、チーム用など、目的に応じた複数のカレンダーを作成し、管理することが可能。異なるカレンダーを重ねて表示し、全体のスケジュールを把握できる。

不在通知
Gmail で特定の条件に基づいて自動的に返信を送る機能。外出時や業務時間外など特定の時間帯に設定して便利に使用できる。

プライバシー保護
Gemini が収集するデータの使用について、透明性を確保し、ユーザーのプライバシーを守る機能。データの取り扱いに関するオプトインまたはオプトアウトの選択が可能。

ブレイクアウトルーム
有料版のBusiness Standard 以上のプランで使用可能なGoogle Meetの機能。会議を小グループに分割して、個別に議論を進めるための機能。大型会議で複数のトピックを同時に議論する際に有効。

プレゼンテーションモード
Google スライドでプレゼンテーションをフルスクリーンで表示し、発表を行うためのモード。発表者用のメモも表示され、スムーズなプレゼンが可能。

プレビュー
作成中のフォームを実際に回答する側からの視点で確認できる機能。フォームのレイアウト、質問の表示順序、入力欄の種類などが、回答者にとってどのように見えるかをチェックできる。
→フォーム、レイアウト

プログレスバー
フォームの進行状況を示すバーを表示し、回答者にどれだけの質問が残っているかを知らせる機能。長いフォームにおいて回答の負担を軽減し、完了率を向上させる。
→フォーム

分割線
Google サイトの機能で、コンテンツのセクションや要素を区切るための水平線を作成できる。ページ内の内容を整理し、読みやすくする役割を持つ。
→セクション

ページの階層化
サイト内のページを階層化して整理する機能。複数ページにわたる大規模なサイトのナビゲーションが容易になり、情報が整理される。

編集者
ファイルを共有する際のアクセス権で、最も強い権限を持つもの。ファイルの編集、コメントの追加ができるほか、他のユーザーのアクセス権も設定できる。編集者になったユーザーは他のユーザーがファイルを変更できないようにすることができるので、権限の設定には注意が必要。
→アクセス権

編集モード
ファイルを表示する際のモードの1つで、ファイルの変更や削除が自由に行える。ユーザーが自分で作成したファイルはこのモードで開始する。また、他のユーザーから共有されたファイルは、アクセス権が「編集者」以外の場合はこのモードを使用できない。
→アクセス権、編集者

ボタン
Google サイトで訪問者がクリックすると特定のページや外部リンクに移動できる、インタラクティブな要素。テキストやリンク先を自由に設定可能。

翻訳ツール
ドキュメント全体を他の言語に自動翻訳する機能。多言語対応が求められる文書作成に役立つ。

ま

マイドライブ
Google アカウントに紐付くユーザー個人のファイルやフォルダを保存・管理する領域。他のユーザーと共有することも可能で、クラウド上でデータにアクセスできる。

メールテンプレート
よく使うメールの内容をテンプレートとして保存し、再利用できる機能。定型的なメールの作成時間を短縮し、効率的に業務を進めることができる。
→テンプレート

メールフィルタ（Gmail スパムフィルタ）
迷惑メールやフィッシング攻撃からユーザーを守るための自動化されたフィルタリング機能。高度なフィルタリングルールを設定して、不要なメールの受信を防ぐ。
→フィルタ

メンション
特定のメンバーに通知を送るために「@」を使って名前を入力する機能。会話の流れの中で重要な点や指示を強調したい時に便利。

や

優先トレイ
重要なメールを自動的に分類し、受信トレイの上部に表示する機能。重要度に基づき、メールを「重要」と「その他」に分けて管理できる。
→受信トレイ

予約スケジュール
Google カレンダー の予約スケジュールは、自分の空き時間を相手に公開し、Webページから直接予約を受け付ける機能。ダブルブッキングを防ぎ、予約管理の手間を削減できる。

ら

ラベル
メールを整理するためのタグ付け機能。フォルダと用途が似ているが、1つのメールに対し複数のラベルを付けることができる。サブラベルを使用して階層を付けて整理をしたり、ラベルに色を付けることで視覚的な整理も可能。

リピートイベント（繰り返しのイベント）
定期的に発生する予定を自動的に設定する機能。毎週の会議や月次報告など、繰り返しの予定管理を簡単に行うことができる。

リマインダー
カレンダーでユーザーが設定したリマインダーを管理し、指定された時間や場所で通知する機能。時間管理を効率化し、重要なタスクを忘れないようにサポートする。

リンク挿入
ドキュメント内にハイパーリンクを追加し、外部のWebサイトや他の Google ドキュメントに簡単にアクセスできるようにする機能。資料の補足や参考文献へのアクセスが容易になる。

ルーラー
Google ドキュメントやスライドで、ページやスライドのマージンやタブ位置を調整するための目盛り。テキストやオブジェクトの配置を正確に設定でき、レイアウトを整えるのに役立つ。
→レイアウト

レイアウト
ページなどのデザインのこと。 Google スライドでは、スライド内のテキストや画像、オブジェクトの配置を決定するテンプレート集を指す。目的に応じて最適なデザインを選び、効果的なプレゼンテーションを作成できる。
→テンプレート

レスポンシブデザイン
デスクトップやモバイルデバイスで最適に表示されるWebサイトを自動的に作成する機能。デバイスの画面サイズに応じてレイアウトが調整され、ユーザー体験が向上する。
→レイアウト

ログインアラート
不審なログインが発生した場合に、ユーザーに通知する機能。不正アクセスを早期に発見し、適切な対応を促す。

録画機能
Google Meetの機能で、有料版のBusiness Standard 以上のプランで使用可能。会議全体を録画して後から確認できる機能。録画したデータは自動で処理され、会議の主催者の Google ドライブに保存される。会議の録画はパソコンでのみ利用可能。

わ

ワークスペース
Google ドライブで頻繁に使用するファイルやフォルダをまとめて整理・アクセスできる個人用のカスタムビュー。プロジェクトごとに必要なアイテムを1箇所で管理できる。

ワークフロー
AppSheet で特定の条件が満たされたときに自動的にアクションを実行するための機能。通知の送信やデータの更新など、効率的な業務管理がサポートされる。

索引

数字・記号
2段階認証	291, 339

アルファベット
AppSheet	300, 350
Google Workspace ツール	114
Google カレンダーに切り替える	133
Googleカレンダーでスケジュールを設定	87
IMPORTRANGE関数	236
Looker Studio	238, 349
OCR機能	197
ToDo リストに追加	81, 134
ToDo リストのキーボードショートカット	135

あ
アーカイブ	66, 339
アウトライン機能	207
アカウント管理	339
アカウントとインポート	76
アクセス権	339
アクティビティ	94, 339
アクティビティダッシュボード	339
新しい会議を作成	87
新しいミーティングを開始	213
新しいラベル	70
新しいリストを作成	128
アドオン	272, 339
アドオンを取得	81
アニメーション	255, 339
アンケートを開始	95
暗号化	86, 339
安全なアクセス	339
インデント	51, 339
引用	51
閲覧ウィンドウ	72
閲覧者	114, 174, 339
オーディオ設定	88
オーナー権限の譲渡	175
オフラインアクセス	339
オフラインプレビュー	176
オフライン編集	339
音声入力	198, 339
音声メモ	339

か
会議の時間を設定	84
会議メモ	212
会議リンク	340
会議を今すぐ開始	87
ガイド	340
解答集を作成	285
回答の検証	267, 340
回答の制限	340
回答の編集を許可する	283
回答を1回に制限する	281
ガイドを表示	253
会話の継続	340
カスタムドメイン	340
画像カルーセル	340
画像生成	179
画像テキスト抽出	340
画面共有	92, 340
カレンダー共有	340
カレンダー統合	340
カレンダーの表示形式	137
関数	236
管理コンソール	286, 340
キーボードショートカットON	78
共同主催者を追加	109
共同編集	208, 340
共同編集者を追加	276
共有アイテム	175, 340
共有設定	340
共有ドライブ	340
共有リンク	340
切り替え効果	254
クイックアクセス	340
クイック設定	71
空白文字を削除	228
グラフエディタ	222
繰り返しの予定	140
グリッド表示	340
グループ化	341

ゲストを追加	100
検索演算子	72
検索オプション	73, 341
検索オプションを表示	45
公開設定	341
交互の背景色	234
更新	55
コメント	210, 341
コメントの割り当て	211
コンテンツブロック	333, 341
コンパニオンモード	107

さ

サイドバー	96
サイドバーを表示	60
サイドパネル	341
サイドパネルを表示	80
差出人	46
サブタスク	133, 341
サンプルアプリ	301
シート保護	233, 341
シートを非表示	232
次回以降の会議を作成	87
下書き	47
下書きをテンプレートとして保存	79
下書きを破棄	48
自動集計	341
自動転送	75
自動保存	341
字幕機能	101, 341
週末を表示する	152
重要マーク	69
主催者権限	341
主催者向けの管理機能	109
受信トレイ	67, 341
条件付き書式	235, 341
情報保護モード	83, 299
書式設定オプション	50, 341
書式のクリア	194
書式を貼り付け	193, 341
署名	56, 341
推奨環境	34
図形描画	203, 341

スター	68
スター付き	125
スター付きに追加	130
スターを付ける	125, 171
スヌーズ	82, 341
スピーカースポットライト	261
スピーカーノート	255, 342
スペーサー	342
スペース	110, 342
スペースから退出	122
スペースを作成	110
すべての回答を削除	283
すべてのコメントを表示	212
すべての設定を表示	56
全ての予定	140
スペルと文法のチェック	202
スマートチップ	194, 342
スマートリプライ	342
スライサー	231
スライドショー	257, 342
スライド番号	252
スライドマスター	342
スレッド表示	43
セキュリティダッシュボード	342
セキュリティチェック	342
セキュレイティチェックリスト	287
セクション	270, 342
セル内の文章を改行する	217
セルフビュー	96
全員とチャット	105
全員を表示	93
選択日時を設定	82
送信者名	57
送信日時を設定	82
送信をキャンセル	83
その他のメール	71
その他の連絡先	60

た

タイル表示	96
ダイレクトメッセージ	124, 342
タスク追加	342
タスクリスト	81

タスクを削除	131	日本語に翻訳	74
タスクを追加	120, 129	ノイズキャンセリング	98
タスクを編集	130		

は

端末管理	342	バージョン履歴	343
チェックリスト	342	バーチャル背景	343
チャット機能	342	背景オプション	318, 343
チャットを新規作成	110	背景を少しぼかす	103
通知を一時的にミュート	127	背景をバーチャル画像にする	104
通話に参加	91	配置とインデント	188
提案モード	211, 342	パスワード管理	290, 343
定期的な予定の編集	142	バックアップコード	292
データソース	342	バックアップと同期	343
データ損失防止（DLP）	342	ピクチャーインピクチャー	98
テーブル	343	ビジュアルエフェクトを適用	103
テーブルに変換	230	日付と時刻を選択	82
テーマ	343	ビデオ会議を追加	116
テーマをカスタマイズ	273	ビデオの設定	89
テーマを編集	254	ピボットテーブル	229, 343
テキストスタイル	343	ビューの設定	152
テキストの回転	226	表示形式の詳細設定	220
テキストボックス	324	表示モード	343
テキストを折り返す	217	ピン留め	343
テキストを列に分割	227	ファイル共有	343
テストにする	284	ファイル情報	172
テストを開始	90	ファイルバージョン管理	343
転送先アドレスを追加	75	ファイルをアップロード	113
テンプレート	79, 256, 343	フィルタ	344
テンプレートギャラリー	204, 343	フィルタを作成	70, 223
動画を挿入	246	フィルムストリップ	344
動画を追加	266	フォーム	344
ドキュメントの概要アウトライン	343	フォームのリンクを解除	279
ドキュメントの比較	201	フォームを送信	276
ドキュメントの翻訳機能	200	フォームをメールに含める	277
独自のパーソナル背景を追加	104	フォント	344
ドライブを使用してファイルを挿入	53	複数カレンダー	344
ドラッグ＆ドロップ編集	343	不在通知	58, 344
取り消せる時間	77	プライバシー保護	344
		ブレイクアウトセッション	94

な

ナビゲーションの設定	331	ブレイクアウトルーム	94, 344
名前リンク付き	123, 343	プレーンテキストモード	50
なりすましと認証	288	プレゼンター表示	257
二軸グラフ	222	プレゼンテーションモード	344

プレビュー	171, 344
フローチャート	249
プログレスバー	344
ブロック	85
ブロックして報告	122
分割線	344
ページ外のスレッド	73
ページの階層化	344
ページ番号	199
ヘッダーとフッター	199
変更履歴を表示	204
編集者	114, 174, 344
編集モード	344
返信	51
返信で引用	112
ホーム	123
ぼかしとパーソナル背景	103
他のカレンダーを追加	147
他のメールアドレスを追加	76
ボタン	78, 344
翻訳ツール	344

ま

マイカレンダー	158
マイドライブ	163, 344
マップでプレビュー	157
まとめて既読にする	42
未読	42
未読のメッセージ	126
迷惑メール	43
メールアカウントを追加する	76
メールからタスクを作る	134
メール転送とPOP／IMAP	75
メールテンプレート	344
メールフィルタ	345
メールを一括送信	64
メールを送信	87, 91
メッセージのリンクをコピー	118
メッセージを固定	126
メモを固定	318
メモを追加	149
メモを入力	80
メンション	345
メンバーを管理	120
メンバーを追加	111
文字起こし	106
文字カウント	200

や

ユーザーツール	260
ユーザーの追加	87
ユーザーを検索	160
優先トレイ	345
よく使う連絡先	59
予定にメモを追加	139
予定表の保存	161
予定を削除	141
予定を作成	138
予約スケジュール	155, 345

ら

ラベル	345
ラベルを作成	63
ラベルを付ける	70
リアクション	108
リアクションを追加	113
リマインダー	319, 345
履歴をオフにする	126
リンクを挿入	52, 221, 267, 345
ルーラー	345
レイアウト	250, 345
レスポンシブデザイン	345
列の統計情報	228
連絡先	59
連絡先をインポート	65
連絡先を編集	61
ログインアラート	345
録画機能	345
録画を開始	97
録画をテストする	90
ロゴを追加	334

わ

ワークスペース	345
ワークフロー	345
枠線	218

本書を読み終えた方へ
できるシリーズのご案内

絶賛発売中！

できるGoogleスプレッドシート

今井タカシ＆
できるシリーズ編集部
定価：1,870円
（本体1,700円＋税10%）

データ入力やデータ共有といった基本的な使い方から集計や分析、生成AIの活用法まで幅広く解説。仕事で役立つ一つ上の使い方がわかる。

できるWindows 11
2024年 改訂3版 Copilot対応

法林岳之・一ヶ谷兼乃・清水理史＆
できるシリーズ編集部
定価：1,320円
（本体1,200円＋税10%）

最新のアップデート「23H2」に対応。基本編と活用編の二段構成でずっと役立ちます。話題のAIアシスタント「Copilot」もしっかりと解説！

できるCopilot in Windows

清水理史＆
できるシリーズ編集部
定価：1,870円
（本体1,700円＋税10%）

WindowsのAIアシスタント「Copilot in Windows」の基本から便利な使い方まで解説。話題のAIアシスタントを使いこなせる！

読者アンケートにご協力ください！

https://book.impress.co.jp/books/1124101043

「できるシリーズ」では皆さまのご意見、ご感想を今後の企画に生かしていきたいと考えています。
お手数ですが以下の方法で読者アンケートにご協力ください。
ご協力いただいた方には抽選で毎月プレゼントをお送りします！

※プレゼントの内容については「CLUB Impress」のWebサイト（https://book.impress.co.jp/）をご確認ください。

1 URLを入力して [Enter]キーを押す

2 [アンケートに答える]をクリック

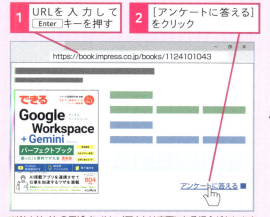

※Webサイトのデザインやレイアウトは変更になる場合があります。

◆会員登録がお済みの方
会員IDと会員パスワードを入力して、[ログインする]をクリックする

◆会員登録をされていない方
[こちら]をクリックして会員規約に同意してからメールアドレスや希望のパスワードを入力し、登録確認メールのURLをクリックする

■著者
平塚知真子（ひらつか　ちまこ）

1968年石川県生まれ。教育学修士、Google for Education 認定トレーナー、Google Cloud のパートナー企業で Specialization Education 分野で認定を受けるイーディーエル株式会社代表取締役社長。一般社団法人日本10Xデザイン協会理事長。NHK教育番組や日本経済新聞等で「クラウドのプロ」として活躍。Google アプリ群を組み合わせ、生産性を10倍に高める方法論を提唱する第一人者。その明るくわかりやすい指導は、短時間でITスキルを劇的に引き上げると定評があり、ITビギナーから絶大な信頼を得ている。主な著書に『Google 式10Xリモート仕事術（ダイヤモンド社）』『Google Workspace for Educationで創る10X授業のすべて（東洋館出版社）』など。

執筆　籾山英輝、平塚　円、太田光隆、薮崎亜耶、祐源　愛、島袋　海、石橋　昴（＊執筆順）

STAFF

シリーズロゴデザイン	山岡デザイン事務所<yamaoka@mail.yama.co.jp>
カバー・本文デザイン	伊藤忠インタラクティブ株式会社
カバーイラスト	こつじゆい
DTP制作	町田有美・田中麻衣子
校正	株式会社トップスタジオ
編集協力	BUCH+、渡辺陽子
デザイン制作室	今津幸弘<imazu@impress.co.jp>
	鈴木　薫<suzu-kao@impress.co.jp>
制作担当デスク	柏倉真理子<kasiwa-m@impress.co.jp>
デスク	荻上　徹<ogiue@impress.co.jp>
編集長	藤原泰之<fujiwara@impress.co.jp>
オリジナルコンセプト	山下憲治

■商品に関する問い合わせ先

このたびは弊社商品をご購入いただきありがとうございます。本書の内容などに関するお問い合わせは、下記のURLまたは二次元バーコードにある問い合わせフォームからお送りください。

https://book.impress.co.jp/info/

上記フォームがご利用いただけない場合のメールでの問い合わせ先
info@impress.co.jp

※お問い合わせの際は、書名、ISBN、お名前、お電話番号、メールアドレス に加えて、「該当するページ」と「具体的なご質問内容」「お使いの動作環境」を必ずご明記ください。なお、本書の範囲を超えるご質問にはお答えできないのでご了承ください。

- 電話やFAXでのご質問には対応しておりません。また、封書でのお問い合わせは回答までに日数をいただく場合があります。あらかじめご了承ください。
- インプレスブックスの本書情報ページ https://book.impress.co.jp/books/1124101043 では、本書のサポート情報や正誤表・訂正情報などを提供しています。あわせてご確認ください。
- 本書の奥付に記載されている初版発行日から3年が経過した場合、もしくは本書で紹介している製品やサービスについて提供会社によるサポートが終了した場合はご質問にお答えできない場合があります。

■落丁・乱丁本などの問い合わせ先
FAX 03-6837-5023
service@impress.co.jp
※古書店で購入された商品はお取り替えできません。

できるGoogle Workspace + Geminiパーフェクトブック 困った！＆便利ワザ大全

2024年10月1日 初版発行
2025年6月11日 第1版第2刷発行

著　者　平塚知真子 & できるシリーズ編集部
監　修　イーディーエル株式会社
発行人　高橋隆志
編集人　藤井貴志
発行所　株式会社インプレス
　　　　〒101-0051 東京都千代田区神田神保町一丁目105番地
　　　　ホームページ https://book.impress.co.jp/

本書は著作権法上の保護を受けています。本書の一部あるいは全部について（ソフトウェア及びプログラムを含む）、株式会社インプレスから文書による許諾を得ずに、いかなる方法においても無断で複写、複製することは禁じられています。

Copyright © 2024 Education Design Lab Inc. and Impress Corporation. All rights reserved.

印刷所　株式会社広済堂ネクスト
ISBN978-4-295-02016-5 C3055

Printed in Japan